面向新工科普通高等教育系列教材

Python 数据分析与机器学习

周元哲　编著

机 械 工 业 出 版 社

本书包括两部分内容，第一部分重点介绍了与 Python 语言相关的数据分析工具，包括 NumPy、Matplotlib、Pandas、Scipy、Seaborn 和 Sklearn。第二部分介绍数据处理、特征工程、评价指标、线性模型、支持向量机、K 近邻算法、朴素贝叶斯、决策树、K-Means 算法和文本分析实例。附录提供了课程教学大纲和部分课后习题答案。

本书内容精练、文字简洁、结构合理、实训题目经典实用、综合性强、定位明确，面向初、中级读者，由"入门"起步，侧重"提高"。特别适合作为高等院校相关专业数据分析与机器学习课程的入门教材或教学参考书，也可以供从事计算机应用开发的各类技术人员参考。

本书配有授课电子课件，需要的教师可登录 www.cmpedu.com 免费注册，审核通过后下载，或联系编辑索取（微信：15910938545，电话：010-88379739）。

图书在版编目（CIP）数据

Python 数据分析与机器学习／周元哲编著．—北京：机械工业出版社，2022.5（2025.1 重印）
面向新工科普通高等教育系列教材
ISBN 978-7-111-70492-8

Ⅰ．①P… Ⅱ．①周… Ⅲ．①软件工具-程序设计-高等学校-教材
②机器学习-高等学校-教材 Ⅳ．①TP311.561 ②TP181

中国版本图书馆 CIP 数据核字（2022）第 055054 号

机械工业出版社（北京市百万庄大街 22 号 邮政编码 100037）
策划编辑：郝建伟 责任编辑：郝建伟 胡 静
责任校对：张艳霞 责任印制：李 昂

北京捷迅佳彩印刷有限公司印刷

2025 年 1 月第 1 版·第 6 次印刷
184mm×260mm·18.25 印张·452 千字
标准书号：ISBN 978-7-111-70492-8
定价：75.00 元

电话服务　　　　　　　　　　网络服务
客服电话：010-88361066　　　机　工　官　网：www.cmpbook.com
　　　　　010-88379833　　　机　工　官　博：weibo.com/cmp1952
　　　　　010-68326294　　　金　书　网：www.golden-book.com
封底无防伪标均为盗版　　　机工教育服务网：www.cmpedu.com

前言

百年大计，教育为本。习近平总书记在党的二十大报告中强调"教育、科技、人才是全面建设社会主义现代化国家的基础性、战略性支撑"，首次将教育、科技、人才一体安排部署，赋予教育新的战略地位、历史使命和发展格局。需要紧跟新兴科技发展的动向，提前布局新工科背景下的计算机专业人才的培养，提升工科教育支撑新兴产业发展的能力。

计算机科学是建立在数学、物理等基础学科之上的一门基础学科，对于社会发展以及现代社会文明都有着十分重要的意义。

数据分析与机器学习是计算机、大数据、人工智能及相关专业必修的专业课之一。

本书试图从零开始，以 Python 编程语言为基础，在不涉及大量数学模型与复杂编程知识的前提下，逐步带领读者熟悉并且掌握数据分析的各类工具和库，了解传统机器学习的基本流程。

本书包括两部分内容，第一部分重点介绍了与 Python 语言相关的数据分析工具，包括 NumPy、Matplotlib、Pandas、Scipy、Seaborn 和 Sklearn。第二部分介绍了与 Python 语言相关的机器学习内容，包括数据处理、特征工程、评价指标、线性模型、支持向量机、K 近邻算法、朴素贝叶斯、决策树、K-Means 算法和文本分析实例。附录给出课程教学大纲和部分课后习题答案。

本书具有如下特点：

1）众多数据分析教材"重理论轻代码"，往往只是给出伪代码，而本书采用基于 Python 语言相关的分析库，如 NumPy、Pandas 和 Matplotlib 等，便于学生更快地掌握数据分析和机器学习的基本思想，快速入门。

2）本书基于 Sklearn 介绍了数据挖掘的相关算法，如 K 近邻算法、线性模型、支持向量机、朴素贝叶斯、决策树等分类算法和 K-Means 等聚类算法。

3）实践是学习算法编程的最好方法，本书的所有程序都在 Anaconda 上进行调试和运行。

4）本书配有源代码、教学课件、语料集、教学大纲、课后习题答案、程序安装包等资料。

本书在编写过程中，陕西省网络数据分析与智能处理重点实验室李晓戈，西安邮电大学贾阳、孔韦韦、张庆生、高巍然等阅读了部分手稿，机械工业出版社郝建伟编辑提出了很多宝贵的意见。本书在写作过程中参阅了大量中英文的专著、教材、论文、报告及网上的资料，由于篇幅所限，未能一一列出。在此，一并表示敬意和衷心的感谢。

本书内容精练、文字简洁、结构合理、实训题目经典实用、综合性强、定位明确，面向初、中级读者，由"入门"起步，侧重"提高"。特别适合作为高等院校相关专业数据分析与机器学习课程的入门教材或教学参考书，也可以供从事计算机应用开发的各类技术人员参考。

由于编者水平有限，时间紧迫，本书难免有疏漏之处，恳请广大读者批评指正。本书作者的电子信箱是 zhouyuanzhe@163.com。

编　者

目录

IX

第 1 章
Python 与数据分析

本章首先介绍了数据分析的相关概念、数据分析流程。其次，简介了 NumPy、Matplotlib、Pandas、Seaborn、Scipy 和 Sklearn 等 Python 数据分析库。最后，介绍了 Python 解释器和 Python 编辑器的安装与配置。

1.1 概述

1.1.1 引例

在数据分析与数据挖掘中，有一个典型案例——"啤酒与尿布"。该故事产生于 20 世纪 90 年代的美国沃尔玛超市，超市管理人员分析销售数据时发现了一个令人难于理解的现象——"啤酒"与"尿布"两件看上去毫无关系的商品经常会同时出现在年轻父亲的购物篮中。这是由于在美国有婴儿的家庭中，一般是母亲留在家中照看婴儿，父亲去超市购买尿布。父亲在购买尿布的同时，往往会顺便为自己购买啤酒，因此就出现了"啤酒与尿布"在同一个购物篮的情况。至此，超市人员将属于食品饮料的"啤酒"和属于生活用品的"尿布"摆放在一处，从而使得两种商品的销售量直线上升。

1.1.2 数据分析与数据挖掘

数据分析包括数据构成分析、数据质量分析、统计学描述以及图表分析等。数据构成分析是指通过观察数据信息以了解该数据的构成，数据类型分为数值型和类别型；数据质量分析是指需要观察数据集中是否出现异常值、缺失值和重复值等；统计学描述是指通过计算了解数据信息的统计学意义的指标，如观察数据的均值、标准差、方差等；图表分析是指通过图表的方式将数据进行可视化处理。

数据分析与数据挖掘较为相似，都是基于搜集来的数据，应用数学、统计、计算机等技术抽取出数据中的有用信息，进而为决策提供依据和指导方向。数据分析是数学与计算机科学相结合的产物，其数学基础在 20 世纪早已实现，但直到计算机的"算力"大幅提升才使得数据分析得以推广。数据分析与数据挖掘的区别如表 1.1 所示。

表 1.1 数据分析与数据挖掘的区别

项 目	数据分析	数据挖掘
定义	描述和探索性分析，评估现状和修正不足	技术性"采矿"过程，发现未知模式和规律
侧重点	实际的业务知识	挖掘技术的落地，完成"采矿"过程
技能	统计学、数据库、Excel、可视化	数学功底和编程技术
结果	需结合业务知识解读统计结果	模型或规则

1.2 Python 简介

1.2.1 Python 特点

Python 是一种简单易学，具有高效率的数据结构的面向对象编程语言，具有如下特点：

1）简单易学。Python 语法简洁，易于上手，利于专注逻辑和算法。

2）免费开源。Python 是开源软件，可以自由地阅读源代码。

3）解释型语言。Python 作为解释型语言，其源代码通过解释器转换成字节码的中间形式，由虚拟机在不同计算机上运行。

4）面向对象。Python 是具有封装、继承、多态等性质的面向对象编程语言。

5）丰富的库。Python 称为胶水语言，便于与其他语言（特别是 C 或 C++）联结起来，具有丰富的 API 和标准库。

1.2.2 Python 应用场合

Python 功能强大，在系统运维、图形处理、科学计算、数据库编程、Web 开发、爬虫、机器学习、人工智能等方面都有所应用，具体如下。

（1）GUI 软件开发

wxPython、PyQT 等模块使得 Python 可以快速开发出图形用户界面。

（2）网络应用开发

Python 提供了标准 Internet 模块，可以广泛应用到各种网络任务中。Django、Flask 等网络框架能够快速构建功能完善的网站。

（3）多媒体应用

PyOpenGL 模块封装了"OpenGL 应用程序编程接口"，用于二维和三维图像处理。PyGame 模块用于电子游戏设计。

（4）科学计算

随着基于 Python 的第三方库开发，如 NumPy、Scipy、Pandas 和 Matplotlib 等，Python 越来越适合做科学计算。

（5）数据库开发

Python 支持所有主流数据库，如关系型数据库 MySQL，以及非关系型数据库 MongoDB 等，并通过 API 接口将关系数据库映射到面向对象系统。

1.3 数据分析流程

Python 数据分析流程具有如下步骤：明确目标、获取数据、清洗数据、特征工程、构建模型、模型评估。

1.3.1 明确目标

数据分析的第一步是明确目标，确认数据分析的对象、目标或任务。此环节应该跟业务需求方多次沟通与合作，把握最终要解决的问题。

1.3.2　获取数据

获取数据可以通过 Python 爬虫爬取数据，或者来源相关数据集（如 Sklearn 自带数据集、Kaggle 等）。其中，爬虫具有爬取、解析、存储三个主要步骤。

步骤 1：爬取。

爬取是指获取网页的源代码，Python 提供了 urllib、requests 等库实现。

步骤 2：解析。

解析是指从网页源代码中提取有用的信息。一般有如下方法。

1）采用正则表达式，Python 提供 re 模块。

2）由于网页具有规则结构，可以利用 Beautiful Soup 等提取网页信息。

3）如果是动态网页，采用 Selenium 和 PhantomJS 抓取数据。

步骤 3：存储。

存储是指将提取到的数据保存到某处以便后续处理和分析，可以保存为 CSV 文件、TXT 文本或 JSON 文本，也可以保存到 MySQL 和 MongoDB 等数据库。

Python 关于爬虫如表 1.2 所示。

表 1.2　Python 的爬虫

信息表示方式	Python 库
静态网页	urllib、requests、Beautiful Soup、re
动态网页	Selenium 和 PhantomJS
爬虫框架	Scrapy
数据存储	CSV 文件、TXT 文本或 JSON 文本，也可以保存到 MySQL 和 MongoDB

1.3.3　清洗数据

数据分为类别数据和数值数据。类别数据是指不可以直接测量的数据，如外貌、出生地等。数值数据是可以直接测量的数据，如身高、体重、气温等。通过 Matplotlib、Seaborn、Pandas 等对数据进行可视化直观显示，分析数据特性。将数据中的缺失值、异常值、重复值等“脏”数据通过 Pandas、Sklearn 等库进行清洗，确保数据分析或数据挖掘的准确性。

1.3.4　特征工程

通过 NumPy、Scipy、Pandas 等对数据进行全面分析，了解数据统计量（如平均值、最值、中位数、方差等），数据特征（如数据的集中趋势、离散趋势、数据形状和变量间的关系等），数据集中离散型变量的描述性统计值（如不同离散值的个数、出现频次最高的离散值等）。通过 Scipy、Pandas、Sklearn 等分析库对数据进行统一量纲等标准化处理，对数据进行离散化处理，采用哑变量、独热编码进行数据重编码，实施特征工程。

1.3.5　构建模型

线性模型、决策树、随机森林、朴素贝叶斯、支持向量机等机器算法适用于不同的数据类型和形态。将数据集拆分为训练集和测试集。训练集用于模型的构建，测试集用于评估模型。根据输入、输出数据的不同,分为如下类别。

(1)输入分类

如果数据带有标签,那么是监督学习问题。

如果数据未标注过,那么是无监督学习问题。

(2)输出分类

如果模型的输出是连续的数据,那么是回归问题。

如果模型的输出是离散的数据,那么是分类问题。

如果模型的输出是用输入数据划分出的簇,那么是聚类问题。

1.3.6 模型评估

模型评估的目的就是不断优化模型,对于分类问题,常见的评价标准有正确率、准确率、召回率、ROC 曲线和 AUC 面积等。对于回归问题,往往使用均方误差(MSE)等指标评价模型的效果,也使用回归损失函数作为评价指标。

1.4 数据分析库

基于 Python 的常用数据分析库有 NumPy、Matplotlib、Pandas、Scipy 和 Sklearn 等。

(1)科学分析

NumPy 作为 Python 科学计算最核心的扩展库,用于科学分析和建模。

(2)数据清洗与处理

Pandas、Scipy 等模块用于数据清洗、数据处理和统计分析。

(3)数据可视化

Matplotlib、Seaborn、Pandas、Scipy 等库用于数据可视化,通过图表形式展现数据,揭示数据背后的规律,具体如下。

- 离散型变量的可视化:饼图、条形图。
- 数值型变量的可视化:直方图与核密度曲线、箱线图、小提琴图、折线图。
- 关系型变量的可视化:散点图、气泡图、热力图。

(4)机器学习

Sklearn、Keras、TensorFlow 等模块实现数据挖掘、深度学习等操作。

Python 数据分析相关扩展库如表 1.3 所示。

表 1.3 Python 数据分析相关扩展库

扩 展 库	简 介
NumPy	提供数组支持,以及相应的高效处理函数
Matplotlib	强大的数据可视化工具、作图库
Pandas	强大的数据分析、数据处理和数据清洗工具
Seaborn	数据可视化工具、作图库
Scipy	提供矩阵支持,以及矩阵相关的数值计算模块
Sklearn	经典的机器学习库

打开 Anaconda Prompt,输入 conda list 可以查看所有安装的包,如图 1.1 所示。

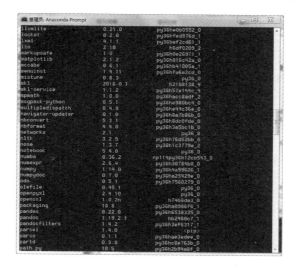

图 1.1　Anaconda 包含的科学计算包

1.4.1　NumPy

NumPy 是 Python 的数据分析基本库，是在 Python 的 Numeric 数据类型的基础上，引入 Scipy 模块中针对数据对象处理的功能，用于数值数组和矩阵类型的运算、矢量处理等。

NumPy 的官方网址为 http://numpy.org/，如图 1.2 所示。

图 1.2　NumPy 官网

1.4.2　Matplotlib

Matplotlib 是可视化数据的最基本库，发布于 2007 年，命名中"Mat"是指其函数设计参考 MATLAB，"Plot"表示绘图，"Lib"为集合。Matplotlib 具有两个重要的模块——pylab 和 pyplot。pylab 实现了 MATLAB 的绘图功能，相当于 MATLAB 的 Python 版本。pyplot 主要用于将 NumPy 统计结果可视化，用于绘制线图、直方图、散点图以及误差线图等各种图形。

Matplotlib 官方网址为 http://matplotlib.org/，如图 1.3 所示。

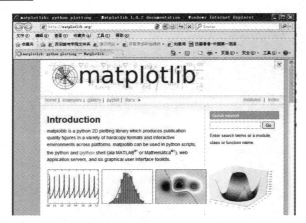

图 1.3 Matplotlib 网站

1.4.3 Pandas

Pandas 的名称来源于面板数据（Panel Data）和 Python 数据分析（Data Analysis），作为 Python 进行数据分析和挖掘的数据基础平台与事实上的工业标准，支持关系型数据的增、删、改、查，具有丰富的数据处理函数，支持时间序列分析功能，可以灵活处理缺失数据等。

Pandas 可以处理不同类型的数据，具体如下：
- 异构类型列的表格数据，例如 SQL 表格或 Excel 数据。
- 有序和无序（不一定是固定频率）时间序列数据。
- 具有行列标签的任意矩阵数据（均匀类型或不同类型）。

Pandas 的官方网址为 https://pandas.pydata.org/，如图 1.4 所示。

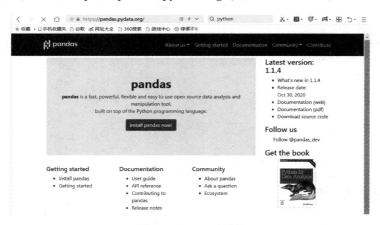

图 1.4 Pandas 网站

1.4.4 Seaborn

Seaborn 是图形可视化 Python 包，在 Matplotlib 的基础上，高度兼容 NumPy 与 Pandas 数据结构以及 Scipy 等统计模式。Seaborn 官方网址为 http://seaborn.pydata.org/，如图 1.5 所示。

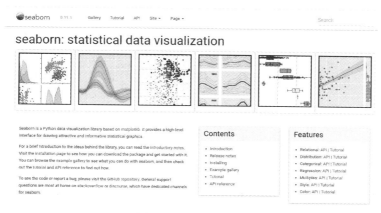

图 1.5　Seaborn 网站

1.4.5　Scipy

Scipy 是 2001 年发行的类似于 MATLAB 和 Mathematica 等数学计算软件的 Python 库，用于统计、优化、整合、线性代数模块、傅里叶变换、信号和图像处理等数值计算。Scipy 具有 stats（统计学工具包）、scipy. interpolate（插值，线性的，三次方）、cluster（聚类）、signal（信号处理）等模块。

Scipy 安装之前必须安装 NumPy，Scipy 官方网址为 http://scipy. org，如图 1.6 所示。

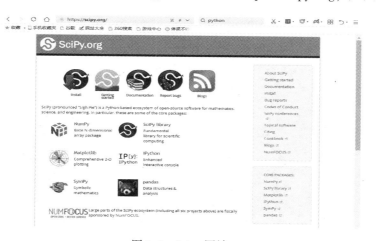

图 1.6　Scipy 网站

1.4.6　Sklearn

Sklearn（又称为 Scikit-learn）是简单高效的数据挖掘和数据分析工具，基于 Python 语言的 NumPy、Scipy 和 Matplotlib 库之上，是当前较为流行的机器学习框架。

Sklearn 官网地址为 https://scikit-learn. org/stable/，如图 1.7 所示。

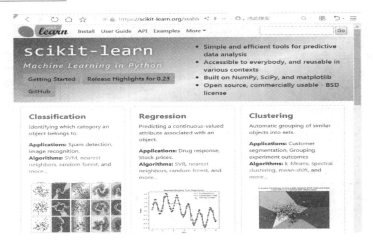

图 1.7　Sklearn 网页

1.5　Python 解释器

下面介绍 Python 解释器在 Linux 和 Windows 下的安装步骤。

1.5.1　Ubuntu 下安装 Python

Ubuntu（乌班图）是一个以桌面应用为主的 Linux 操作系统，内置 Python，如图 1.8 所示。

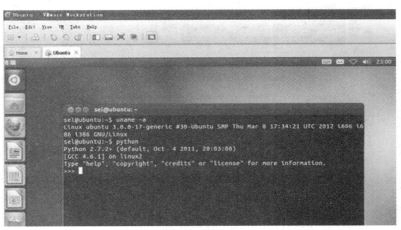

图 1.8　Ubuntu 下内置 Python

1.5.2　Windows 下安装 Python

Windows 下安装 Python，一般具有如下步骤。

步骤 1：下载 Python 安装包进行安装。在浏览器中输入 http://www.python.org，如图 1.9 所示，读者可以根据自己的需要选择 Python 版本进行安装，本书采用 Python 3.6.0 版本。

步骤 2：在 Windows 环境变量中添加 Python，将 Python 的安装目录添加到 Windows 下的 path 变量中，如图 1.10 所示。

图 1.9　下载 Python 3.6.0

图 1.10　设置环境变量

步骤 3：测试 Python 安装是否成功。

在 Windows 下使用 cmd 打开命令行，输入 Python 命令，图 1.11 表示安装成功。

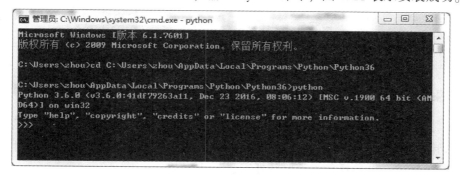

图 1.11　测试 Python 安装是否成功

1.6 Python 编辑器

Python 编辑器众多，有 Python 自带的 IDE、VScode 、PyCharm、Anaconda 和 Jupyter 等。

1.6.1 IDLE

IDLE 作为 Python 安装后内置的集成开发工具，包括能够利用颜色突出显示语法的编辑器、调试工具 Python Shell，以及完整的 Python 3 在线文档集。Python 的 IDLE 具有命令行和图形用户界面两种方式，采用命令行交互式执行 Python 语句，方便快捷。但必须逐条输入语句，不能重复执行，适合测试少量的 Python 代码，不适合复杂的程序设计。

IDLE 的命令行交互式模式如图 1.12 所示。

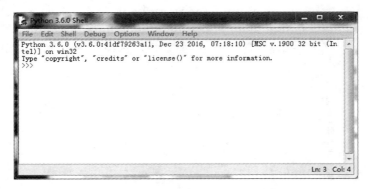

图 1.12　IDLE 的命令行交互式模式

Python 的 IDLE 的图形用户界面模式，如图 1.13 所示。

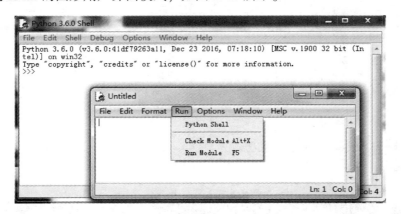

图 1.13　IDLE 的图形用户界面模式

1.6.2 VScode

VScode 是一款轻量级的代码编辑器，具备开源、跨平台、模块化、插件丰富、启动时间快、可高度定制等特点，下载地址为 https://code.visualstudio.com/，如图 1.14 所示。在 VScode 上配置 Python 开发环境，需要额外安装 Python 插件。

图 1.14　VScode 界面

1.6.3　PyCharm

PyCharm 具有一整套可以帮助用户在使用 Python 语言开发时提高其效率的工具，比如调试、语法高亮、Project 管理、代码跳转、智能提示、自动完成、单元测试、版本控制。此外，PyCharm 提供了一些高级功能，以用于支持 Django 框架下的专业 Web 开发。启动 PyCharm，创建 Python 文件，如图 1.15 所示。

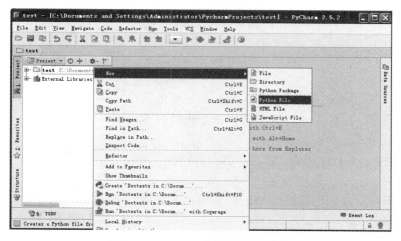

图 1.15　PyCharm 创建 Python 文件

1.6.4　Anaconda

Anaconda 是一个开源的 Python 发行版本，其包含了 conda、Python 等 180 多个科学包及其依赖项，在数据可视化、机器学习、深度学习等多方面都有涉及，Anaconda 具有如下功能：

1）提供包管理。使用 conda 和 pip 安装、更新、卸载第三方工具包简单方便，不需要考虑版本等问题。

2）关注于数据科学相关的工具包。Anaconda 集成了如 NumPy、Scipy、Pandas 等数据分析的各类第三方包。

11

3）提供虚拟环境管理。在 conda 中可以建立多个虚拟环境，为不同的 Python 版本项目建立不同的运行环境，从而解决了 Python 多版本并存的问题。

Anaconda 的官网地址为 https://www.anaconda.com/download/上，登录网站后选择对应的版本下载安装，如图 1.16 所示。

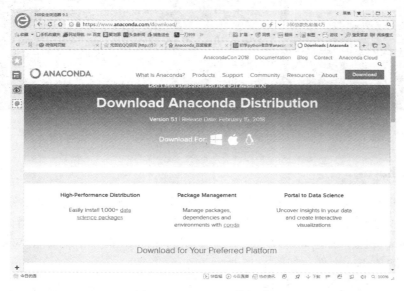

图 1.16　Anaconda 的网站

安装完毕后，如图 1.17 所示，Anaconda 包含如下应用。

- Anaconda Navigator：用于管理工具包和环境的图形用户界面，后续涉及的众多管理命令也可以在 Navigator 中手工实现。
- Anaconda Prompt：Python 的交互式运行环境。
- Jupyter Notebook：基于 Web 的交互式计算环境，可以编辑易于人们阅读的文档，用于展示数据分析的过程。
- Spyder：一个使用 Python 语言、跨平台的科学运算集成开发环境。相对于 PyDev、PyCharm、PTVS 等 Python 编辑器，Spyder 需要的内存较少。

在 Anaconda 下，Python 具有交互式编程、脚本式编程和 Spyder 三种运行方式。

方式 1：交互式编程

交互式编程是指在编辑完一行代码，按〈Enter〉键后会立即执行并显示运行结果。在 test_py3 环境输入 Python 命令按〈Enter〉键后，出现>>>，进入交互提示模式，如图 1.18 所示。

方式 2：脚本式编程

图 1.17　Anaconda 包含的应用

```
(test_py3) C:\Users\Administrator>python
Python 3.6.5 |Anaconda, Inc.| (default, Mar 29 2018, 13:32:41) [MSC v.1900 64 bi
t (AMD64)] on win32
Type "help", "copyright", "credits" or "license" for more information.
>>>
```

图 1.18　进入交互式编程模式

Python 和其他脚本语言如 Java、R、Perl 等编程语言一样，可以直接在命令行里运行脚本程序。首先，在 D:\目录下创建 Hello.py 文件，内容如图 1.19 所示。

其次，输入 python d:\Hello.py 命令，运行结果如图 1.20 所示。

图 1.19　Hello.py 文件内容

```
(base) C:\Users\Administrator>python d:\Hello.py
Hello world!
Hello Again
```

图 1.20　运行 d:\Hello.py 文件

方式 3：Spyder

单击 Anaconda 应用的 Spyder 集成开发环境，启动界面如图 1.21 所示。

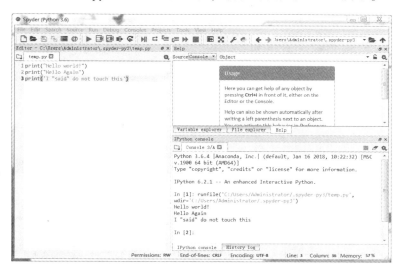

图 1.21　Spyder 编辑器

1.6.5　Jupyter

Jupyter Notebook 是 Python 的在线编辑器，以网页形式打开，可以直接在网页页面中编写代码和运行代码，适合科学计算。在编辑的过程中，运行结果显示在代码的下方，方便查看。Jupyter Notebook 可以将代码、图像、注释、公式和可视化的结果保存到文件中。

在 Anaconda 中打开 Jupyter Notebook，如图 1.22 所示。

Jupyter 有编辑模式（Edit Mode）和命令模式（Command Mode）两种模式。编辑模式用

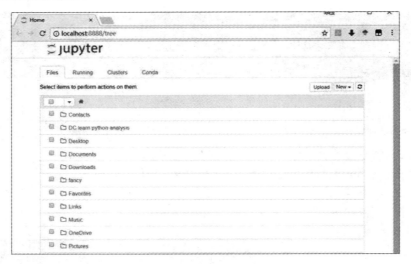

图 1.22　Jupyter Notebook 主界面

于修改单个单元格，命令模式用于操作整个笔记本，具体如下。

（1）编辑模式

编辑模式如图 1.23 所示，右上角出现一支铅笔的图标，单元左侧边框线呈现绿色，按〈Esc〉键或运行单元格（按〈Ctrl+Enter〉键）切换回命令模式。

图 1.23　编辑模式

（2）命令模式

命令模式如图 1.24 所示，铅笔图标消失，单元左侧边框线呈现蓝色，按〈Enter〉键或者双击单元格变为编辑状态。

图 1.24　命令模式

编辑模式和命令模式两种模式切换如表 1.4 所示。

表 1.4　两种模式的可选操作

模　式	按　键	鼠标操作
编辑模式	〈Enter〉键	在单元格内单击
命令模式	〈Esc〉键	在单元格外单击

编辑模式下，使用编辑命令修改单元格的内容，如表 1.5 所示。

表 1.5　编辑模式的编辑命令

按　键	功　能	按　键	功　能
H	显示快捷键列表	Shift+V	把单元格粘贴到当前单元格的上面
S	保存笔记本文件	D，两次	删除当前单元格
A	在当前行的上面插入一个单元格	Z	取消一次删除操作
B	在当前行的下面插入一个单元格	L	切换显示/不显示行号
X	剪切一个单元格	Y	把当前单元格切换到 IPython 模式
C	复制一个单元格	M	把当前单元格切换到 Markdown 模式
V	把单元格粘贴到当前单元格的下面		

1.7　习题

1. 数据分析与数据挖掘的区别是什么？
2. 数据分析的流程有哪些步骤？
3. 基于 Python 的数据分析库有哪些？各自主要功能是什么？
4. 学习安装 Python 编辑器，Anaconda 编辑器有什么特色？
5. Jupyter 有什么特点？

第2章
NumPy——数据分析基础工具

NumPy 作为数据分析的基本工具，具有数值计算、矩阵操作等功能。本章介绍了使用 NumPy 中 ndarray 对象，实现数组算术运算、索引和切片，进行数据处理和统计。

2.1　安装 NumPy

NumPy（Numerical Python）在 Anaconda Prompt 下使用命令：pip install numpy 进行安装，如图 2.1 所示。

图 2.1　安装 NumPy

2.2　ndarray 对象

2.2.1　认识 ndarray 对象

Python 的 array 模块不支持多维，也没有各种运算函数，不适合做数值运算。NumPy 提供了同质多维数组 ndarray 正好弥补不足，通过 array( )函数实现，语法如下：

numpy. array(object, dtype = None, copy = True, order = None, subok = False, ndmin = 0)

参数说明如表 2.1 所示。

表 2.1　ndarray 对象的属性

名　称	描　述
object	数组或嵌套的数列
dtype	数组元素的数据类型，可选
copy	对象是否需要复制，可选
order	创建数组的样式，C 为行方向，F 为列方向，A 为任意方向（默认）
subok	默认返回一个与基类类型一致的数组
ndmin	指定生成数组的最小维度

【例 2.1】 array 举例

```
import numpy as np
a = np. array([1,2,3])
b = np. array([[1, 2], [3, 4]])        # 多于一个维度
c = np. array([1, 2, 3,4,5], ndmin = 2)    # 最小维度
d = np. array([1, 2, 3], dtype = complex)   # dtype 参数
print (a)
print (b)
print (c)
print (d)
```

【程序运行结果】

```
[1 2 3]
[[1 2]
 [3 4]]
[[1 2 3 4 5]]
[1. +0. j 2. +0. j 3. +0. j]
```

2.2.2　ndarray 对象属性

ndarray 对象最常用的属性如表 2.2 所示。

表 2.2　ndarray 对象属性

属　　性	含　　义
T	转置，与 self. transpose( )相同，如果维度小于 2 返回 self
size	数组中元素个数
itemsize	数组中单个元素的字节长度
dtype	数组元素的数据类型对象
ndim	数组的维度
shape	数组的形状
data	指向存放数组数据的 python buffer 对象
flat	返回数组的一维迭代器
imag	返回数组的虚部
real	返回数组的实部
nbytes	数组中所有元素的字节长度

【例 2.2】 查看 ndarray 对象举例

```
import numpy as np                      #引入 numpy 库
a =np. array([[1,5],[4,5,2],3])          #创建数组,将元组或列表作为参数
a5 = np. array(([1,5,3,4,5],[6,2,7,9,5]))   #创建二维的 narray 对象
print(type(a))                          #a 的类型是数组
print(a)
print(a5)
print(a. dtype)                         #查看 a 数组中每个元素的类型
print(a5. dtype)                        #查看 a5 数组中每个元素的类型
print(a. shape)                         #查看数组的行列,3 行
print(a5. shape)                        #查看数组的行列,返回行列的元组,5 行 5 列
```

```
print(a. shape[0])                    #查看 a 的行数
print(a5. shape[1])                   #查看 a5 的列数
print(a. ndim)                        #获取数组的维数
print(a5. ndim)
print(a5. T)                          #简单转置矩阵 ndarray
```

【程序运行结果】

```
<class 'numpy. ndarray'>
[list([1, 5]) list([4, 5,2]) 3]
[[ 1  5  3  4  5]
 [ 62  7  9 5]]
object
int32
(3,)
(2, 5)
3
5
1
2
[[ 1  6]
 [ 5  2]
 [ 3  7]
 [ 4  9]
 [ 5  5]]
```

2.3   创建 ndarray 对象

2.3.1   zeros

numpy. zeros( )方法创建指定大小的数组，数组元素以 0 来填充，语法如下：

```
numpy. zeros( shape, dtype = float, order = 'C')
```

参数说明如表 2.3 所示。

表 2.3   numpy. zeros 参数说明

参　　数	描　　述
shape	数组形状
dtype	数据类型，可选
order	有"C"和"F"两个选项，分别代表行优先和列优先

【例 2.3】numpy. zeros 举例

```
import numpy as np
#默认为浮点数
x = np. zeros(5)
print(x)
#设置类型为整数
y = np. zeros((5,),dtype = np. int)
print(y)
#自定义类型
```

```
z = np. zeros((2,2),dtype = [('x', 'i4'), ('y', 'i4')])
print(z)
```

【程序运行结果】

```
[0. 0. 0. 0. 0.]
[0 0 0 0 0]
[[(0, 0) (0, 0)]
 [(0, 0) (0, 0)]]
```

2.3.2　ones

numpy. ones()方法用来创建指定形状的数组，数组元素以 1 来填充，语法如下：

numpy. ones(shape, dtype = None, order = 'C')

参数说明如表 2.4 所示。

表 2.4　numpy. ones 参数说明

参　　数	描　　述
shape	数组形状
dtype	数据类型，可选
order	有"C"和"F"两个选项，分别代表行优先和列优先

【例 2.4】numpy. ones 举例

```
import numpy as np
#默认为浮点数
x = np. ones(5)
print(x)
#自定义类型
x = np. ones([2,2],dtype = int)
print(x)
```

【程序运行结果】

```
[1. 1. 1. 1. 1.]
[[1 1]
 [1 1]]
```

2.3.3　diag

numpy. diag()方法创建对角矩阵，对角线元素为指定数，其他位置为 0，语法如下：

numpy. diag(shape, dtype = None, order = 'C')

【例 2.5】numpy. diag 举例

```
import numpy as np
#默认为浮点数
x = np. diag([1,2,3])
print(x)
```

【程序运行结果】

```
[[1 0 0]
 [0 2 0]
 [0 0 3]]
```

19

2.3.4 arange

numpy. arange() 方法用来创建在给定间隔内返回均匀间隔值的数组，语法如下：

```
numpy. arange(start, stop, step, dtype = None)
```

参数说明如表 2.5 所示。

表 2.5 numpy. arange 参数说明

参 数	描 述
start	开始位置，数字，可选项，默认起始值为 0
stop	停止位置，数字
step	步长，数字，可选项，默认步长为 1，如果指定了 step，则还必须给出 start
dtype	输出数组的类型。如果未给出 dtype，则从其他输入参数推断数据类型

【例 2.6】 arange 举例

```
import numpy as np
    a = np. arange(10)                    #利用 arange()函数创建数组
    print(a)
    a5 = np. arange(1,2,0.1)
    print(a5)
```

【程序运行结果】

```
[0 1 2 3 4 5 6 7 8 9]
[1.  1.1 1.2 1.3 1.4 1.5 1.6 1.7 1.8 1.9]
```

2.3.5 linspace

linspace 用于创建指定数量间隔的序列，实际生成一个等差数列，语法如下：

```
numpy. linspace(start, stop, num, endpoint = True, retstep = False, dtype = None)
```

【例 2.7】 linspace 举例

```
import numpy as np
a = np. linspace(0,1,10)          #从 0 开始到 1 结束,共 10 个数的等差数列
print(a)
```

【程序运行结果】

```
[0.          0.11111111 0.22222222 0.33333333 0.44444444 0.55555556
 0.66666667 0.77777778 0.88888889 1.          ]
```

2.3.6 logspace

logspace 用于生成等比数列，语法如下：

```
numpy. logspace(start, stop, num, endpoint = True)
```

【例 2.8】 logspace 举例

```
import numpy as np
a = np. logspace(0,1,5)
#生成首位是 10 的 0 次方,末位是 10 的 1 次方,含 5 个数的等比数列
print(a)
```

【程序运行结果】

[1.   1.77827941   3.16227766   5.62341325   10.   ]

2.4   数组变换

2.4.1   维度变换

数组维度变换的相关函数如表 2.6 所示。

表 2.6   数组维度变换的函数

方 法	说 明
reshape(shape)	不改变数组元素，返回一个 shape 形状的数组，原数组不变
resize(shape)	与 reshape() 功能一致，但修改原数组
ravel(shape)	多维转一维
swapaxes(ax1,ax2)	将数组 n 个维度中的两个维度进行调换
flatten()	对数组进行降维，返回折叠后的一维数组，原数组不变

其中，numpy. reshape(arr，newshape，order') 的相关参数如下：

● arr：要修改形状的数组。

● newshape：整数或者整数数组，新的形状应当兼容原有形状。

● order：'C'为 C 风格顺序，'F'为 F 风格顺序，'A'为保留原顺序。

【例 2.9】 reshape 举例

```
import numpy as np
a = np. array([1,2,3,4,5,6])
b = a. reshape(2,3)
c = a. reshape((2,3))          #等价于 b = a. reshape(2,3)
d = np. reshape(a,(2,3))
print(a)                       #输出[1 2 3 4 5 6]
print(b)                       #输出[[1 2 3] [4 5 6]]
print(c)                       #输出[[1 2 3] [4 5 6]]
print(d)                       #输出[[1 2 3] [4 5 6]]
```

【例 2.10】 flatten 举例

```
import numpy as np
a = np. array([[1,2,3],[4,5,6]])
b = a. flatten()
c = a. ravel()                 #多维转一维
d = a. reshape(-1)             #参数为-1,表示数组的维度通过数据本身判断
print(a)                       #输出[[1 2 3] [4 5 6]]
print(b)                       #输出[1 2 3 4 5 6]
print(c)                       #输出[1 2 3 4 5 6]
print(d)                       #输出[1 2 3 4 5 6]
```

【例 2.11】 swapaxes 举例

```
import numpy as np
a = np. array([[1,2,3],[4,5,6]])
b = a. transpose()
```

```
c = a. T
d = a. swapaxes(0,1)
e = np. transpose(a,(1,0))
print(a)    #输出[[1 2 3][4 5 6]]
print(b)    #输出[[1 4][2 5][3 6]]
print(c)    #输出[[1 4][2 5][3 6]]
print(d)    #输出[[1 4][2 5][3 6]]
print(e)    #输出[[1 4][2 5][3 6]]
```

2.4.2 数组拼接

实现数组拼接功能的函数有 hstack、vstack 和 concatenate。hstack 要求"列数"一致; vstack 要求"行数"一致; concatenate 用于对多个数组进行拼接, 如表 2.7 所示。

表 2.7 数组拼接维度变换的函数

方 法	说 明
hstack	横向合并
vstack	纵向合并
concatenate	横向、纵向合并

【例 2.12】 hstack 举例

```
import numpy as np
a = np. arange(6). reshape(3,2)
b=a*2
c=np. hstack((a,b))
print(a)
print(b)
print(c)
```

【程序运行结果】

```
[[0 1]
 [2 3]
 [4 5]]
[[ 0  2]
 [ 4  6]
 [ 8 10]]
[[ 0  1  0  2]
 [ 2  3  4  6]
 [ 4  5  8 10]]
```

【例 2.13】 vstack 举例

```
import numpy as np
a = np. arange(6). reshape(3,2)
b=a*2
c=np. vstack((a,b))
print(a)
print(b)
print(c)
```

【程序运行结果】

```
[[0 1]
 [2 3]
 [4 5]]
[[ 0  2]
 [ 4  6]
 [ 8 10]]
[[ 0  1]
 [ 2  3]
 [ 4  5]
 [ 0  2]
 [ 4  6]
 [ 8 10]]
```

【例 2.14】concatenate 举例

```
#函数要求数组具有如下性质:(1)相同维度的数组;(2)除了 axis 外,其余维度对应相等
import numpy as np
a = np.array([[1,2,3],[4,5,6]])
b = np.arange(2,8).reshape(2,3)
c1 = np.concatenate([a,b],axis=0)
d1 = np.concatenate([a,b],axis=1)
print(a) # 输出[[1 2 3] [4 5 6]]
print(b) # 输出[[2 3 4] [5 6 7]]
print(c1) # 输出[[1 2 3] [4 5 6] [2 3 4] [5 6 7]]
print(d1) # 输出[[1 2 3 2 3 4] [4 5 6 5 6 7]]
```

2.4.3　数组分割

数组分割的相关函数有 Hsplit、Vsplit 和 Split。Hsplit 用于横向分割，Vsplit 用于纵向分割，Split 可以灵活地进行分割，如表 2.8 所示。

表 2.8　数组分割函数

方　　法	说　　明
Vsplit	按行分割
Hsplit	按列分割
Split	灵活分割

【例 2.15】数组分割举例

```
#将已有的数据按行分割,比如将数据集分割成训练集和验证集
import numpy as np
a = np.arange(1,19).reshape(6,3)
b,c = np.split(a,[4],axis=0)
d,e = np.vsplit(a,[4])
print(a)  #输出为[[ 1  2  3] [ 4  5  6] [ 7  8  9] [10 11 12] [13 14 15] [16 17 18]]
print(b)  #前4个样本为1个数组[[ 1  2  3] [ 4  5  6] [ 7  8  9] [10 11 12]]
print(c)  #余下的样本为1个数组[[13 14 15] [16 17 18]]
print(d)  #前4个样本为1个数组[[ 1  2  3] [ 4  5  6] [ 7  8  9] [10 11 12]]
print(e)  #余下的样本为1个数组[[13 14 15] [16 17 18]]

#将已有的数据按列分割,比如将特征和标签分割
import numpy as np
a = np.arange(1,13).reshape(2,6)
```

```
b,c = np.split(a,[-1],axis=1)
d,e = np.hsplit(a,[-1])
print(a) #输出为 [[ 1  2  3  4  5  6][ 7  8  9 10 11 12]]
print(b) #前面的 n-1 列特征为 1 个数组 [[ 1  2  3  4  5][ 7  8  9 10 11]]
print(c) #最后一列的特征为 1 个数组 [[ 6][12]]
print(d) #前面的 n-1 列特征为 1 个数组 [[ 1  2  3  4  5][ 7  8  9 10 11]]
print(e) #最后一列的特征为 1 个数组 [[ 6][12]]
```

2.4.4　数组复制

数组复制使用 copy( )函数实现。

【例 2.16】 数组复制举例

```
import numpy as np
a = np.array([1,2,3])
b = a
c = a[:]
d = np.copy(a)
print(b is a, c is a , d is a)    #输出 True False False
d[0] = 10
print(a,d)                        #输出[1 2 3] [10  2  3] d 变,a 不变
c[0] = 100
print(a,c)                        #输出[100  2  3] [100  2  3],c 变,a 变
```

2.5　索引和切片

ndarray 对象的内容可以通过索引或切片来访问和修改，可以基于下标索引，切片对象通过内置的 slice( )函数从原数组中切割出一个新数组。

【例 2.17】 索引和切片举例

```
import numpy as np
a = np.array([[1,2,3,4,5],[6,2,7,9,10]])
print(a)
print(a[:])              #选取全部元素
print(a[1])             #选取行为 1 的全部元素
print(a[0:1])           #截取[0,1)的元素
print(a[1,2:5])         #截取第二行第[2,5)的元素[ 7  9  10]
print(a[1,:])           #截取第二行,返回[ 6  2  7  9  10]
print(a[1,2])           #截取行号为 1,列号为 5 的元素 7
print(a[1][2])          #截取行号为 1,列号为 5 的元素 7,与上面的等价

#按条件截取
print(a[a>5])           #截取矩阵 a 中大于 5 的数,范围的是一维数组
print(a>5)              #比较 a 中每个数是否大于 5,输出值 False 或 True
a[a>5] = 0              #把矩阵 a 中大于 5 的数变成 0
print(a)
x = slice(1)
print(a[x])
```

【程序运行结果】

```
[[ 1  2  3  4  5]
 [ 6  2  7  9  10]]
[[ 1  2  3  4  5]
```

```
 [ 6  2  7  9  10]]
[ 6  2  7  9  10]
[[1 2 3 4 5]]
[ 7  9  10]
[ 6  2  7  9  10]
7
7
[ 6  7  9  10]
[[False False False False False]
 [ True  False True  True  True]]
[[1 2 3 4 5]
 [0 2 0 0 0]]
[[ 1  2  3  4  5]
```

2.6　线性代数

NumPy. linalg 模块具有矩阵运算、线性方程组求解以及行列式等功能，相关函数如表 2.9 所示。

表 2.9　线性代数函数

函　　数	说　　明	函　　数	说　　明
np. zeros	生成零矩阵	np. ones	生成所有元素为 1 的矩阵
np. eye	生成单位矩阵	np. transpose	矩阵转置
np. dot	计算两个数组的点积	np. inner	计算两个数组的内积
np. diag	矩阵主对角线与一维数组间转换	np. trace	矩阵主对角线元素的和
np. linalg. det	计算矩阵行列式	np. linalg. eig	计算特征根与特征向量
np. linalg. eigvals	计算方阵特征根	np. linalg. inv	计算方阵的逆
np. linalg. pinv	计算方阵的 Moore-Penrose 伪逆	np. linalg. solve	计算 Ax=b 线性方程组解
np. linalg. lstsq	计算 Ax=b 的最小二乘解	np. linalg. qr	计算 QR 分解
np. linalg. svd	计算奇异值分解	np. linalg. norm	计算向量或矩阵的范数

2.6.1　矩阵运算

NumPy 中的 ndarray 对象重载的运算符完成矩阵间对应元素的运算，运算符如表 2.10 所示。

表 2.10　矩阵运算符

运　算　符	说　　明
+	矩阵对应元素相加
-	矩阵对应元素相减
*	矩阵对应元素相乘
/	矩阵对应元素相除，如果都是整数，则取商
%	矩阵对应元素相除后取余数
**	矩阵每个元素都取 n 次方，如 ** 2：每个元素都取平方

【例 2.18】矩阵运算举例

```
import numpy as np
import numpy. linalg as lg          #求矩阵的逆需要先导入 numpy. linalg
a1 = np. array([[1,2,3],[4,5,6],[5,4,5]])
a5 = np. array([[1,5,4],[3,4,7],[7,5,6]])
print(a1+a5)                        #相加
print(a1−a5)                        #相减
print(a1/a5)                        #对应元素相除,如果都是整数,则取商
print(a1%a5)                        #对应元素相除后取余数
print(a1 * *5)                      #矩阵每个元素都取 n 次方
```

【程序运行结果】

```
[[  2   7   7]
 [  2   9  13]
 [ 12   9  11]]
[[  0  −3  −1]
 [  1   1  −2]
 [ −2  −1  −1]]
[[1.          0.4         0.75      ]
 [1.33333333  1.25        0.85714286]
 [0.625       0.7         0.83333333]]
[[0 2 3]
 [1 1 6]
 [5 4 5]]
[[   1    32   243]
 [1024  3125  7776]
 [3125  1024  3125]]
```

2.6.2 矩阵转置

numpy. linalg 模块中,求逆用 inv 函数,transpose 函数用于转置,等价于 a1. T。

【例 2.19】矩阵转置举例

```
import numpy as np
import numpy. linalg as lg          #求矩阵的逆需要先导入 numpy. linalg
a1 = np. array([[1,2,3],[4,5,6],[5,4,5]])
a5 = np. array([[1,5,4],[3,4,7],[7,5,6]])
print(a1. dot(a5))                  #点乘满足:第一个矩阵的列数等于第二个矩阵的行数
print(a1. transpose())             #转置等价于 print(a1. T)
print(lg. inv(a1))                  #用 linalg 的 inv()函数来求逆
```

【程序运行结果】

```
[[28 28 36]
 [61 70 87]
 [52 66 78]]
[[1 4 5]
 [2 5 4]
 [3 6 5]]
[[−0.16666667  −0.33333333   0.5       ]
 [−1.66666667   1.66666667  −1.        ]
 [ 1.5         −1.           0.5       ]]
```

26

2.6.3　特征根和特征向量

numpy. linalg 模块中，eigvals 函数可以计算矩阵的特征值，而 eig 函数可以返回一个包含特征值和对应的特征向量的元组。

【例 2.20】特征根和特征向量举例

```
import numpy as np
arr = np. array([[1,2,5],[3,6,7],[4,2,9]])
print('计算 3×3 方阵的特征根和特征向量:\n',arr)
print('求解结果为:\n',np. linalg. eig(arr))
```

【程序运行结果】

```
计算 3×3 方阵的特征根和特征向量:
[[1 2 5]
 [3 6 7]
 [4 2 9]]
求解结果为:
(array([13.61009867, -1.03096489, 3.42086622]),
array([[-0.35524897, -0.93066488, -0.03226227],
       [-0.70483109, 0.03445736, -0.93328204],
       [-0.61401246, 0.36424659, 0.35769229]]))
```

2.7　统计量

NumPy 提供用于从数组中查找最小元素、最大元素、百分位标准差和方差等统计函数，如表 2.11 所示。

表 2.11　统计函数

函　　数	说　　明	函　　数	说　　明
min(arr,axis)	最小值	cumsum(arr,axis)	轴方向计算累计和
max(arr,axis)	最大值	cumprod(arr,axis)	轴方向计算累计乘积
mean(arr,axis)	平均值	argmin(arr,axis)	轴方向最小值所在的位置
median(arr,axis)	中位数	argmax(arr,axis)	轴方向最大值所在的位置
sum(arr,axis)	和	corrcoef(arr)	计算皮尔逊相关系数
std(arr,axis)	标准差	cov(arr)	计算协方差矩阵
var(arr,axis)	方差		

统计函数都有 axis 参数，该参数的作用是统计数组元素时需要按照不同的轴方向计算。如果 axis = 1，按水平方向计算统计值，计算每一行的统计值；如果 axis = 0，按垂直方向计算统计值，计算每一列的统计值。

2.7.1　平均值

NumPy 提供 mean()函数计算平均值。

【例 2.21】平均值举例

```
import numpy as np
```

```
X = np. array([160,165,157,122,159,126,160,162,121])
#方法 1:
num = len(X)
sum = sum(X)
mean = sum/num
print(mean)
#方法 2:
mean = np. mean(X)
print(mean)
```

【程序运行结果】

148. 0

2.7.2　最值

NumPy 提供 amin( ) 和 amax( ) 函数计算数组指定轴的最小值和最大值。

【例 2.22】 最值举例

```
import numpy as np
X = np. array([160,165,157,122,159,126,160,162,121])
MIN = np. min(X)
MAX = np. max(X)
print(MIN)
print(MAX)
a = np. array([[3,2,5],[7,4,3],[2,4,9]])
print ('数组是:')
print (a)
print ('\n')
print ('调用 amin( ) 函数:')
print (np. amin(a,1))
print ('\n')
print ('再次调用 amin( ) 函数:')
print (np. amin(a,0))
print ('\n')
print ('调用 amax( ) 函数:')
print (np. amax(a))
print ('\n')
print ('再次调用 amax( ) 函数:')
print (np. amax(a, axis =  0))
```

【程序运行结果】

```
    121
    165
数组是:
[[32 5]
 [7 4 3]
 [2 4 9]]
调用 amin( ) 函数:
[2 3 2]
再次调用 amin( ) 函数:
[22 3]
调用 amax( ) 函数:
```

9
再次调用 amax( ) 函数：
[7 4 9]

2.7.3　中位数

中位数是指将样本数值集合划分为数量相等或相差 1 的上下两部分。NumPy 提供 median( ) 函数计算中位数。

【例 2.23】中位数举例

```
import numpy as np
X = np. array([160,165,157,122,159,126,160,162,121])
median = np. median(X)
print(median)
```

【程序运行结果】

159.0

2.7.4　极差

极差又称范围误差或全距，用来衡量指定变量间差异变化范围，是最大值与最小值的差距，通常极差越大，样本变化范围越大。NumPy 提供 ptp( ) 函数计算极值。

【例 2.24】numpy. ptp( ) 函数举例

```
import numpy as np
a = np. array([[3,2,5],[7,4,3],[2,4,9]])
print ('数组是:')
print (a)
print ('\n')
print ('调用 ptp() 函数:')
print (np. ptp(a))
print ('\n')
print ('沿轴 1 调用 ptp() 函数:')
print (np. ptp(a, axis =   1))
print ('\n')
print ('沿轴 0 调用 ptp() 函数:')
print (np. ptp(a, axis =   0))
```

【程序运行结果】

```
数组是:
[[32 5]
 [7 4 3]
 [2 4 9]]
调用 ptp() 函数:
7
沿轴 1 调用 ptp() 函数:
[3 4 7]
沿轴 0 调用 ptp() 函数:
[5 2 6]
```

2.7.5　方差

方差用于衡量样本数据的离散程度，NumPy 提供 var( )函数计算方差。

【例 2.25】方差举例

```
import numpy as np
X = np. array([1 ,5 ,6])
var = X. var( )
print( var)
```

【程序运行结果】

```
4. 666666666666662
```

2.7.6　协方差

协方差用于衡量两个变量的总体误差，当两个变量相同时，协方差就是方差。NumPy 提供 cov( )函数计算协方差。

【例 2.26】协方差举例

```
import numpy as np
X = np. array([[1 ,5 ,6] ,[4 ,3 ,9] ,[ 4 ,2 ,9] ,[ 4 ,2 ,2]])
cov = np. cov( X)
print( cov)
```

【程序运行结果】

```
[[ 7.         4.5        4.        -3.        ]
 [ 4.5       10.33333333 11.5       -1.33333333]
 [ 4.        11.5       13.        -1.        ]
 [-3.        -1.33333333 -1.         1.33333333]]
```

2.7.7　皮尔森相关系数

皮尔森相关系数（$\rho_{X,Y}$）度量两个变量之间的相关程度，计算公式如下：

$$\rho_{X,Y} = \frac{\mathrm{cov}(X,Y)}{\sigma_X \sigma_Y}$$

$\rho_{X,Y}$ 是指两个连续变量 (X,Y) 的协方差 $\mathrm{cov}(X,Y)$ 除以各自标准差的乘积（$\sigma_X \sigma_Y$）。皮尔森相关系数的值介于 -1 与 $+1$ 之间，其性质如下：

- 当 $\rho_{X,Y} > 0$ 时，表示两变量正相关，$\rho_{X,Y} < 0$ 时，两变量为负相关。
- 当 $|\rho_{X,Y}| < 1$ 时，表示两变量为完全相关。
- 当 $\rho_{X,Y} = 0$ 时，表示无相关关系。
- 当 $0 < |\rho_{X,Y}| < 1$ 时，表示两变量存在一定程度的相关，$|\rho_{X,Y}|$ 越接近 1，两变量间线性关系越密切；$|\rho_{X,Y}|$ 越接近于 0，表示两变量的线性相关越弱。

按三级划分：$|\rho_{X,Y}| < 0.4$ 为低度相关；$0.4 \leq |\rho_{X,Y}| < 0.7$ 为显著相关；$0.7 \leq |\rho_{X,Y}| < 1$ 为高度线性相关。

方法 1：Python 计算皮尔森相关系数

【例 2.27】Python 计算皮尔森相关系数

```
import math
def pearson(vector1, vector2):
    n = len(vector1)
    sum1 = sum(float(vector1[i]) for i in range(n))
    sum2 = sum(float(vector2[i]) for i in range(n))
    sum1_pow = sum([pow(v, 2.0) for v in vector1])
    sum2_pow = sum([pow(v, 2.0) for v in vector2])
    p_sum = sum([vector1[i] * vector2[i] for i in range(n)])
    #分子 num,分母 den
    num = p_sum - (sum1 * sum2/n)
    den = math.sqrt((sum1_pow-pow(sum1, 2)/n) * (sum2_pow-pow(sum2, 2)/n))
    if den == 0:
        return 0.0
    return num/den

if __name__ == '__main__':
    vector1 = [2,2,17,77,152,90,122,520]
    vector2 = [3,5,15,90,170,77,160,570]
    print(pearson(vector1,vector2))
```

【程序运行结果】

0.9973472476440501

方法 2：NumPy 提供 corrcoef( ) 函数计算皮尔森相关系数。

【例 2.28】corrcoef( ) 函数计算皮尔森相关系数

```
import numpy as np
Array1 = [[1, 2, 3], [4, 5, 6]]
Array2 = [[11, 25, 346], [234, 47, 49]]
Mat1 = np.array(Array1)
Mat2 = np.array(Array2)
correlation = np.corrcoef(Mat1, Mat2)
print("矩阵 1\n", Mat1)
print("矩阵 2\n", Mat2)
print("相关系数矩阵\n", correlation)
```

【程序运行结果】

```
矩阵 1
 [[1 2 3]
 [4 5 6]]
矩阵 2
 [[ 11  25  346]
 [234  47  49]]
相关系数矩阵
[[ 1.          1.          0.88390399 -0.86133201]
 [ 1.          1.          0.88390399 -0.86133201]
 [ 0.88390399  0.88390399  1.         -0.52373937]
 [-0.86133201 -0.86133201 -0.52373937  1.        ]]
```

2.8　习题

一、编程题

1. 求解线性方程组

$$\begin{cases} x+2y+4z=7 \\ 4x+3y-7z=89 \\ 8x+4y+2z=23 \end{cases}$$

2. 实现如下矩阵的转置和求逆

$$\begin{pmatrix} 3 & 6 & 7 \\ 2 & 5 & 4 \\ 1 & 8 & 9 \end{pmatrix}$$

二、问答题

1. 在数据分析方面，NumPy 具有哪些功能？

2. ndarray 对象有什么特性？

3. 如何理解皮尔森相关系数？

第 3 章

Matplotlib——数据可视化工具

Matplotlib 是 Python 的 2D 绘图库，本章重点介绍 Matplotlib 安装、绘图步骤、绘图设置，包括颜色、标记和线类型、对图标进行刻度、标签和图例等，介绍绘制各种图、概率分布等。

3.1 安装 Matplotlib

在 Anaconda Prompt 下使用如下命令进行安装：pip install matplotlib，如图 3.1 所示。

```
(base) C:\Users\Administrator>pip install matplotlib
Requirement already satisfied: matplotlib in c:\programdata\anaconda3\lib\site-p
ackages
Requirement already satisfied: numpy>=1.7.1 in c:\programdata\anaconda3\lib\site
-packages (from matplotlib)
Requirement already satisfied: six>=1.10 in c:\programdata\anaconda3\lib\site-pa
ckages (from matplotlib)
Requirement already satisfied: python-dateutil>=2.1 in c:\programdata\anaconda3\
lib\site-packages (from matplotlib)
Requirement already satisfied: pytz in c:\programdata\anaconda3\lib\site-package
s (from matplotlib)
Requirement already satisfied: cycler>=0.10 in c:\programdata\anaconda3\lib\site
-packages (from matplotlib)
Requirement already satisfied: pyparsing!=2.0.4,!=2.1.2,!=2.1.6,>=2.0.1 in c:\pr
ogramdata\anaconda3\lib\site-packages (from matplotlib)
You are using pip version 9.0.3, however version 10.0.0 is available.
You should consider upgrading via the 'python -m pip install --upgrade pip' comm
and.
```

图 3.1　安装 Matplotlib

3.2 绘图步骤

Matplotlib 画图流程大致分为如下步骤：

步骤 1：使用 figure( ) 函数创建画布，决定是否创建子图。

步骤 2：使用 plot( ) 函数绘制图形。

步骤 3：设置绘图对象的各种属性。

3.2.1 创建画布

Matplotlib 的画布是 figure，也叫面板，一个图像只有一个 figure 对象，创建画布语法如下：

```
plt.figure(num, figsize, dpi, facecolor, edgecolor, clear)
```

参数如下：

- num：figure 的编号，可选。

- figsize：设置画布的尺寸，默认为[6.4,4.8]，单位英寸。
- dpi：分辨率，默认 100。
- facecolor：背景颜色。
- edgecolor：边线颜色。
- clear：如果 num 代表的 figure 已经存在，是否将其清空。

【例 3.1】举例

```
import matplotlib. pyplot as plt
fig = plt. figure( )
ax = fig. add_axes([0.1, 0.1, 0.8, 0.8])
plt. show( )
```

运行结果如图 3.2 所示。

运行结果解释如下：

[0.1, 0.1, 0.8, 0.8]表示在画布中，坐标轴距离画布左边 0.1 倍的位置，距离下边 0.1 倍的位置，确定了这两个位置后，坐标轴的整体宽度和高度占 0.8 倍的大小，换句话说，距离右边和上边 0.9（0.1+0.8）倍。

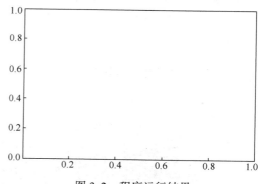

图 3.2　程序运行结果

3.2.2　绘图函数

Matplotlib 的绘图函数为 plot( )，语法如下：

plt. plot(x, y, color, marker, linestyle

常用参数说明如表 3.1 所示。

表 3.1　plot 绘图参数说明

参　　数	接收值	说　　明	默　认　值
x, y	array	表示 x 轴与 y 轴对应的数据	无
color	string	表示折线的颜色	None
marker	string	表示折线上数据点处的类型	None
linestyle	string	表示折线的类型	–

1）常用颜色 color 如表 3.2 所示。

表 3.2　颜色

字　　符	颜　　色	字　　符	颜　　色
'b'	蓝色	'm'	品红色
'g'	绿色	'y'	黄色
'r'	红色	'k'	黑色
'c'	青色	'w'	白色

2）常用标记字符 marker 如表 3.3 所示。

表 3.3　标记字符

标记字符	说　明	标记字符	说　明	标记字符	说　明
.	点标记	1	下花三角标记	*	星形标记
,	像素标记	2	上花三角标记	h	竖六边形标记
o	实心圈标记	3	左花三角标记	H	横六边形标记
v	倒三角标记	4	右花三角标记	+	十字标记
^	正三角标记	8	八角形标记	x	X 标记
<	左三角标记	s	实心方形标记	D	菱形标记
>	右三角标记	p	实心五角标记	d	瘦菱形标记

3）常用线条风格 linestyle 如表 3.4 所示。

表 3.4　线条风格

风格字符	说　明	风格字符	说　明
–	实线	––	短线
–.	短点相间线	:	虚点线

【例3.2】线属性举例

```
import numpy as np
import matplotlib. pyplot as plt
x = np. linspace( -np. pi, np. pi, 200)
cos_y = np. cos( x) / 2
sin_y = np. sin( x)
#用直线连接曲线上各点
plt. plot( x, cos_y, linestyle ='--', linewidth = 1, color='g')
plt. plot( x, sin_y, linestyle =':', linewidth = 2. 5, color='r')
plt. show( )
```

程序运行结果如图 3.3 所示。

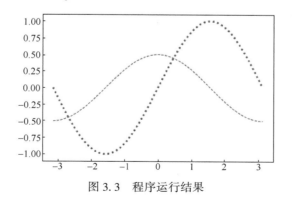

图 3.3　程序运行结果

3.2.3　绘图属性

一幅图有标题（title）、Axes 轴名称（xlabel 和 ylabel）、x 轴和 y 轴刻度范围（xlim 和 ylim）等各种属性。

【例3.3】各种属性举例

```
import matplotlib. pyplot as plt
fig = plt. figure()
ax = fig. add_subplot(111)
ax. set(xlim=[0.5, 4.5], ylim=[-2, 8], title='An Example Axes',
        ylabel='Y-Axis', xlabel='X-Axis')
plt. show()
```

程序运行结果如图 3.4 所示。

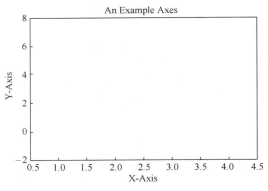

图 3.4　程序运行结果

3.3　子图基本操作

数据对比往往将多张子图显示到一个界面，Matplotlib 提供如下三种方式绘制子图。

1）plt. subplot 方法。

2）figure. add_subplot 方法。

3）plt. subplots 方法。

3.3.1　plt. subplot

subplot 一次性创建窗口和一个子图，语法如下：

```
subplot(numRows, numCols, plotNum)
```

参数说明如下：

- 整个绘图区域被分成 numRows 行和 numCols 列，按照从左到右、从上到下的顺序对每个子区域进行编号，左上的子区域的编号为 1，plotNum 参数指定创建的 Axes 对象所在的区域。例如，参数是一个三位数字（例如 111），或一个数组（例如 [1,1,1]），代表子图总行数、子图总列数、子图位置。

【例 3.4】subplot 举例

```
import numpy as np
import pandas as pd
import matplotlib. pyplot as plt
#第 1 个图:折线图
x=np. arange(1,100)
plt. subplot(221)
plt. plot(x,x * x)
```

```
#第 2 个图:散点图
plt. subplot(222)
plt. scatter(np. arange(0,10), np. random. rand(10))
#第 3 个图:饼图
plt. subplot(223)
plt. pie(x=[15,30,45,10],labels=list('ABCD'),autopct='%. 0f',explode=[0,0. 05,0,0])
#第 4 个图:条形图
plt. subplot(224)
plt. bar([20,10,30,25,15],[25,15,35,30,20],color='b')
plt. show( )
```

3. 3. 2　figure. add_subplot

add_subplot 先创建窗口，再创建子图。

【例 3. 5】 add_subplot 举例

```
import numpy as np
import matplotlib. pyplot as plt

fig=plt. figure( )
#第 1 个图:折线图
x=np. arange(1,100)
ax1=fig. add_subplot(221)
ax1. plot(x,x * x)
#第 2 个图:散点图
ax2=fig. add_subplot(222)
ax2. scatter(np. arange(0,10), np. random. rand(10))
#第 3 个图:饼图
ax3=fig. add_subplot(223)
ax3. pie(x=[15,30,45,10],labels=list('ABCD'),autopct='%. 0f',explode=[0,0. 05,0,0])
#第 4 个图:条形图
ax4=fig. add_subplot(224)
ax4. bar([20,10,30,25,15],[25,15,35,30,20],color='b')
plt. show( )
```

3. 3. 3　plt. subplots

subplots 一次性创建窗口和多个子图，其返回值的类型为元组，其中包含两个元素：第
一个为画布，第二个是子图。

【例 3. 6】 subplots 举例

```
import numpy as np
import pandas as pd
import matplotlib. pyplot as plt

fig,subs=plt. subplots(2,2)
#第 1 个图:折线图
x=np. arange(1,100)
subs[0][0]. plot(x,x * x)
#第 2 个图:散点图
subs[0][1]. scatter(np. arange(0,10), np. random. rand(10))
#第 3 个图:饼图
```

```
subs[1][0]. pie(x=[15,30,45,10],labels=list('ABCD'),autopct='%.0f',explode=[0,0.05,0,0])
#第4个图:条形图
subs[1][1]. bar([20,10,30,25,15],[25,15,35,30,20],color='b')
plt. show( )
```

以上三种方式都绘制出如图 3.5 所示的效果。

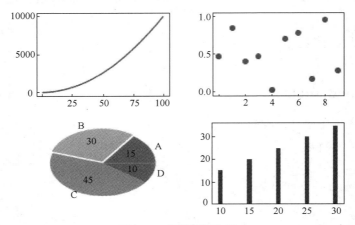

图 3.5　程序运行结果

3.4　绘图

以下介绍 Matplotlib 绘制几种常见的图，如折线图、气泡图、饼图、直方图和条形图。

3.4.1　折线图

折线图又称线形图，或折线统计图，是以折线的上升或下降表示数量变化的统计图。折线图不仅可以表示数量的多少，而且可以反映同一事物在不同时间里数据的变化趋势。其横坐标代表日期，纵坐标代表某个数值型变量，还可以使用第三个离散变量对折线图进行分组处理。Matplotlib 绘制折线图的函数为 plot( )，语法如下：

```
matplotlib. pyplot. plot( * args, scalex=True, scaley=True, data=None, * * kwargs)
```

常用参数及说明如表 3.5 所示。

表 3.5　常用参数及说明

参　　数	接　收　值	说　　　　明	默　认　值
x, y	array	表示 x 轴与 y 轴对应的数据	无
color	string	表示折线的颜色	None
marker	string	表示折线上数据点处的类型	None
linestyle	string	表示折线的类型	–
linewidth	数值	线条粗细	1
alpha	0~1 的小数	表示点的透明度	None
label	string	数据图例内容：label='实际数据'	None

【例 3.7】 折线图举例

```
#第1步:引入模块
import pandas as pd
```

```
import matplotlib. pyplot as plt #引用画图库中的 pyplot 模块
#第 2 步:数据初始化
df = pd. DataFrame({'Date': ['2020-05-08','2020-05-07','2020-05-06','2020-05-05','2020-05-08',
'2020-05-07','2020-05-06','2020-05-05'], 'Data': [51,82,63,14,505,1006,607,1208]})
#第 3 步:以字段"Date"分组,求字段"Data"的数据之和
df_Data = df. groupby(df['Date'])['Data']. agg({'sums':'sum'})
#第 4 步:制作折线图
plt. plot(df_Data)
for m, n in zip(df_Data. index, df_Data['sums']):
    plt. text(m,n,n, ha='center', va='bottom', fontsize=15)
#第 5 步:输出线图
plt. show()
```

运行结果如图 3.6 所示。

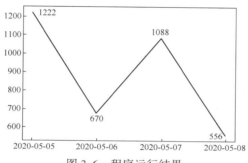

图 3.6　程序运行结果

3.4.2　气泡图

Matplotlib 使用 scatter() 函数绘制气泡图,反映两个数值型变量的关系,通过 s 参数控制每个散点的大小。

【例 3.8】气泡图举例

```
import matplotlib. pyplot as plt
import numpy as np
N = 50
plt. scatter(np. random. rand(N) * 50, np. random. rand(N) * 50, c='r', s=50, alpha=0. 5)
plt. scatter(np. random. rand(N) * 50, np. random. rand(N) * 50, c='g', s=500, alpha=0. 5)
plt. scatter(np. random. rand(N) * 50, np. random. rand(N) * 50, c='b', s=300, alpha=0. 5)
plt. show()
```

运行结果如图 3.7 所示。

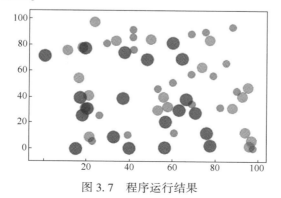

图 3.7　程序运行结果

3.4.3　饼图

饼图属于最传统的统计图形之一，通过各扇形面积的大小来反映部分与部分、部分与总体的比例关系。但不擅长对比差异不大或水平值过多的离散型变量。Matplotlib 提供 pie( ) 函数绘制饼图，语法如下。

```
plt. pie(x, labels, autopct, colors)
```

参数解释如下：
- x：数量，自动计算百分比。
- labels：每部分的名称。
- autopct：占比显示指定%1.2f%%。
- colors：每部分的颜色。

【例 3.9】饼图举例

```
import matplotlib. pyplot as plt
import numpy as np
labels = ['Mon', 'Tue', 'Wed', 'Thu', 'Fri', 'Sat', 'Sun']
data = np. random. rand(7) * 100
plt. pie(data, labels=labels, autopct='%1.1f%%')
plt. axis('equal')
plt. legend( )
plt. show( )
```

运行结果如图 3.8 所示。

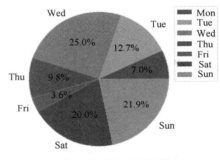

图 3.8　程序运行结果

3.4.4　直方图

直方图又称质量分布图，由一系列高度不等的纵向条纹和线段表示数据分布形态，用长条形的面积表示频数，当宽度相同时，用长条形的长度表示频数。Matplotlib 提供 hist( ) 函数绘制直方图。

【例 3.10】直方图举例

```
import matplotlib. pyplot as plt
import numpy as np

x=np. random. randint(0,100,100)#生成【0-100】之间的 100 个数据,即数据集
bins=np. arange(0,101,10)#设置连续的边界值,即直方图的分布区间[0,10],[10,20],...
```

```
#直方图会统计各个区间的数值
plt. hist( x,bins,color='blue',alpha=0.5)#alpha 设置透明度,0 为完全透明

plt. xlabel('scores')
plt. ylabel('count')
plt. xlim(0,100)           #设置 x 轴分布范围

plt. show( )
```

运行结果如图 3.9 所示。

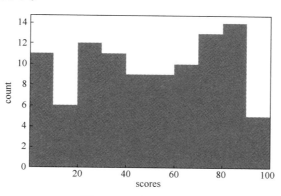

图 3.9　程序运行结果

3.4.5　条形图

条形图是统计图资料分析中最常用的图形之一，又称柱状图，可以清楚地表明各种数量的多少，用来描述各个类别之间的关系。条形图与直方图较为类似，直方图通过各个长条形衔接表示数据间的关系。而条形图的各个长条形之间留有空隙，以区分不同类别，如表 3.6 所示。

表 3.6　直方图与条形图区别

区　别	直　方　图	条　形　图
横轴上数据	连续数据，在一个范围	孤立的，代表一个类别
长条形之间	没有空隙	有空隙
频数	用长条形的面积表示；当宽度相同时，用长度表示	长条形的长度

Matplotlib 提供 bar( )函数绘制条形图。

【例 3.11】 条形图举例

```
import matplotlib. pyplot as plt
import matplotlib
#设置中文字体和负号正常显示
matplotlib. rcParams['font. sans-serif'] = ['SimHei']
matplotlib. rcParams['axes. unicode_minus'] = False

label_list = ['2014', '2015', '2016', '2017']   #横坐标刻度显示值
num_list1 = [20, 30, 15, 35]               #纵坐标值 1
num_list2 = [15, 30, 40, 20]               #纵坐标值 2
x = range(len(num_list1))
"""
```

```
绘制条形图
left:长条形中点横坐标
height:长条形高度
width:长条形宽度,默认值0.8
label:为后面设置legend准备
"""
rects1 = plt.bar(left=x, height=num_list1, width=0.4, alpha=0.8, color='red', label="一部门")
rects2 = plt.bar(left=[i + 0.4 for i in x], height=num_list2, width=0.4, color='green', label="二部门")
plt.ylim(0, 50)          # y轴取值范围
plt.ylabel("数量")
"""
设置x轴刻度显示值
参数一:中点坐标
参数二:显示值
"""
plt.xticks([index + 0.2 for index in x], label_list)
plt.xlabel("年份")
plt.title("某某公司")
plt.legend()          # 设置题注
#编辑文本
for rect in rects1:
    height = rect.get_height()
    plt.text(rect.get_x() + rect.get_width() / 2, height+1, str(height), ha="center", va="bottom")
for rect in rects2:
    height = rect.get_height()
    plt.text(rect.get_x() + rect.get_width() / 2, height+1, str(height), ha="center", va="bottom")
plt.show()
```

运行结果如图3.10所示。

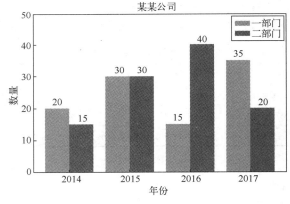

图3.10　程序运行结果

3.5　概率分布

常见的4种概率分布,有连续分布的代表:泊松分布、正态分布、均匀分布,离散分布的代表:二项分布。本节使用Matplotlib将其进行可视化。

3.5.1　泊松分布

泊松分布通常用于查找事件可能发生或不发生的频率,还可用于预测事件在给定时间段

内可能发生多少次。

泊松分布的主要特征是：

- 事件彼此独立。
- 一个事件在定义的时间段内可以发生任何次数。
- 两个事件不能同时发生。
- 事件的平均发生率恒定。

【例 3.12】 泊松分布举例

```
import numpy as np
import matplotlib. pyplot as plt
list = np. random. poisson(9,10000)
plt. hist(list, bins = 8, color = 'b', alpha = 0.4, edgecolor = 'r')
plt. show( )
```

程序运行结果如图 3.11 所示。

3.5.2　正态分布

正态分布又称高斯分布，若随机变量 X 服从一个数学期望为 μ、方差为 σ^2 的正态分布，记为 N(μ,σ^2)。其概率密度函数为正态分布的期望值 μ 决定了其位置，其标准差 σ 决定了分布的幅度。当 μ = 0，σ = 1 时的正态分布是标准正态分布。正态曲线呈钟型，两头低，中间高，左右对称，因其曲线呈钟形，也称之为钟形曲线。

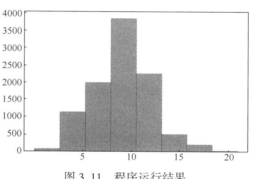

图 3.11　程序运行结果

【例 3.13】 正态分布举例

```
import numpy as np
import matplotlib. pyplot as plt
list = np. random. normal(0,1,10000)
plt. hist(list, bins = 8, color = 'r', alpha = 0.5, edgecolor = 'r')
plt. show( )
```

程序运行结果如图 3.12 所示。

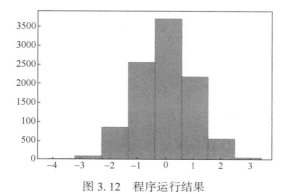

图 3.12　程序运行结果

3.5.3　均匀分布

均匀分布是古典概率分布的连续形式，是指随机事件的可能结果是连续型数据变量，所有的连续型数据结果所对应的概率相等。均匀分布也叫矩形分布，在相同长度间隔的分布概率是相等的。

【例 3.14】　均匀分布举例

```
import numpy as np
import matplotlib. pyplot as plt

list = np. random. uniform(0,10,10000)
plt. hist(list,bins = 7,color = 'g', alpha = 0.4, edgecolor  = 'b')
plt. show( )
```

程序运行结果如图 3.13 所示。

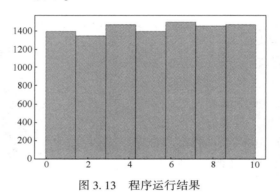

图 3.13　程序运行结果

3.5.4　二项分布

二项分布被认为是遵循伯努利分布的事件结果的总和，用于二元结果事件，并且所有后续试验中成功和失败的概率均相同。

二项式分布的主要特征是：

- 给定多个试验，每个试验彼此独立（一项试验的结果不会影响另一项试验）。
- 每个试验只能得出两个可能的结果（例如，获胜或失败），其概率分别为 p 和（1 - p）。

【例 3.15】　二项分布举例

```
import numpy as np
import matplotlib. pyplot as plt
list = np. random. binomial(n=10, p=0.5,size = 10000)
plt. hist(list, bins = 8,color = 'g', alpha = 0.4,edgecolor = 'b')
plt. show( )
```

程序运行结果如图 3.14 所示。

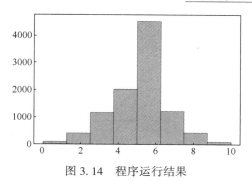

图 3.14　程序运行结果

3.6　习题

一、编程题

2021 年国家及其 GDP 如表 3.7 所示，请用 Matplotlib 绘制饼图。

表 3.7　2021 年国家及其 GDP

国　　家	GDP/亿美元
USA	229396
China	168630
Japan	51031
Germany	42302
UK	31084
India	29461
France	29404
Italy	21202

二、问答题

1. Matplotlib 的作用是什么？

2. Matplotlib 绘图需要哪些步骤？

3. 子图的绘制有哪些方法？

4. 各种图应用的场合是什么？各自的优缺点是什么？

第 4 章
Pandas——数据处理工具

Pandas 具有大量标准的数据模型，提供了高效地操作大型数据集所需的工具。本章首先介绍了 Pandas 的 Series、DataFrame 和 Index 等关键数据类型。其次介绍了 Pandas 在数据可视化、数据转换方面的应用。最后介绍了 Pandas 读取外部数据。

4.1 认识 Pandas

Pandas 为 Python 提供了高效的数据处理、数据清洗等功能，主要面向数据处理与分析，具有以下功能：

- 便捷的数据读写操作，两种数据结构均支持标签索引。
- SQL 的绝大部分 DQL 和 DML 操作在 Pandas 中都可以实现。
- Pandas 具有 Excel 的数据透视表功能。
- 自带正则表达式的字符串向量化操作。
- 丰富的时间序列向量化处理接口。
- 常用的数据分析与统计功能，包括基本统计量、分组统计分析等。
- 集成 Matplotlib 的常用可视化接口。

在 Anaconda Prompt 下使用命令 pip install pandas 进行安装，如图 4.1 所示。

图 4.1　安装 Pandas

Pandas 的 Series 和 DataFrame 是两个重要的数据类型，如表 4.1 所示。

表 4.1　**Pandas 的两个数据结构**

名　　称	维　　度	说　　明
Series	1 维	带有标签的同构数据类型一维数组，与 NumPy 中的一维数组类似。二者与 Python 基本的数据结构 List 也很相近，其区别是 List 中的元素可以是不同的数据类型，而 Array 和 Series 只允许存储相同的数据类型
DataFrame	2 维	带有标签的异构数据类型二维数组，DataFrame 有行和列的索引，可以看作是 Series 的容器，一个 DataFrame 中可以包含若干个 Series，DataFrame 的行和列的操作大致对称

4.2　Series

Series 由数据和数据标签（即索引）组成，被认为是 NumPy 的 ndarray，类似于一维数组的对象。

4.2.1　创建 Series

创建 Series 对象的函数是 Series，主要参数是 data 和 index，语法格式如下。

```
pandas. Series( data = None, index = None, name = None)
```

参数解释如下：

- data：接收 array 或 dict。表示接收的数据。默认为 None。
- index：接收 array 或 list。表示索引，它必须与数据长度相同。默认为 None。
- name：接收 string 或 list。表示 Series 对象的名称。默认为 None。

（1）通过列表创建 Series

【例 4.1】通过 list 创建 Series 对象

```
import pandas as pd
series = pd. Series([1,2,3,4,5])
print( series)
```

【程序运行结果】

```
0    1
1    2
2    3
3    4
4    5
dtype: int64
```

输出的第一列为 index，第二列为数据 Value。如果没有指定 index，Pandas 会自动默认整型数据为 index。

【例 4.2】指定 index 创建 Series 对象

```
import pandas as pd
list1 = [0, 1, 5, 3, 4]
i= ['a', 'b', 'c', 'd', 'e']
print('通过 list 创建的 Series 为：\n', pd. Series(list1, index =i, name = 'list'))
```

【程序运行结果】

```
通过 list 创建的 Series 为：
a    0
b    1
c    5
d    3
e    4
Name：list,dtype：int64
```

（2）通过字典创建 Series

字典的键作为 Series 的索引，字典的值作为 Series 的值，无须传入 index 参数。

【例 4.3】通过 dict 创建 Series 对象

```
import pandas as pd
dict = {'a': 0, 'b': 1, 'c': 5}
letter = ["a","b","c","e"]          # 当字典中的健值和指定的索引不匹配,对应值为 NaN
print( pd. Series(dict, index=letter))
```

【程序运行结果】

```
a       0.0
b       1.0
c       5.0
e       NaN
dtype: float64
```

（3）通过 ndarray 创建 Series

【例 4.4】 通过 ndarray 创建 Series

```
import pandas as pd
import numpy as np
print('通过 ndarray 创建的 Series 为:\n', pd. Series(np. arange(3), index = ['a', 'b', 'c'], name = 'ndar-
ray'))
```

【程序运行结果】

```
通过 ndarray 创建的 Series 为:
a       0
b       1
c       2
Name: ndarray, dtype: int32
```

4.2.2　Series 属性

Series 拥有 8 个常用属性，具体如下。

- values：以 ndarray 格式返回 Series 对象的所有元素。
- index：返回 Series 对象的索引。
- dtype：返回 Series 对象的数据类型。
- shape：返回 Series 对象的形状。
- nbytes：返回 Series 对象的字节数。
- ndim：返回 Series 对象的维度。
- size：返回 Series 对象的个数。
- T：返回 Series 对象的转置。

【例 4.5】 访问 Series 的属性

```
import pandas as pd
series1 = pd. Series([1,2, 3, 4])
print("series1:\n{}\n". format(series1))
print("series1. values: {}\n". format(series1. values))     #Series 中的数据
print("series1. index: {}\n". format(series1. index))        #Series 中的索引
print("series1. shape: {}\n". format(series1. shape))        #Series 中的形状
print("series1. ndim: {}\n". format(series1. ndim))          #Series 中的维度
```

【程序运行结果】

```
series1:
0    1
1    2
2    3
3    4
dtype: int64
series1. values: [1 2 3 4]
series1. index: RangeIndex( start = 0, stop = 4, step = 1)
series1. shape: (4,)
series1. ndim: 1
```

4.2.3　访问 Series 数据

Series 可以通过索引位置和标签两种方式访问数据。

【例 4.6】访问 Series 的数据

```
import pandas as pd
series2 = pd. Series([1,2,3,4,5,6,7], index = ["C","D","E","F","G","A","B"])
#(1)通过索引位置访问 Series 数据子集
print("series2 位于第 1 位置的数据为:",series2[0])
#(2)通过索引名称(标签)也可以访问 Series 数据
print("E is {}\n". format(series2["E"]))
```

【程序运行结果】

```
Series2 位于第 1 位置的数据为:1
E is 3
```

4.3　操作 Series

采用赋值的方式对指定索引标签（或位置）对应的数据进行修改。

4.3.1　更新 Series

【例 4.7】更新 Series

```
import pandas as pd
list1 = [1,2,3,4,5]
series1 = pd. Series(list1, index = ['a','b', 'c', 'd', 'e'], name = 'list')
print("Series1:\n{}\n". format(series1))
#更新元素
series1['a'] = 3
print('更新后的 Series1 为:\n', series1)
```

【程序运行结果】

```
Series1:                              更新后的 Series1 为:
a    1                                a    3
b    2                                b    2
c    3                                c    3
d    4                                d    4
e    5                                e    5
Name: list, dtype: int64              Name: list, dtype: int64
```

49

4.3.2　插入 Series

与列表类似，通过 append( ) 函数在原 Series 上追加新的 Series。

【例 4.8】　追加 Series 举例

```
import pandas as pd
list1 = [0,1,2,3,4]
series1 = pd. Series(list1, index = ['a', 'b', 'c', 'd', 'e'], name = 'list')
print("Series1:\n{}\n". format(series1))
series2 = pd. Series([4, 5], index = ['f', 'g'])
#追加 Series
print('在 Series1 插入 Series2 后为:\n', series1. append(series2))
```

【程序运行结果】

```
Series1:                                        在 Series 插入 Series1 后为:
a    0                                          a    0
b    1                                          b    1
c    2                                          c    2
d    3                                          d    3
e    4                                          e    4
Name: list,dtype: int64                         f    4
                                                g    5
                                                dtype: int64
```

4.3.3　删除 Series

drop( ) 函数删除 Series 元素，参数为对应索引，inplace＝True 表示改变原 Series。

【例 4.9】　删除 Series 元素举例

```
import pandas as pd
list1 = [0,1,2,3,4]
series1 = pd. Series(list1, index = ['a','b','c','d','e'], name = 'list')
print("Series1:\n{}\n". format(series1))
#删除数据
series1. drop('e',inplace = True)
print('删除索引 e 对应数据后的 Series1:\n',Series1)
```

【程序运行结果】

```
Series1:                                        删除索引 e 对应数据后的 Series1:
a    0                                          a    0
b    1                                          b    1
c    2                                          c    2
d    3                                          d    3
e    4                                          Name: list, dtype: int64
Name: list,dtype: int64
```

4.4　DataFrame

DataFrame 是表格型的数据结构，类似关系数据库中的表，既有行索引，也有列索引，其可以看作是 Series 组成的 dict，每个 Series 是 DataFrame 的一列。

4.4.1　创建 DataFrame

DataFrame( ) 函数用于创建 DataFrame 对象，语法如下。

pandas. DataFrame(data = None, index = None, columns = None, dtype = None, copy = False)

参数解释如下：

- data：接收 ndarray、dict、list 或 DataFrame。表示输入数据。默认为 None。
- index：接收 Index，ndarray。表示索引。默认为 None。
- columns：接收 Index，ndarray。表示列标签（列名）。默认为 None。

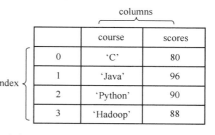

DataFrame 对象的内部组成如图 4.2 所示。

图 4.2　DataFrame 对象的内部组成

（1）通过 dict 创建 DataFrame

【例 4.10】通过 dict 创建 DataFrame 举例

```
import pandas as pd
data = {'col1':[0, 1, 2, 3, 4], 'col5':[5, 6, 7, 8, 9]}
#创建时指定列名
df = pd. DataFrame( data, index = ['a', 'b', 'c', 'd', 'e'])
print('通过 dict 创建的 DataFrame 为:\n',df)
```

【程序运行结果】

```
通过 dict 创建的 DataFrame 为:
     col1   col5
a     0      5
b     1      6
c     2      7
d     3      8
e     4      9
```

【例 4.11】创建空缺值举例

```
import pandas as pd
data = {
        'name':['张三','李四','王五'],
        'sex':['female','male','female'],
        'age':[23,20,19]
        }
df = pd. DataFrame( data, columns = ['name', 'age', 'sex', 'address'])
print('通过 dict 创建的 DataFrame 为:\n',df)
```

【程序运行结果】

```
通过 dict 创建的 DataFrame 为:
    name   age   sex      address
0   张三     23    female   NaN
1   李四     20    male     NaN
2   王五     19    female   NaN
```

（2）通过 list 创建 DataFrame

【例 4.12】通过 list 创建 DataFrame 举例

```
import pandas as pd
list5 = [[0, 5], [1, 6], [2, 7], [3, 8], [4, 9]]
```

```
print('通过 list 创建的 DataFrame 为:\n',
      pd. DataFrame(list5, index = ['a', 'b', 'c', 'd', 'e'], columns = ['col1', 'col5']))
```

【程序运行结果】

```
通过 list 创建的 DataFrame 为:
     col1   col5
a     0      5
b     1      6
c     2      7
d     3      8
e     4      9
```

（3）通过 Series 创建 DataFrame

以 Series 创建 DataFrame，每个 Series 为一行，而不是一列，代码如下：

【例 4.13】通过 Series 创建 DataFrame 举例

```
import pandas as pd
noteSeries = pd. Series(["C", "D", "E", "F", "G", "A", "B"], index=[1, 5, 3, 4, 5, 6, 7])
weekdaySeries = pd. Series(["Mon", "Tue", "Wed", "Thu", "Fri", "Sat", "Sun"], index=[1, 5, 3,
4, 5, 6, 7])
df4 = pd. DataFrame([noteSeries, weekdaySeries])
print("df4:\n{}\n". format(df4))
```

【程序运行结果】

```
df4:
     1    5    3    4    5    6    7
0    C    D    E    F    G    A    B
1    Mon  Tue  Wed  Thu  Fri  Sat  Sun
```

4.4.2　DataFrame 属性

DataFrame 是二维数据结构，包含列索引（列名），常用属性及其说明如表 4.2 所示。

表 4.2　DataFrame 常用的属性及其说明

属 性 名	功 能 描 述
T	行列转置
columns	查看列索引名，可得到各列的名称
dtypes	查看各列的数据类型
index	查看行索引名
shape	查看 DataFrame 对象的形状
size	返回 DataFrame 对象包含的元素个数，为行数、列数大小的乘积
values	获取存储在 DataFrame 对象中的数据，返回一个 NumPy 数组
ix	用 ix 属性和行索引可获取 DataFrame 对象指定行的内容
ix[[x,y,...], [x,y,...]]	对行重新索引，然后对列重新索引
index. name	行索引的名称
columns. name	列索引的名称
loc	通过行索引获取行数据
iloc	通过行号获取行数据

【例 4.14】 访问 DataFrame 的属性

```
import pandas as pd
df = pd. DataFrame({'col1': [0, 1, 5, 3, 4], 'col5': [5, 6, 7, 8, 9]}, index = ['a', 'b', 'c', 'd', 'e'])
print('DataFrame 的 Index 为:', df. index)
print('DataFrame 的列标签为:', df. columns)
print('DataFrame 的轴标签为:', df. axes)
print('DataFrame 的维度为:', df. ndim)
print('DataFrame 的形状为:', df. shape)
```

【程序运行结果】

DataFrame 的 Index 为: Index(['a', 'b', 'c', 'd', 'e'], dtype='object')
DataFrame 的列标签为: Index(['col1', 'col5'], dtype='object')
DataFrame 的轴标签为: [Index(['a', 'b', 'c', 'd', 'e'], dtype='object'), Index(['col1', 'col5'], dtype='object')]
DataFrame 的维度为: 2
DataFrame 的形状为: (5, 2)

4.4.3　选取行列数据

Pandas 提取行列数据的函数如表 4.3 所示。

表 4.3　提取行列数据的函数

函　　数	描　　述
df. head(N)	返回前 N 行
df. tail(M)	返回后 M 行
df[m:n]	切片，选取 m~n-1 行
df[df['列名'] > value]	选取满足条件的行
df. query('列名> value')	选取满足条件的行
df. query('列名 == [v1,v2,...]')	选取列名列的值等于 v1，v2，... 的行
loc	通过行标签索引数据
iloc	通过行号索引行数据
df['col']	获取 col 列，返回 Series
iat	提取某一个数据

【例 4.15】 选取行数据

```
import pandas as pd
data = {
        'name': ['张三','李四','王五'],
        'sex': ['female','male','female'],
        'age': [23,20,19],
        'address': ['西安市','郑州市','北京市']
        }
df = pd. DataFrame(data, columns = ['name', 'age', 'sex','address'],index = ['a', 'b', 'c'])
print('默认返回前 5 行数据为:\n', df. head())
print('返回后 2 行数据为:\n', df. tail(2))
df1 = df. iloc[0:2, 0:1]    #输出 1~2 行前 1 列数据
print(df1)
#提取不连续行和列的数据,提取第 0,2 行,第 1,3 列的数据
df2 = df. iloc[[0,2],[1,3]]
print(df2)
```

```
#提取某一个数据,提取第 3 行,第 2 列数据(默认从 0 开始)
df3 = df. iat[2,1]
print(df3)
```

【程序运行结果】

```
默认返回前 5 行数据为:
      name      age      sex       address
a     张三       23      female     西安市
b     李四       20      male       郑州市
c     王五       19      female     北京市
返回后 3 行数据为:
      name      age      sex       address
b     李四       20      male       郑州市
c     王五       19      female     北京市
      name
a     张三
b     李四
      age      address
a     23       西安市
c     19       北京市
19
```

【例 4.16】 访问列数据

```
import pandas as pd
data = {
        'name':['张三','李四','王五'],
        'sex':['female','male','female'],
        'age':[23,20,19]
        }
df = pd. DataFrame(data, columns = ['name', 'age', 'sex'],index = ['a', 'b', 'c'])
print(df)
w1 = df['name']
print(w1)
```

【程序运行结果】

```
      name      age      sex
a     张三       23      female
b     李四       20      male
c     王五       19      female
a     张三
b     李四
c     王五
Name: name,dtype: object
```

4.5 操作 DataFrame

4.5.1 更新 DataFrame

【例 4.17】 更新 DataFrame 举例

```
import pandas as pd
```

```
df = pd. DataFrame({'col1': [0, 1, 2, 3, 4], 'col5': [5, 6, 7, 8, 9]}, index = ['a', 'b', 'c', 'd', 'e'])
print('DataFrame 为:\n', df)
#更新列
df['col1'] = [10, 11, 12, 13, 14]
print('更新列后的 DataFrame 为:\n', df)
```

【程序运行结果】

DataFrame 为:				更新列后的 DataFrame 为:		
	col1	col5			col1	col5
a	0	5		a	10	5
b	1	6		b	11	6
c	2	7		c	12	7
d	3	8		d	13	8
e	4	9		e	14	9

4.5.2　插入 DataFrame

【例 4.18】 插入 DataFrame 举例

```
import pandas as pd
df3 = pd. DataFrame({"note" : ["C", "D", "E", "F", "G", "A", "B"], "weekday": ["Mon", "Tue", "Wed", "Thu", "Fri", "Sat", "Sun"]})
print("df3:\n{}\n". format(df3))
df3["No."] = pd. Series([1,2, 3, 4, 5, 6, 7])        #采用赋值的方法插入列
print("df3:\n{}\n". format(df3))
```

【程序运行结果】

df3:				df3:			
	note	weekday			note	weekday	No.
0	C	Mon		0	C	Mon	1
1	D	Tue		1	D	Tue	2
2	E	Wed		2	E	Wed	3
3	F	Thu		3	F	Thu	4
4	G	Fri		4	G	Fri	5
5	A	Sat		5	A	Sat	6
6	B	Sun		6	B	Sun	7

4.5.3　删除 DataFrame

删除列的方法（函数）有多种，如 del、pop、drop 等。其中，drop() 函数可以删除行或者列，语法如下。

```
DataFrame. drop(labels, axis, levels, inplace)
```

参数解释如下：

- labels：接收 string 或 array。表示删除的行或列的标签。无默认值。
- axis：表示执行操作的轴向，其中 0 表示删除行，1 表示删除列。默认为 0。
- levels：接收 int 或者索引名。表示索引级别。默认为 None。
- inplace：接收 bool。表示操作是否对原数据生效。默认为 False。

【例 4.19】 drop 举例

```
import pandas as pd
df = pd.DataFrame({'col1': [0, 1, 2, 3, 4], 'col5': [5, 6, 7, 8, 9]}, index = ['a', 'b', 'c', 'd', 'e'])
df['col3'] = [15, 16, 17, 18, 19]
print('插入列后的 DataFrame 为：\n', df)
df.drop(['col3'], axis = 1, inplace = True)
print('删除 col3 列 DataFrame 为：\n', df)
#删除行
df.drop('a', axis = 0, inplace = True)
print('删除 a 行 DataFrame 为：\n', df)
```

【程序运行结果】

插入列后的 DataFrame 为：

	col1	col5	col3
a	0	5	15
b	1	6	16
c	2	7	17
d	3	8	18
e	4	9	19

删除 col3 列 DataFrame 为：

	col1	col5
a	0	5
b	1	6
c	2	7
d	3	8
e	4	9

删除 a 行 DataFrame 为：

	col1	col5
b	1	6
c	2	7
d	3	8
e	4	9

4.6　Index

4.6.1　创建 Index

Pandas 的索引对象负责管理轴标签和其他元数据（例如轴名称等）。索引对象可以通过 pandas.Index() 函数创建，也可以通过创建数据对象 Series、DataFrame 时接收 index（或 column）参数创建，前者属于显式创建，后者属于隐式创建。隐式创建中，通过访问 index（或 DataFrame 的 column）属性得到 Index，Index 对象不可修改，保证了 Index 对象在各个数据结构之间的安全共享。

【例 4.20】创建 Index

```
import pandas as pd
df = pd.DataFrame({'col1': [0, 1, 2, 3, 4], 'col2': [5, 6, 7, 8, 9]}, index = ['a', 'b', 'c', 'd', 'e'])
print(df)
print(df.index)
print(df.columns)
print('a' in df.index)
print(10 in df.columns)
```

【程序运行结果】

	col1	col2
a	0	5
b	1	6
c	2	7
d	3	8
e	4	9

```
Index(['a', 'b', 'c', 'd', 'e'], dtype='object')
Index(['col1', 'col2'], dtype='object')
```

```
True
False
```

4.6.2　常用属性

Index 对象常用的属性及其说明如下。

- is_monotonic：当各元素均大于前一个元素时，返回 True。
- is_unique：当 Index 没有重复值时，返回 True。

【例 4.21】Index 的属性

```
import pandas as pd
df = pd. DataFrame({'col1': [0, 1, 5, 3, 4], 'col5': [5, 6, 7, 8, 9]},
                    index = ['a', 'b', 'c', 'd', 'e'])
print('DataFrames 的 Index 为:', df. index)
print('DataFrame 中 Index 各元素是否大于前一个:', df. index. is_monotonic)
print('DataFrame 中 Index 各元素是否唯一:', df. index. is_unique)
```

【程序运行结果】

```
DataFrames 的 Index 为 :Index(['a', 'b', 'c', 'd', 'e'], dtype='object')
DataFrame 中 Index 各元素是否大于前一个: True
DataFrame 中 Index 各元素是否唯一: True
```

4.6.3　常用方法

Index 对象的常用方法（函数）及其说明如表 4.4 所示。

表 4.4　Index 对象的常用方法

方　　法	含　　义
append	连接另一个 Index 对象，产生一个新的 Index
difference	计算两个 Index 对象的差集，得到一个新的 Index
intersection	计算两个 Index 对象的交集
union	计算两个 Index 对象的并集
isin	计算一个 Index 是否在另一个 Index 中，返回 bool 数组
delete	删除指定 Index 的元素，并得到新的 Index
drop	删除传入的值，并得到新的 Index
insert	将元素插入到指定 Index 处，并得到新的 Index
unique	计算 Index 中唯一值的数组

【例 4.22】Index 对象的常用方法举例

```
import pandas as pd
df1 = pd. DataFrame({'col1': [0, 1, 2, 3]}, index = ['a', 'b', 'c', 'd'])
df5 = pd. DataFrame({'col5': [5, 6, 7]}, index = ['b', 'c', 'd'])
index1 = df1. index
index5 = df5. index
print('index1 连接 index5 后结果为:\n', index1. append(index5))
```

```
print('index1 与 index5 的差集为:\n', index1. difference(index5))
print('index1 与 index5 的交集为:\n', index1. intersection(index5))
print('index1 与 index5 的并集为:\n', index1. union(index5))
print('index1 中的元素是否在 index5 中:\n', index1. isin(index5))
```

【程序运行结果】

```
index1 连接 index5 后结果为:
 Index(['a', 'b', 'c', 'd', 'b', 'c', 'd'],dtype='object')
index1 与 index5 的差集为:
 Index(['a'],dtype='object')
index1 与 index5 的交集为:
Index(['b', 'c', 'd'],dtype='object')
index1 与 index5 的并集为:
 Index(['a', 'b', 'c', 'd'],dtype='object')
index1 中的元素是否在 index5 中:
 [False  True  True  True]
```

4.6.4 重建 Index

索引对象是无法修改的，重建索引是指对索引重新排序而不是重新命名，用于重建索引的 reindex( ) 函数的参数如表 4.5 所示。

表 4.5　reindex( ) 函数相关参数

参　　数	说　　明
method	插值填充方法
fill_value	引入的缺失数据值
limit	填充间隙
copy	如果新索引与旧索引相等，则底层数据不会复制。默认为 True（即始终复制）
level	在多层索引上匹配简单索引

（1）缺失值填充

如果某个索引值不存在，可以使用 fill_value 引入缺失数据值。

【例 4.23】fill_value 举例

```
import pandas as pd
data = {
        'name': ['张三','李四','王五'],
        'sex': ['female','male','female'],
        'age': [23,20,19]
        }
df = pd. DataFrame(data, columns = ['name', 'age', 'sex'],index = ['a', 'b', 'c'])
print(df)
df1 = df. reindex(['c', 'b','a','d'])
print(df1)
df2 = df. reindex(['a', 'b', 'c','d'],fill_value = 0)
print(df2)
```

【程序运行结果】

	name	age	sex
a	张三	23	female
b	李四	20	male
c	王五	19	female

	name	age	sex
c	王五	14.0	female
b	李四	20.0	male
a	张三	23.0	female
d	NaN	NaN	NaN

	name	age	sex
a	张三	23	female
b	李四	20	male
c	王五	19	female
d	0	0	0

（2）填充值或内插值

method 选项用于控制填充值或内插值，代码如下：

method : {None, 'backfill'/'bfill', 'pad'/'ffill', 'nearest'}, optional。

其中，ffill/pad 表示向前或进位填充，bfill/backfill 表示向后或进位填充。

【例 4.24】method 举例

```
import pandas as pd
obj1 = pd. Series(['blue', 'purple', 'yellow'], index=[0, 2, 4])
print(obj1)
obj2 = obj1. reindex(range(6), method='ffill')
print("前向填充:\n",obj2)
obj3 = obj1. reindex(range(6), method='backfill')
print("后向填充:\n",obj3)
```

【程序运行结果】

```
0    blue
2    purple
4    yellow
dtype: object
前向填充:
0    blue
1    blue
2    purple
3    purple
4    yellow
5    yellow
dtype: object
后向填充:
0    blue
1    purple
2    purple
3    yellow
4    yellow
5    NaN
dtype: object
```

4.7 可视化

Pandas 使用行列标签以及分组信息，可以较为简便地完成图表制作，Pandas 统计作图函数如表 4.6 所示。

表 4.6 **Pandas** 统计作图函数

函 数 名	函 数 功 能	所属工具箱
plot( )	绘制线性二维图、折线图	Matplotlib/Pandas
bar( )	绘制条形图	Matplotlib/Pandas
pie( )	绘制饼状图	Matplotlib/Pandas
hist( )	绘制二维条形直方图	Matplotlib/Pandas
boxplot( )	绘制样本数据的箱型图	Pandas
plot(logy = True)	绘制 Y 轴对数图形	Pandas
plot(yerr = error)	绘制误差条形图	Pandas

4.7.1 线形图

Pandas 提供 plot( )函数绘制线形图。

【例 4.25】 线形图举例

```
import pandas as pd
import numpy as np
s = pd. DataFrame( data = np. random. randint( 0,10, size = 10) )
s. plot( )
```

程序运行结果如图 4.3 所示。

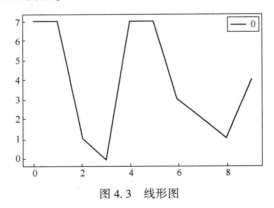

图 4.3 线形图

4.7.2 条形图

Pandas 提供 bar( )函数绘制条形图。

【例 4.26】 条形图举例

```
import pandas as pd
import numpy as np
```

```
#调用 plot. bar 对生成的四列随机数的 DataFrame 数据类型绘制条形图
df1 = pd. DataFrame ( np. random. rand( 10,4) ,columns = [ 'a','b','c','d' ] )
df1. plot. bar( )
```

程序运行结果如图 4.4 所示。

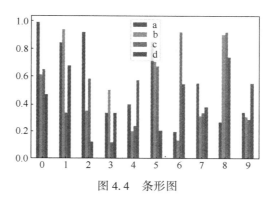

图 4.4　条形图

4.7.3　饼状图

Pandas 提供 pie( ) 函数绘制饼状图。

【**例 4.27**】饼状图举例

```
import pandas as pd
import numpy as np
#调用 plot. pie 对生成的一列随机数的 Series 数据类型绘制饼状图
df1 = pd. Series( 3 * np. random. rand( 4) ,index = [ 'a','b','c','d' ] ,name ='series')
df1. plot. pie( figsize = ( 6,6) )
```

程序运行结果如图 4.5 所示。

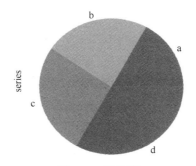

图 4.5　饼状图

4.7.4　直方图与密度图

直方图是连续变量的概率分布的估计图。Pandas 提供 hist( ) 函数绘制直方图,具体说明如下:

```
s. plot( kind ='hist',bins,density = True)
```

其中,柱高表示数据的频数,柱宽表示各组数据的组距。参数 bins 可以设置直方图方柱的个数上限,其值越大柱宽越小,数据分组越细致。

密度图用于弥补直方图由于参数 bins 设置的不合理而导致的精度缺失问题。直方图和密度图都是一组数据在坐标轴上"疏密程度"的可视化，只不过直方图用条形图显示，而密度图使用拟合后的曲线显示，"峰"越高，表示此处数据越"密集"。Pandas 提供 kde( ) 函数绘制密度图，语法如下：

```
s. plot(kind = 'kde')
```

【例 4.28】 直方图与密度图举例

```
import pandas as pd
import numpy as np

n1 = np. random. normal(loc = 10, scale = 5, size = 1000)
n2 = np. random. normal(loc = 50, scale = 7, size = 1000)
n = np. hstack((n1,n2))
s = pd. DataFrame(data = n)
s. plot(kind = 'hist', bins = 100, density = True)
s. plot(kind = 'kde')
```

程序运行结果如图 4.6 和图 4.7 所示。

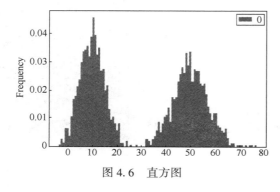

图 4.6　直方图

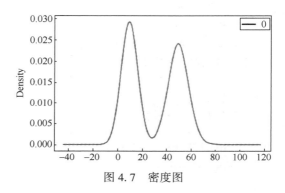

图 4.7　密度图

4.8　数据转换

Pandas 提供数据转换相关函数如表 4.7 所示。

表 4.7　数据转换函数说明

函　数　名	说　　　明
df. replace(a,b)	df. replace(a,b)是指用 b 值替换 a 值
df['col1']. map( )	对指定列进行函数转换，用于 Series
pd. merge(df1,df2)	用于合并 df1 和 df2，按照共有的列连接
df1. combine_first(df2)	用 df2 的数据补充 df1 的缺失值
pandas. cut	将连续数据进行离散化

4.8.1　数据值替换

df. replace(a,b)是指用 b 值替换 a 值。

【例 4.29】 df. replace( )举例

```
import pandas as pd
#创建数据集
df = pd. DataFrame(
        { '名称':['产品 1','产品 2','产品 3','产品 4','产品 5','产品 6','产品 7','产品 14'],
          '数量':['A','0.7','0.14','0.4','0.7','B','0.76','0.214'],
          '金额':['0','0.414','0.33','C','0.74','0','0','0.22'],
          '合计':['D','0.37','0.214','E','0.57','F','0','0.06'], }
        )
#原 DataFrame 并没有改变,改变的只是一个复制品
print("df:\n{}\n". format(df))
df1 = df. replace('A', 0.1)
print("df1:\n{}\n". format(df1))
#只需要替换某个数据的部分内容
df2 = df['名称']. str. replace('产品', 'product')
print("df2:\n{}\n". format(df2))
#如果需要改变原数据,需要添加常用参数 inplace=True,用于替换部分区域
df['合计']. replace({'D':0.11111, 'F':0.22222}, inplace=True)
print("df:\n{}\n". format(df))
```

【程序运行结果】

```
df:
      合计      名称      数量      金额
0     D     产品 1      A       0
1   0.37    产品 2     0.7    0.414
2   0.214   产品 3     0.14   0.33
3     E     产品 4     0.4      C
4   0.57    产品 5     0.7    0.74
5     F     产品 6      B       0
6     0     产品 7     0.76     0
7   0.06    产品 14   0.214   0.22


df1:                                    df2:
      合计      名称      数量      金额        0      product1
0     D     产品 1     0.1      0          1      product2
1   0.37    产品 2     0.7    0.414        2      product3
2   0.214   产品 3     0.14   0.33         3      product4
3     E     产品 4     0.4      C          4      product5
4   0.57    产品 5     0.7    0.74         5      product6
5     F     产品 6      B       0          6      product7
6     0     产品 7     0.76     0          7      product14
7   0.06    产品 14   0.214   0.22         Name:名称, dtype: object
df:
       合计       名称      数量      金额
0   0.11111   产品 1      A       0
1   0.37      产品 2     0.7    0.414
2   0.214     产品 3     0.14   0.33
3     E       产品 4     0.4      C
4   0.57      产品 5     0.7    0.74
5   0.22222   产品 6      B       0
6     0       产品 7     0.76     0
7   0.06      产品 14   0.214   0.22
```

4.8.2 数据映射

df['col1']. map( )对指定列进行转换，用于 Series。

【例 4.30】 df[ ]. map 举例

```python
import pandas as pd
import numpy as np
data = {'姓名':['周元哲','潘婧','詹涛','王颖','李震'],'性别':['1','0','0','0','1']}
df = pd.DataFrame(data)
df['成绩'] = [98,87,32,67,77]
print(df)
def grade(x):
    if x>=90:
        return '优秀'
    elif x>=80:
        return '良好'
    elif x>=70:
        return '中等'
    elif x>=60:
        return '及格'
    else:
        return '不及格'
df['等级'] = df['成绩']. map(grade)
print(df)
```

【程序运行结果】

	姓名	性别	成绩			姓名	性别	成绩	等级
0	周元哲	1	98		0	周元哲	1	98	优秀
1	潘婧	0	87		1	潘婧	0	87	良好
2	詹涛	0	32		2	詹涛	0	32	不及格
3	王颖	0	67		3	王颖	0	67	及格
4	李震	1	77		4	李震	1	77	中等

4.8.3 数据值合并

pd. merge(df1,df2)用于合并 df1 和 df2，按照共有的列连接，语法如下：

```python
pd. merge(left, right, how='inner', on=None, left_on=None, right_on=None,
         left_index=False, right_index=False, sort=True)
```

参数解释如下：

- left：拼接的左侧 DataFrame 对象
- right：拼接的右侧 DataFrame 对象
- on：要加入的列或索引级别名称。
- left_on：左侧 DataFrame 中的列。
- right_on：右侧 DataFrame 中的列。
- left_index：使用左侧 DataFrame 中的索引（行标签）作为连接键。
- right_index：使用右侧 DataFrame 中的索引（行标签）作为连接键。
- how：取值（'left', 'right', 'outer', 'inner'），默认 inner。inner 是取交集，outer 是取并集。

- sort：按字典顺序通过连接键对结果 DataFrame 进行排序。

【例 4.31】 pd. merge(df1 ,df2)举例

```
import pandas as pd
left = pd. DataFrame( {'key': ['K0', 'K1', 'K2', 'K3'], 'A': ['A0', 'A1', 'A2', 'A3'],'B': ['B0', 'B1', 'B2'
, 'B3']} )
right = pd. DataFrame( {'key': ['K0', 'K1', 'K2', 'K3'], 'C': ['C0', 'C1', 'C2', 'C3'],'D': ['D0', 'D1', 'D2
', 'D3']} )
result = pd. merge( left, right, on='key')
# on 参数传递的 key 作为连接键
print( "left:\n{}\n". format( left) )
print( "right:\n{}\n". format( right) )
print( "merge:\n{}\n". format( result) )
```

【程序运行结果】

```
left:                          right:
     A    B   key                   C    D   key
0   A0   B0   K0              0    C0   D0   K0
1   A1   B1   K1              1    C1   D1   K1
2   A2   B2   K2              2    C2   D2   K2
3   A3   B3   K3              3    C3   D3   K3


merge:
     A    B   key   C    D

0   A0   B0   K0   C0   D0

1   A1   B1   K1   C1   D1

2   A2   B2   K2   C2   D2

3   A3   B3   K3   C3   D3
```

4.8.4　数据值补充

df1. combine_first(df2)用 df2 的数据补充 df1 的缺失值。

【例 4.32】 df1. combine_first(df2)举例

```
from numpy import nan as NaN
import numpy as np
import pandas as pd
a =pd. Series( [np. nan,2. 5,np. nan,3. 5,4. 5,np. nan],index = ['f','e','d','c','b','a'] )
b =pd. Series( [1,np. nan,3,4,5,np. nan],index = ['f','e','d','c','b','a'] )
print( a)
print( b)
c =b. combine_first( a)
print( c)
```

【程序运行结果】

```
f    NaN              f    1.0              f    1.0
e    2.5              e    NaN              e    2.5
d    NaN              d    3.0              d    3.0
c    3.5              c    4.0              c    4.0
b    4.5              b    5.0              b    5.0
a    NaN              a    NaN              a    NaN
dtype: float64        dtype: float64        dtype: float64
```

4.8.5 数据离散化

将数据分为几个区间，即将连续数据进行离散化（分桶）或拆分为"面元"，Pandas 的 cut 函数能够实现离散化操作，函数会返回类别对象，可以将其看作一组表示面元名称的字符串，包含分组的数量以及不同分类的名称。

cut 函数语法格式如下：

```
pandas. cut( x, bins, right = True)
```

参数解释如下：

- x：表示要分箱的数组，必须是一维的。
- bins：接受 int 和序列类型的数据。如果传入的是 int 类型的值，则表示在 x 范围内的等宽单元的数量（划分为多少个等间距区间）；如果传入的是一个序列，则表示将 x 划分在指定的序列中，如果不在序列中，则为 NaN。

【例 4.33】 pd. cut( )举例

```
import pandas as pd
ages = [ 20,7,37,31,68,45,52]
bins = [ 0,18,35,50,60]
cuts = pd. cut( ages, bins)
print( cuts)
```

【程序运行结果】

```
[(18, 35], (0, 18], (35, 50], (18, 35], NaN, (35, 50], (50, 60]]
Categories (4, interval[int64]): [(0, 18] < (18, 35] < (35, 50] < (50, 60]]
```

4.9 数据分组与聚合

4.9.1 数据分组

在 pandas 中，分组主要通过 groupby 函数实现，语法如下：

```
df. groupby( by = None, axis = 0, level = None, as_index = True, sort = True, group_keys = True, squeeze = False)
```

作用：通过指定列索引或行索引，对 df 的数据元素进行分组。

参数解释如下：

- by：分组键是指定分组的依据数据，可以有如下多种形式：①列表或数组，其长度与待分组的轴一样。②DataFrame 对象的某个列名。③字典或 Series，给出待分组轴上的值与分组名之间的对应关系。④函数，用于处理轴索引或索引中的各个标签。
- axis：默认 axis = 0 按行分组，可指定 axis = 1 对列分组。
- level：int 值，默认为 None，如果 axis 是一个 MultiIndex（分层索引），则按特定的级别分组。
- as_index：bool，默认为 Ture。对于整合输出，返回以组标签作为索引对象。仅与 DataFrame 输入相关。as_index = False 实际上是"SQL 风格"的分组输出。
- sort：排序。boolean 值，默认 True。
- group_keys：取值 False，禁用分组键所形成的索引，不会删去原始对象的索引。

- squeeze：尽可能减少返回类型的维度，否则返回一致的类型。

4.9.2　数据聚合

聚合是指从数组产生标量值的数据转换过程，通过统计函数 agg 实现，语法格式如下：

DataFrame. agg(func, axis = 0)

作用：通过 func 在指定的轴上进行聚合操作。

参数解释如下：

- func：用来指定聚合操作的方式，其数据形式有函数、字符串、字典以及字符串或函数所构成的列表。
- axis：axis = 0 表示在列上操作，axis = 1 表示在行上操作。

4.10　读取外部数据

4.10.1　操作 Excel

【例 4.34】Pandas 操作 Excel 文件举例

创建 Excel 文件 d：/excel-comp-data. xlsx，内容如图 4.8 所示。

代码如下：

```
import pandas as pd
import numpy as np
df = pd. read_excel( "d:/excel-comp-data. xls")    #将 excel 数据
导入到 pandas 数据框架中
```

下面，使用 Excel 和 Pandas 实现相同的功能。

1.　功能 1

获取第一季度（Jan、Feb 和 Mar 三个月）的销售总额（总和）。

（1）使用 Excel

在 G 列中添加一列 total，使用公式 sum(D2:F2)。如图 4.9 所示

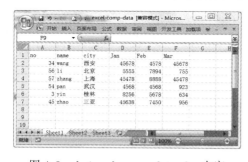

图 4.8　d:/excel-comp-data. xlsx 内容　　　　图 4.9　第一季度总和

（2）使用 Pandas

```
df[ "total"] = df[ "Jan"] + df[ "Feb"] + df[ "Mar"]
df. head( )
```

2.　功能 2

实现每月总和的功能

（1）使用 Excel

在 D 列中添加第 8 行，使用公式 sum（D2：D7）。如图 4.10 所示

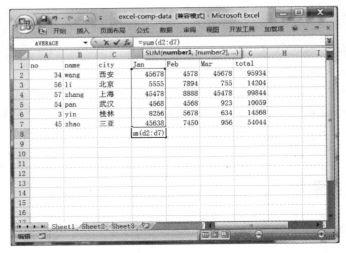

图 4.10　每月的总和

（2）使用 Pandas

```
df["Jan"].sum()
```

3. 功能 3

实现将每月数据的总和相加得到总和的功能。

（1）使用 Excel

在 Excel 的单元格里把每个月的总和相加。

（2）使用 Pandas

Pandas 为了维护 DataFrame 的完整性，需要如下步骤：

步骤 1：建立所有列的总和栏。

代码如下：

```
sum_row=df[["Jan","Feb","Mar","total"]].sum()
print(sum_row)
```

【程序运行结果】

```
Jan      155173
Feb      39056
Mar      94424
total    288653
dtype：   int64
```

步骤 2：将总和值显示为表格中的单独一行，将数据转换为 DataFrame。T 方法用于将按行排列的数据转换为按列排列。

代码如下：

```
df_sum=pd.DataFrame(data=sum_row).T
print(df_sum)
```

【程序运行结果】

```
          Jan      Feb       Mar      total
0      155173    39056     94424    288653
```

步骤 3：使用 reindex( ) 添加丢失的列。

代码如下：

```
df_sum = df_sum. reindex( columns = df. columns)
print( df_sum)
      no     name    city   JanFeb     Mar      total
0    NaN     NaN     NaN    155173    39056    94424    288653
```

步骤 4：使用 append( ) 加入到已有的数据内容中。

代码如下：

```
df_final = df. append( df_sum, ignore_index = True)
df_final. tail( )
print( df_final)
      no     name    city      Jan      Feb      Mar      total
0    34.0    wang     西安     45678     4578    45678    95934
1    56.0      li     北京      5555     7894     755    14204
2    54.0    zhang    上海     45478     8888    45478    99844
3    54.0     pan     武汉      4568     4568     923    10059
4    3.0      yin     桂林      8256     5678     634    14568
5    45.0    zhao     三亚     45638     7450     956    54044
6    NaN     NaN     NaN     155173    39056    94424    288653
```

4.10.2　操作文本文件

Pandas 读取文本文件的命令是 read_csv 或者 read_table，将 DataFrame 写入 CSV 文件的命令为 df. to_csv，语法如下：

```
pandas. read_table(数据文件名, sep = '\t', header = 'infer', names = None, index_col = None, dtype = None,
engine = None, nrows = None)
pandas. read_csv(数据文件名, sep = ',', header = 'infer', names = None, index_col = None, dtype = None,
engine = None, nrows = None)
DataFrame. to_csv( path_or_buf = None, sep = ',', na_rep = '', columns = None, header = True, index = True,
index_label = None, mode = 'w', encoding = None)
```

参数说明：sep = '\t'：表示文件是以制表符\t 为分隔（即用 Tab 键来分隔）或者分隔符是逗号，文件编码为 UTF-8。

【例 4.35】Pandas 读取文本文件举例

```
import pandas as pd
df =   pd. read_table( "./test. txt" )          #读取本地文件
print( df)
import pandas as pd
df =   pd. read_csv( "./test. txt" )
df. to_csv( "D:\\test. txt" )                    # 写入到 D:\test. txt
```

4.10.3　操作数据库

Pandas 操作 MySQL 数据库，使用 pymysql 模块的 read_sql 读取数据，使用 read_sql_query( ) 函数查询数据，to_sql( ) 函数写入数据到数据库。

【例 4.36】 Pandas 操作 MySQL 数据库举例

```
import pandas as pd
from sqlalchemy import create_engine
#初始化数据库连接,使用 pymysql 模块
# MySQL 的用户:root,密码:,端口:3306,数据库:'blog'
engine = create_engine('mysql+pymysql://root:@localhost:3306/blog')
#查询语句,选出 employee 表中的所有数据
sql = ''' select * from employee; '''
# read_sql_query 的两个参数:sql 语句,数据库连接
df = pd.read_sql_query(sql, engine)
#输出 employee 表的查询结果
print(df)

#新建 Pandas 中的 DataFrame, 有 id、name、age 三列
df = pd.DataFrame({'id':[1, 2, 3], 'name':['zhang', 'zhou', 'liu'], age:[23,34,21]})
#将新建的 DataFrame 储存为 MySQL 中的数据表"stu",储存 index 列
df.to_sql('stu', engine, index=True)
```

程序运行结果如图 4.11 所示。

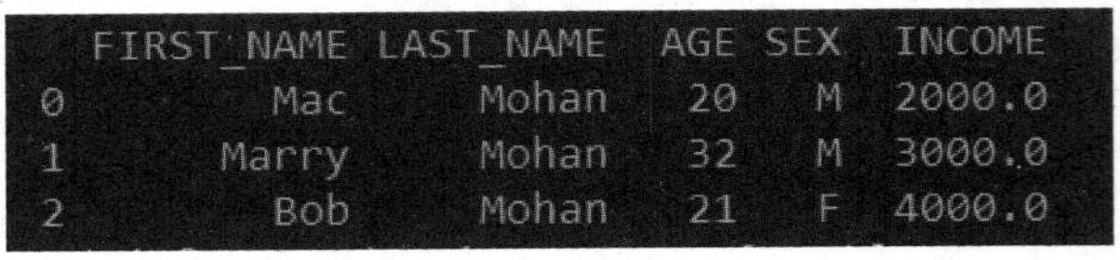

```
   FIRST_NAME LAST_NAME  AGE SEX  INCOME
0         Mac     Mohan   20   M  2000.0
1       Marry     Mohan   32   M  3000.0
2         Bob     Mohan   21   F  4000.0
```

图 4.11　程序运行结果

4.11　习题

一、编程题

某数据如表 4.8 所示,请用 Pandas 进行缺失值处理。

表 4.8　数据

	One	Two	Three
a	0.077	NaN	0.966
b	NaN	NaN	NaN
c	−0.395	−0.551	−2.303
d	NaN	0.67	NaN
e	14	14	NaN

二、问答题

1. Pandas 在数据分析中主要有哪些功能?

2. 如何理解 Series 和 DataFrame 两个数据类型的作用?

3. 数据转换有哪些内容?

4. Pandas 如何实现读取外部数据?

第 5 章
Scipy——数据统计工具

Scipy 是一款方便、易于使用、专为科学和工程设计的 Python 工具包，构建在 NumPy 的基础之上，提供了许多数据处理功能，如统计、优化、整合以及线性代数模块、傅里叶变换、信号和图像图例、常微分方差的求解等。

5.1 认识 Scipy

安装 Scipy 是在 Anaconda Prompt 下使用命令：pip install scipy，如图 5.1 所示。

图 5.1　Scipy 下载安装

Scipy 教程网址为 https://docs.scipy.org/doc/scipy/reference/index.html，如图 5.2 所示。

图 5.2　Scipy 完整教程

Scipy 科学计算库内容如表5.1所示。

表5.1　Scipy 科学计算库

功　能	模　块	功　能	模　块
积分	scipy. integrate	线性代数	scipy. linalg
信号处理	scipy. signal	稀疏矩阵	scipy. sparse
空间数据结构和算法	scipy. spatial	统计学	scipy. stats
最优化	scipy. optimize	多维图像处理	scipy. ndimage
插值	scipy. interpolate	聚类	scipy. cluster
曲线拟合	scipy. curve_ fit	文件输入/输出	scipy. io
傅里叶变换	scipy. fftpack		

5.2　稀疏矩阵

当矩阵中数值为0的元素数目远远多于非0元素的数目，并且非0元素分布没有规律时，该矩阵称为稀疏矩阵。稀疏矩阵一般不使用普通矩阵构建，而是采用非零数据点及坐标的形式构建。

Scipy 提供 coo_matrix( )函数创建稀疏矩阵，语法如下。

```
coo_matrix((data, (i, j)), [shape=(M, N)])
```

三个参数解释如下:
- data[:]表示矩阵数据。
- i[:]表示行的指示符号。
- j[:]表示列的指示符号。
- shape 参数: coo_matrix 原始矩阵的形状。

【例5.1】稀疏矩阵举例

```
from scipy. sparse import *
import numpy as np
#使用一个已有的矩阵、数组或列表中创建新矩阵
A = coo_matrix([[1,2,0],[0,0,3],[4,0,5]])
print(A)
#转化为普通矩阵
C = A. todense()
print(C)
#传入一个 (data, (row, col)) 的元组来构建稀疏矩阵
I = np. array([0,3,1,0])
J = np. array([0,3,1,2])
data = np. array([4,5,7,9])
A = coo_matrix((data,(I,J)),shape=(4,4))
#矩阵中数据为 data=[4,5,7,9],说明第1个数据是4,在第0行第0列,即 A[i[k],j[k]] = data[k]
print(A)
```

【程序运行结果】

```
   (0, 0)          1
   (0, 1)          2
   (1, 2)          3
   (2, 0)          4
   (2, 2)          5
[[1 2 0]
 [0 0 3]
 [4 0 5]]
   (0, 0)          4
   (3, 3)          5
   (1, 1)          7
   (0, 2)          9
```

5.3　线性代数

scipy. linalg 模块包含 numpy. linalg 中的所有函数，提供了线性代数计算功能，下面介绍矩阵运算和线性方程组求解。

5.3.1　矩阵运算

【例 5.2】矩阵运算举例

```
from scipy    import    linalg
import numpy as np
A = np. matrix('[1,2;3,4]')
print(A)
print(A. T)                 #转置矩阵
print(A. I)                 #逆矩阵
print(linalg. inv(A))       #逆矩阵
```

【程序运行结果】

```
[[1 2]
 [3 4]]
[[1 3]
 [2 4]]
[[-2.    1. ]
 [ 1.5 -0.5]]
```

5.3.2　线性方程组求解

【例 5.3】线性方程组求解举例

$$\begin{cases} x+3y+5z=10 \\ 2x+5y-z=6 \\ 2x+4y+7z=4 \end{cases}$$

代码如下：

```
from scipy import linalg
import numpy as np
a = np. array([[1,3,5],[2,5,-1],[2,4,7]])
b = np. array([10,6,4])
x = linalg. solve(a,b)
print(x)
```

【程序运行结果】

$$[-14.31578947 \quad 7.05263158 \quad 0.63157895]$$

5.4 数据优化

scipy. optimize 模块分别使用 fsolve( )、minimize( )、leastsq( )等函数实现非线性方程组求解、函数最值和最小二乘法。

5.4.1 非线性方程组求解

optimize 模块中的 fsolve( )可以对非线性方程组进行求解，语法形式如下：

fsolve(func, x0)

参数解释如下：
- func( )是计算方程组误差的函数，func 自己的参数 x 是一个数组，其值为方程组的一组可能的解，func 返回将 x 代入方程组之后得到的每个方程的误差。
- x0 为未知数的一组初始值。

【例5.4】非线性方程组求解举例

$$\begin{cases} 5x_1+3=0 \\ 4x_0^2-2\sin(x_1x_2)=0 \\ x_1x_2-1.5=0 \end{cases}$$

```
from scipy. optimize import fsolve
from math import sin
def f(x):
    x0, x1, x2 = x. tolist()
    return [5 * x1+3, 4 * x0 * x0 - 2 * sin(x1 * x2), x1 * x2-1.5]

# f 计算方程组的误差,[1,1,1]是未知数的初始值
result = fsolve(f, [1,1,1])
print(result)
print(f(result))
```

【程序运行结果】

$$[-0.70622057 \quad -0.6 \quad -2.5 \quad]$$
$$[0.0, -9.126033262418787e-14, 5.329070518200751e-15]$$

5.4.2 函数最值

optimize 模块中的 minimize( )用于求函数最值，语法形式如下：

scipy. optimize. minimize(fun, x0, args=( ), method=None, constraints=( ))

参数解释如下：
- fun：求最小值的目标函数。
- x0：变量的初始猜测值，如果有多个变量，需要给每个变量一个初始猜测值。
- args：fun 以变量的形式表示，对于常数项，需要在这里给值。
- method：求极值的方法。

● constraints：约束条件，针对 fun 中为参数的部分进行约束限制。

【例 5.5】 求 $y = \dfrac{1}{x} + x$ 的最小值

```
# coding=utf-8
from scipy. optimize import minimize
import numpy as np


#计算 1/x+x 的最小值
def fun( args) :
  a=args
  v=lambda x:a/x[0] +x[0]
  return v
if __name__ == "__main__" :
  args = ( 1) #a
  x0 = np. asarray(( 2) ) # 初始猜测值
  res = minimize( fun( args) , x0, method='SLSQP')
  print( res. fun)
  print( res. success)
  print( res. x)
```

【程序运行结果】

```
2. 0000000815356342
True
[ 1. 00028559]
```

5.4.3　最小二乘法

最小二乘法就是通过最小化误差的平方和来寻找最佳的匹配函数，常用于曲线拟合，若拟合曲线为 $k * x + b$，寻找最佳的 k 值和 b 值。

Scipy 的 leastsq( )函数用于最小二乘法的拟合，语法如下：

```
scipy. optimize. leastsq( func, x0, args=( ))
```

参数解释如下：

● func 计算误差的函数。

● x0 计算的初始参数值。

● args 是指定 func 的其他参数。

【例 5.6】 最小二乘法举例

```
import numpy as np
from scipy. optimize import leastsq
import pylab as pl
from pylab import mpl
mpl. rcParams[ 'font. sans-serif'] = [ 'KaiTi']          # 解决中文乱码
mpl. rcParams[ 'axes. unicode_minus'] = False          # 解决负号显示为方框的问题


def func( x,p) :
    # 数据拟合所用函数：A * sin( 2 * pi * k * x + theta)
    A,k,theta = p
    return A * np. sin( 2 * np. pi * k * x + theta)
```

```
def residuals(p,y,x):
    # 实验数据 x,y 和拟合函数之间的差,p 为拟合需要找到的系数
    return y -func(x,p)
x = np. linspace(0, -2 * np. pi, 100)      # 创建等差数列,100 表示数据点个数
A,k,theta = 10, 0.34 , np. pi/6            #真实数据的函数参数
y0 =func(x, [A,k,theta])                   # 真实数据
y1 = y0 + 2 * np. random. randn(len(x))    # 加入噪声后的实验数据

p0  = [7,0.2,0]                            #第一次猜测的函数拟合参数
""" 1、调用 leastsq 进行数据拟合
    2、residuals 为计算误差的函数
    3、p0 为拟合参数的初始值
    4、args 为需要拟合的实验数据
"""
plsq = leastsq(residuals,p0,args = (y1,x))

print(u" 真实参数:", [A,k,theta])
print(u" 拟合参数:", plsq[0])              #实验数据拟合后的参数
#作图
pl. plot(x, y0, label = u'真实数据')
pl. plot(x, y1, label = u'带噪声的实验数据')
pl. plot(x,func(x,plsq[0]) , label = u" 拟合数据")
pl. legend()
pl. show()
```

程序运行结果如图 5.3 所示。

真实参数: [10, 0.34, 0.5235987755982988]
拟合参数: [-9.79199271 0.33864881 -2.65368098]

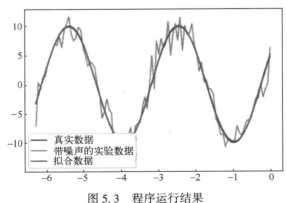

图 5.3　程序运行结果

【例 5.7】 最小二乘法举例

```
import numpy as np
import matplotlib. pyplot as plt
from scipy. optimize import leastsq

#样本数据(Xi,Yi),需要转换成数组(列表)形式
Xi =np. array([160,165,158,172,159,176,160,162,171])
Yi =np. array([58,63,57,65,62,66,58,59,62])
```

```
#需要拟合的函数 func():指定函数的形状 k= 0.42116973935, b= -8.28830260655
def func(p,x):
    k,b=p
    return k * x+b

#偏差函数:x,y 都是列表:这里的 x,y 与上面的 Xi,Yi 中是一一对应的
def error(p,x,y):
    returnfunc(p,x)-y

#k,b 的初始值,可以任意设定,经过几次试验,发现 p0 的值会影响 cost 的值:Para[1]
p0=[1,20]

#把 error()函数中除了 p0 以外的参数打包到 args 中(使用要求)
Para=leastsq(error,p0,args=(Xi,Yi))
#读取结果
k,b=Para[0]
print("k=",k,"b=",b)
#画样本点
plt.figure(figsize=(8,6)) ##指定图像比例:8:6
plt.scatter(Xi,Yi,color="green",label="样本数据",linewidth=2)
#画拟合直线
x=np.linspace(150,190,100) ##在 150-190 之间画 100 个连续点
y=k * x+b ##函数式
plt.plot(x,y,color="red",label="拟合直线",linewidth=2)
plt.legend() #绘制图例
plt.show()
```

程序运行结果如图 5.4 所示。

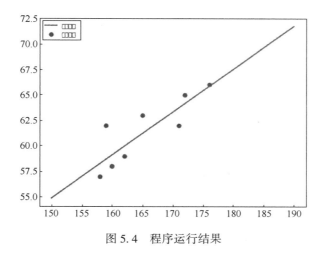

图 5.4　程序运行结果

5.5　数据分布

数据分布常用函数如表 5.2 所示。

表 5.2　数据分布常用函数

函　数　名	分　　布
norm	正态分布
poisson	泊松分布
uniform	均匀分布
expon	指数分布
binom	二项分布

5.5.1　泊松分布

scipy. poisson( )函数用于实现泊松分布。

【例 5.8】泊松分布举例

```
from scipy. stats import poisson
import matplotlib. pyplot as plt
import numpy as np

fig,ax =plt. subplots(1,1)
mu = 2
#平均值,方差,偏度,峰度
mean,var,skew,kurt = poisson. stats(mu,moments='mvsk')
print(mean,var,skew,kurt)
#ppf:累积分布函数的反函数。q=0.01 时,ppf 就是 p(X<x)= 0.01 时的 x 值
x = np. arange(poisson. ppf(0.01, mu),poisson. ppf(0.99, mu))
ax. plot(x, poisson. pmf(x, mu),'o')
plt. title(u'poisson 分布概率质量函数')
plt. show( )
```

【程序运行结果】

2. 0 2. 0 0. 7071067811865476 0. 5

程序运行结果如图 5.5 所示。

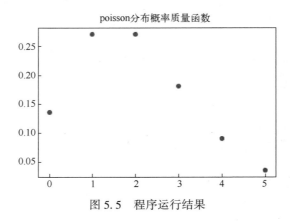

图 5.5　程序运行结果

5.5.2　正态分布

scipy. norm( )函数用于实现正态分布。

【例 5.9】 正态分布举例

```
from scipy. stats import norm
import matplotlib. pyplot as plt
import numpy as np

fig,ax =plt. subplots(1,1)
loc = 1
scale = 2. 0
#平均值，方差，偏度，峰度
mean,var,skew,kurt = norm. stats(loc,scale,moments ='mvsk')
print(mean,var,skew,kurt)
#ppf:累积分布函数的反函数。q=0. 01 时,ppf 就是 p(X<x)= 0. 01 时的 x 值
x = np. linspace(norm. ppf(0. 01,loc,scale),norm. ppf(0. 99,loc,scale),100)
ax. plot(x, norm. pdf(x,loc,scale),'b-',label = 'norm')
plt. title(u'正态分布概率密度函数')
plt. show()
```

【程序运行结果】

1. 0 4. 0 0. 0 0. 0

程序运行结果如图 5. 6 所示。

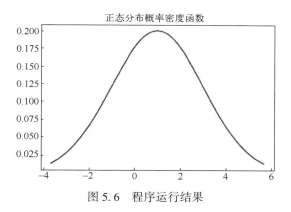

图 5.6　程序运行结果

5.5.3　均匀分布

scipy. uniform()函数实现均匀分布。

【例 5.10】 均匀分布举例

```
from scipy. stats import uniform
import matplotlib. pyplot as plt
import numpy as np

fig,ax =plt. subplots(1,1)

loc = 1
scale = 1

#平均值，方差，偏度，峰度
mean,var,skew,kurt = uniform. stats(loc,scale,moments ='mvsk')
```

```
print(mean)
print(var)
print(skew)
print(kurt)
#ppf:累积分布函数的反函数。q=0.01时,ppf就是p(X<x)=0.01时的x值
x = np.linspace(uniform.ppf(0.01,loc,scale),uniform.ppf(0.99,loc,scale),100)
ax.plot(x, uniform.pdf(x,loc,scale),'b-',label = 'uniform')

plt.title(u'均匀分布概率密度函数')
plt.show()
```

【程序运行结果】

```
1.5
0.08333333333333333
0.0
-1.2
```

程序运行结果如图5.7所示。

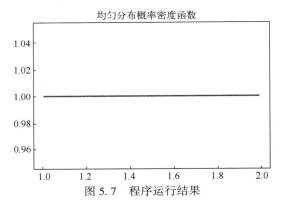

图 5.7　程序运行结果

5.5.4　二项分布

scipy.binom()函数用于实现二项分布。

【例5.11】 二项分布举例

```
from scipy.stats import binom
import matplotlib as mpl
import matplotlib.pyplot as plt
import numpy as np

##设置属性防止中文乱码
mpl.rcParams['font.sans-serif'] = [u'SimHei']
mpl.rcParams['axes.unicode_minus'] = False
fig,ax =plt.subplots(1,1)
n = 100
p = 0.5
#平均值,方差,偏度,峰度
mean,var,skew,kurt =binom.stats(n,p,moments='mvsk')
print(mean)
print(var)
print(skew)
```

```
print(kurt)

#ppf:累积分布函数的反函数。q=0.01 时,ppf 就是 p(X<x)=0.01 时的 x 值
x = np. arange(binom. ppf(0.01, n, p), binom. ppf(0.99, n, p))
ax. plot(x,binom. pmf(x, n, p),'o')
plt. title(u'二项分布概率质量函数')
plt. show()
```

【程序运行结果】

```
50.0
25.0
0.0
-0.02
```

程序运行结果如图 5.8 所示。

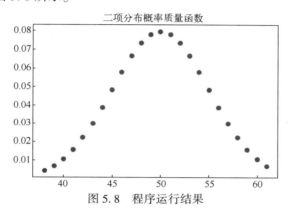

图 5.8　程序运行结果

5.5.5　指数分布

scipy. expon()函数用于实现指数分布。

【例 5.12】指数分布举例

```
from scipy. stats import expon
import matplotlib. pyplot as plt
import numpy as np

fig,ax =plt. subplots(1,1)
lambdaUse = 2
loc = 0
scale = 1.0/lambdaUse
#平均值, 方差, 偏度, 峰度
mean,var,skew,kurt =expon. stats(loc,scale,moments='mvsk')
print(mean,var,skew,kurt)
#ppf:累积分布函数的反函数。q=0.01 时,ppf 就是 p(X<x)=0.01 时的 x 值
x = np. linspace(expon. ppf(0.01,loc,scale),expon. ppf(0.99,loc,scale),100)
ax. plot(x,expon. pdf(x,loc,scale),'b-',label = 'expon')

plt. title(u'指数分布概率密度函数')
plt. show()
```

【程序运行结果】

0.5 0.25 2.0 6.0

程序运行结果如图 5.9 所示。

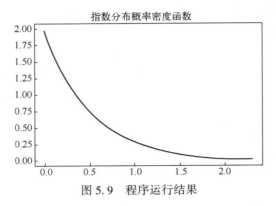

图 5.9　程序运行结果

5.6　统计量

统计量包括平均数、中位数、众数、样本均值（即 n 个样本的算术平均值）、样本方差（即 n 个样本与样本均值之间平均偏离程度的度量）等，是用于数据进行分析、检验的变量。

【例 5.13】统计量举例

```
from scipy. stats import norm
import matplotlib as mpl
import matplotlib. pyplot as plt
from scipy import stats

#μ=167.7,标准差 δ=5.3 的正态分布,总体样本 g=100 个,每次样本 n=10,置信度为 1-0.05
g,n,μ,s,a=100,10,167.7,5.3,0.05
#记录每次实验样本的置信区间
records=[]
for i in range(g):
    data=norm. rvs(loc=167.7,scale=5.3,size=n)
    #每次样本的均值和标准差
    mean,xsem=data. mean(),sem(data)
    #1-a 置信区间 CI 为:
    records. append([mean- stats. t. isf(a/2,n-1) * xsem,mean+ stats. t. isf(a/2,n-1) * xsem])
#置信区间包含总体 μ 的概率
count=0
for i in range(g):
    if records[i][0]<μ<records[i][1]:
        count+=1
print('概率为:',count/g)

xl,xu=[i[0] for i in records],[i[1] for i in records]
xticks=[i for i in range(len(records))]
plt. vlines(xticks,xl,xu,colors='b',alpha=0.8)
plt. hlines(μ,0,100,'r')
```

程序运行结果如图 5.10 所示。

概率为：0.92。

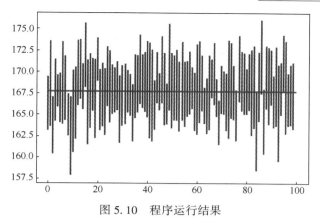

图 5.10 程序运行结果

5.6.1 众数

众数是指在统计分布上具有明显集中趋势点的数值，是出现次数最多的数值，代表数据的一般水平。scipy. stats 提供 mode( ) 函数实现求众数。

【例 5.14】 众数举例

```
import numpy as np
from scipy. stats import mode
X = np. array([160,165,158,172,159,176,160,162,171])
mode = mode(X)
    print(mode)
```

【程序运行结果】

```
ModeResult(mode = array([160]), count = array([2]))
```

5.6.2 皮尔森相关系数

皮尔森相关系数在 2.7 节进行了讲解。scipy. stats 模块提供了 pearsonr( ) 函数计算，语法如下：

```
from scipy. stats import pearsonr
pearsonr(x,y)
```

参数解释如下：x 为特征，y 为目标变量。

【例 5.15】 皮尔森相关系数举例

```
#皮尔森相关系数,计算特征与目标变量之间的相关度
from scipy. stats import pearsonr
from sklearn. datasets import load_iris
from sklearn. feature_selection import VarianceThreshold
import pandas as pd
import matplotlib. pyplot as plt
iris = load_iris( )
data = pd. DataFrame(iris. data, columns = ['sepal length', 'sepal width', 'petal length', 'petal width'])
data_new = data. iloc[ :, :4]. values
#print("data_new:\n", data_new)
transfer = VarianceThreshold(threshold = 0. 5)
```

```
data_variance_value = transfer.fit_transform(data_new)
#print("data_variance_value:\n", data_variance_value)
#计算两个变量之间的相关系数
r1 = pearsonr(data['sepal length'], data['sepal width'])
print("sepal length 与 sepal width 的相关系数:\n", r1)
plt.scatter(data['sepal length'], data['sepal width'])    #散点图说明相关系数
plt.show()

r2 = pearsonr(data['petal length'], data['petal width'])
print("petal length 与 petal width 的相关系数:\n", r2)
plt.scatter(data['petal length'], data['petal width'])    #散点图说明相关系数
plt.show()
```

【程序运行结果】

sepal length 与 sepal width 的相关系数:
(-0.10936924995064935, 0.1827652152713665)

程序运行结果如图 5.11 所示。

petal length 与 petal width 的相关系数:
(0.9628654314027961, 4.675003907327543e-86)

程序运行结果如图 5.12 所示。

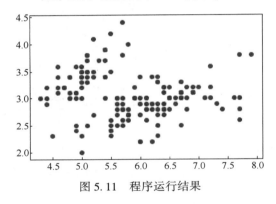

图 5.11　程序运行结果

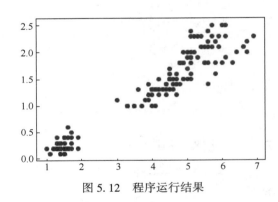

图 5.12　程序运行结果

5.7　图像处理

图像处理和分析通常被看作是对二维值数组的操作。scipy.ndimage 提供了许多通用的图像处理和分析功能，支持图像矩阵变换、图像滤波、图像卷积等功能。

【例 5.16】图形处理举例

```
from scipy import ndimage
import matplotlib.image as mpimg
import matplotlib.pyplot as plt
#加载图片
flower = mpimg.imread('d://flower.jpg')
plt.imshow(flower)
plt.title('original')
```

程序运行结果如图 5.13 所示。

图 5.13　程序运行结果

5.7.1　旋转图像

Scipy 提供 ndimage.rotate( ) 函数用于旋转图像。

【例 5.17】旋转图像

```
#旋转图片45度
rotate_flower =ndimage.rotate( flower, 45)
plt.imshow( rotate_flower)
plt.title('rotate_flower')
```

程序运行结果如图 5.14 所示。

图 5.14　程序运行结果

5.7.2　图像滤波

图像滤波是一种修改/增强图像的技术，用于突出、弱化或删除图像的某些特性。滤波有平滑、锐化、边缘增强等很多种类。Scipy 提供 ndimage.gaussian_filter( ) 函数实现高斯滤波，高斯滤波作为一种模糊滤波，广泛用于滤除图像噪声。

【例 5.18】图像滤波

```
#处理图片
flower1 =ndimage.gaussian_filter( flower, sigma =3)
#显示图片
```

```
plt. imshow(flower1)
plt. show( )
```

程序运行结果如图 5.15 所示。

图 5.15　程序运行结果

5.7.3　边缘检测

边缘检测是一种寻找图像中物体边界的图像处理技术，通过检测图像中的亮度突变来识别物体边缘。边缘检测在图像处理、计算机视觉、机器视觉等领域中得到了广泛应用。

【例 5.19】　边缘检测

```
import scipy. ndimage as nd
import numpy as np

im = np. zeros((256, 256))
im[64:-64, 64:-64] = 1
im[90:-90,90:-90] = 2
im = nd. gaussian_filter(im, 8)

import matplotlib. pyplot as plt
plt. imshow(im)
plt. show( )
```

程序运行结果如图 5.16 所示。

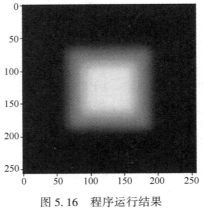

图 5.16　程序运行结果

图像看起来像一个正方形的色块，Scipy 提供 ndimage. sobel( ) 函数检测图像边缘，该函数会对图像数组的每个轴分开操作，产生两个矩阵，使用 NumPy 中的 hypot( ) 函数将这两个矩阵合并为一个矩阵，得到最后结果。

```python
import scipy. ndimage as nd
import numpy as np
import matplotlib. pyplot as plt
im = np. zeros( ( 256, 256) )
im[ 64:-64, 64:-64] = 1
im[ 90:-90,90:-90] = 2
im = nd. gaussian_filter( im, 8)

sx = nd. sobel( im, axis = 0, mode = 'constant')
sy = nd. sobel( im, axis = 1, mode = 'constant')
sob = np. hypot( sx, sy)

plt. imshow( sob)
plt. show( )
```

程序运行结果如图 5.17 所示。

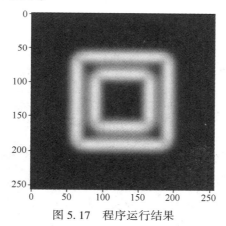

图 5.17　程序运行结果

5.8　习题

一、编程题

1. 求非解线性代数

$$\begin{cases} x_0 * \cos(x_1) = 4 \\ x_1 x_0 - x_1 = 5 \end{cases}$$

2. 求如下矩阵的平均值、中位数、众数等统计量

$Data = [10,20,40,80,160,320,640,1280]$

二、问答题

1. Scipy 的功能主要应用于哪些方面？

2. Scipy 如何实现稀疏矩阵？

3. Scipy 实现图像处理的 ndimage 模块有哪些函数，分别有哪些功能？

第 6 章
Seaborn——数据可视化工具

Seaborn 是基于 Matplotlib 的 Python 数据可视化库，可以满足数据分析 90% 的绘图需求。本章详细介绍了 Seaborn 的安装、数据集、绘图风格设置以及各类图。

6.1　认识 Seaborn

Seaborn 是基于 Matplotlib 进行了更高阶的 API 封装，依赖于 Scipy。在安装 Scipy 之后，Seaborn 使用 pip install seaborn 进行安装，如图 6.1 所示。

图 6.1　安装 Seaborn

导入 Seaborn 的语法如下：

```
import seaborn as sns
```

6.1.1　绘图特色

Seaborn 基于 Matplotlib 作图，通过参数设置可以绘制丰富的图形。相比 Matplotlib 默认的纯白色背景，Seaborn 默认的浅灰色网格背景细腻舒适一些，坐标轴的字体大小也有一些变化。

【例 6.1】 Matplotlib 与 Seaborn 绘图对比

Matplotlib 与 Seaborn 绘图对比如表 6.1 所示。

表 6.1　Matplotlib 与 Seaborn 绘图对比

Matplotlib 绘图	Seaborn 绘图
import matplotlib. pyplot as plt x = [1, 3, 5, 7, 9, 11, 13, 15, 17, 19] y_bar = [3, 4, 6, 8, 9, 10, 9, 11, 7, 8] y_line = [2, 3, 5, 7, 8, 9, 8, 10, 6, 7] plt. bar(x, y_bar) plt. plot(x, y_line, '-o', color='y')	import matplotlib. pyplot as plt x = [1, 3, 5, 7, 9, 11, 13, 15, 17, 19] y_bar = [3, 4, 6, 8, 9, 10, 9, 11, 7, 8] y_line = [2, 3, 5, 7, 8, 9, 8, 10, 6, 7] import seaborn as sns sns. set()　# 声明使用 Seaborn 样式 plt. bar(x, y_bar) plt. plot(x, y_line, '-o', color='y')
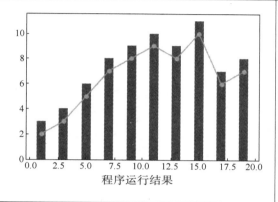 程序运行结果	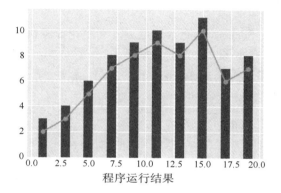 程序运行结果

6.1.2　图表分类

Seaborn 可以绘制矩阵图、回归图、关联图、类别图以及分布图等。

（1）矩阵图

矩阵图包括热力图（heatmap）、聚类图（clustermap）。

（2）回归图

回归图包括线性回归图（regplot）、分面网格线性回归图（lmplot）。

（3）关联图

relplot 是 relational plots 的缩写，用于呈现数据之后的关系，主要有散点图（scatterplot）和条形图（lineplot）两种样式。

（4）类别图

catplot 是 categorical plots 的缩写，具有如下类型。

1）分类散点图。

```
stripplot( )（kind = "strip"）          #分布散点图
swarmplot( )（kind = "swarm"）        #分簇散点图
```

2）分类分布图。

```
boxplot( )（kind = "box"）              #箱图
violinplot( )（kind = "violin"）         #小提琴图
boxenplot( )（kind = "boxen"）          #增强箱图
```

3）分类估计图

```
pointplot()（kind="point"）          #点图
barplot()（kind="bar"）              #柱状图
countplot()（kind="count"）          #计数直方图
```

（5）分布图

分布图主要展示变量的分布情况，分为单变量分布和多变量分布，具有如下类型：多变量分布（jointplot），两变量分布（pairplot），单变量分布图（distplot），核密度图（kdeplot）。

6.1.3　数据集

Seaborn 具有泰坦尼克、鸢尾花等经典数据集，使用 load_dataset()函数获取。

【例 6.2】 数据集举例

```
#查看数据集种类
import seaborn as sns
a = sns.get_dataset_names()
print(a)
tips = sns.load_dataset("tips")
print(tips)
```

【程序运行结果】

```
['anagrams', 'anscombe', 'attention', 'brain_networks', 'car_crashes', 'diamonds', 'dots', 'exercise', 'flights', '
fmri', 'gammas', 'geyser', 'iris', 'mpg', 'penguins', 'planets', 'tips', 'titanic']
       total_bill    tip     sex     smoker    day     time     size
0       16.99        1.01    Female  No        Sun     Dinner   2
1       10.34        1.66    Male    No        Sun     Dinner   3
2       21.01        3.50    Male    No        Sun     Dinner   3
3       23.68        3.31    Male    No        Sun     Dinner   2
4       24.59        3.61    Female  No        Sun     Dinner   4
5       25.29        4.71    Male    No        Sun     Dinner   4
......
239     29.03        5.92    Male    No        Sat     Dinner   3
240     27.18        2.00    Female  Yes       Sat     Dinner   2
241     22.67        2.00    Male    Yes       Sat     Dinner   2
242     17.82        1.75    Male    No        Sat     Dinner   2
243     18.78        3.00    Female  No        Thur    Dinner   2
[244 rows x 7 columns]
```

Seaborn 的数据集是从 Github 网站导入，由于网站在 http 访问时的安全证书出现问题，往往无法顺利加载数据集，所以可以从 Sklearn、Kaggle 或者 Datacastle 等获取数据集。

6.2　绘图设置

Seaborn 通过 set()函数设置绘图的背景色、风格、字体、字型等风格，sns.set()语法如下：

```
sns.set(context='notebook', style='darkgrid', palette='deep')
```

参数解释如下：

● context 控制画幅，分别有 {paper, notebook, talk, poster} 四个值，默认为 notebook。

- style 用于控制默认样式，分别有 ｛darkgrid，whitegrid，dark，white，ticks｝5 种主题风格。
- palette 为预设的调色板，分别有 ｛deep，muted，bright，pastel，dark，colorblind｝等取值。

6.2.1　绘图元素

Seaborn 通过 set_context( )函数设置绘图元素参数，主要影响标签、线条和其他元素的效果，与 style 有些区别，不会影响整体的风格。语法如下：

```
seaborn. set_context( context = None，font_scale = 1，rc = None)
```

【例 6.3】绘图元素比例

```
import seaborn as sns
import numpy as np
import matplotlib. pyplot as plt
def sinplot( ax):
    x = np. linspace(0, 14, 100)
    for i in range(6):
        y = np. sin(x+i * 5) * (7-i)
        ax. plot(x, y)
style1 = ["paper","notebook","talk","poster"]
plt. figure(figsize = (10, 10))
for i in range(4):
sns. set_context(style1[i])
    ax = plt. subplot(2, 3, i+1)
    ax. set_title(style1[i])
sinplot( ax)
plt. show( )
```

程序运行结果如图 6.2 所示：

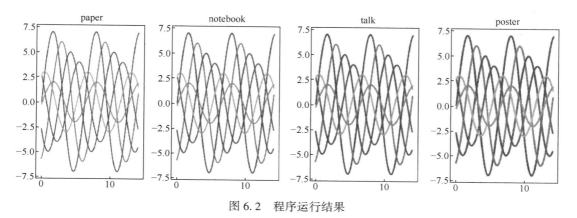

图 6.2　程序运行结果

6.2.2　主题

Seaborn 通过 set_style 设置 5 种主题，其中，white 和 ticks 包含没有必要的上边框和右边框。可以通过 sns. despine 去掉图形右边和上面的边线。

【例 6.4】 主题设置举例

```
import seaborn as sns
import numpy as np
import matplotlib. pyplot as plt
def sinplot( ax) :
    x = np. linspace( 0, 14, 100)
    for i in range( 6) :
        y = np. sin( x+i * 5) * (7-i)
        ax. plot( x, y)
style = [ "darkgrid", "whitegrid", "dark", "white", "ticks"]
plt. figure( figsize = ( 10, 10) )
for i in range( 5) :
sns. set_style( style[ i] )    #设置样式一定要在子图的定义之前
    ax = plt. subplot( 2, 3, i+1)
    ax. set_title( style[ i] )
sinplot( ax)
plt. show( )
```

程序运行效果如图 6.3 所示。

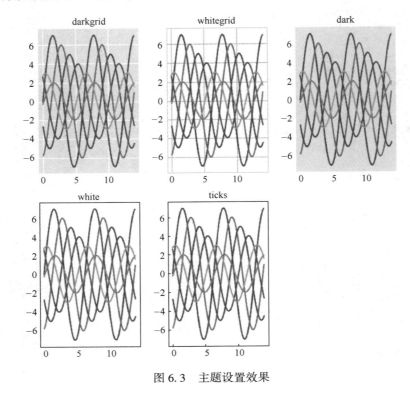

图 6.3   主题设置效果

```
    sns. despine( left = True, right = False)
# top, right, left, bottom:布尔型,为 True 时不显示,为 False 时显示
```

通过 sns. despine 去掉图形右边和上面的边线。

程序运行效果如图 6.4 所示。

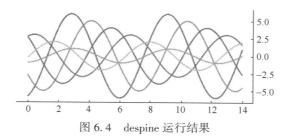

图 6.4　despine 运行结果

6.2.3　调色板

颜色不但代表各种特征，而且可以提高整个图的观赏性。Seaborn 使用 color_palette( ) 函数实现分类色板。

【例 6.5】调色板举例

```
import seaborn as sns
current_palette = sns. color_palette( )
sns. palplot( current_palette )
```

程序运行效果如图 6.5 所示。

图 6.5　程序运行结果

6.3　绘图

6.3.1　直方图

Seaborn 提供 distplot( ) 函数实现直方图，语法如下：

```
seaborn. distplot( a, bins = None, hist = True, kde = True, rug = False, fit = None, hist_kws = None, kde_kws = None, rug_kws = None, fit_kws = None, color = None, vertical = False, norm_hist = False, axlabel = None, label = None, ax = None )
```

部分参数解释如下：
- kde 是高斯分布密度图，绘图在 0~1 之间。
- hist 是否画直方图。
- rug 在 x 轴上画一些分布线。
- fit 可以制定某个分布进行拟合。
- label 标签的值。
- axlabel 制定横轴的说明。
- fit 选用 gamma 分布拟合。

【例 6.6】直方图举例

```
import numpy as np
import matplotlib. pyplot as plt
import seaborn as sns
```

```
#生成 100 个成标准正态分布的随机数
x = np. random. normal(size=100)

#kde=True,进行核密度估计
sns. distplot(x,kde=True)        #密度曲线 KDE
plt. show( )
```

程序运行结果图 6.6 所示。

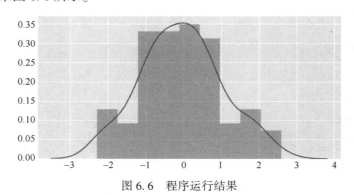

图 6.6　程序运行结果

6.3.2　核密度图

直方图一般都会与核密度图搭配使用,用于更加清晰地显示数据的分布特征。Seaborn 提供 kdeplot( )函数实现核密度图。

【例 6.7】核密度图举例

```
import numpy as np
from matplotlib import pyplot as plt
import seaborn as sns
fig,ax=plt. subplots( )

np. random. seed(4) #设置随机数种子
Gaussian=np. random. normal(0,1,1000) #创建一组平均数为 0,标准差为 1,总个数为 1000 的符合标准
正态分布的数据
ax. hist(Gaussian,bins=25,histtype=" stepfilled" ,normed=True,alpha=0. 6)
sns. kdeplot(Gaussian,shade=True)
plt. show( )
```

程序运行结果图 6.7 所示。

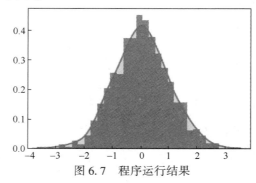

图 6.7　程序运行结果

6.3.3　小提琴图

小提琴图是箱线图与核密度图的结合，箱线图展示了分位数的位置，小提琴图用于展示任意位置的密度，从而知道哪些位置的密度较高。小提琴图中的白点是中位数，黑色盒形的范围是上四分位点和下四分位点，细黑线是须，表示离群点的离群程度，须越长则表示越远。

Seaborn 提供 violinplot( ) 函数实现小提琴图。

【例 6.8】小提琴图举例

```
import matplotlib. pyplot as plt
import seaborn as sns
import warnings
from sklearn. datasets import load_iris        #加载数据集
warnings. filterwarnings('ignore')
sns. set_style('darkgrid',{'font. sans-serif':['SimHei','Arial']})
plt. rcParams['figure. figsize'] = (8,4)
plt. rcParams['figure. dpi'] = 100
plt. rcParams['axes. unicode_minus'] = False
iris = sns. load_dataset('iris')
sns. violinplot( data = iris,palette = 'hls')
```

程序运行结果图 6.8 所示。

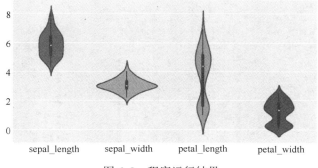

图 6.8　程序运行结果

6.3.4　分类散点图

分类散点图用于数据分类的展现，可以作为盒形图或小提琴图的补充。

Seaborn 提供 stripplot( ) 函数实现分类散点图，语法如下。

```
seaborn. stripplot( x = None, y = None, hue = None, data = None, order = None, hue_order = None,
                jitter = True, dodge = False, orient = None,color = None, palette = None, size = 5,
                edgecolor = 'gray', linewidth = 0, ax = None, * * kwargs)
```

参数解释如下：

- x，y，hue：数据字段变量名，用于指定 x，y 轴的分类名称。
- hue：用来指定第二次分类的数据类别（用颜色区分）。
- data：DataFrame，数组或数组列表。
- order，hue_order：字符串列表，用于显式指定分类顺序，eg. order = [字段变量名 1...]。
- jitter：用于设置数据间距，jitter = 0.1 作用使得数据分散。

- dodge：布尔值，为 True 沿着分类轴将数据分离出来成为不同色调级别，否则，相互叠加。
- orient：用于设置图的绘制方向（垂直或水平）。
- color：颜色。
- palette：调色板名称，数据类型为列表或者字典，用于对数据不同分类进行颜色区别。
- size：用于设置标记大小（标记直径，以磅为单位）。
- edgecolor：用于设置每个点的周围线条颜色。
- linewidth：用于设置构图元素的线宽度。
- ax：设置作图的坐标轴。

【例 6.9】 分类散点图举例

```
import numpy as np
import seaborn as sns
import matplotlib. pyplot as plt
sns. set( style = "whitegrid", color_codes = True)
np. random. seed( sum( map( ord, "categorical") ) )
tips = sns. load_dataset( "tips")
titanic = sns. load_dataset( "titanic")
iris = sns. load_dataset( "iris")
sns. stripplot( x = "day", y = "total_bill", data = tips)
plt. show( )
```

程序运行结果图 6.9 所示。

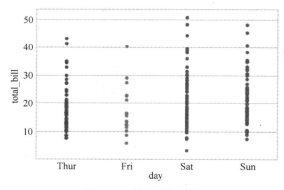

图 6.9　程序运行结果

6.3.5　条形图

条形图表示具有每个矩形数值变量的集中趋势的估计，并且使用误差条提供该估计的不确定性指示。

Seaborn 提供 barplot( ) 函数实现直方图。

【例 6.10】 条形图举例

```
import seaborn as sns
import numpy as np
import pandas as pd
import matplotlib. pyplot as plt
x = np. arange( 8)
y = np. array( [1,5,3,6,2,4,5,6])
df = pd. DataFrame( { "x-axis" : x,"y-axis" : y} )
```

```
sns. barplot( "x-axis" ,"y-axis" , palette = "RdBu_r" , data = df)
plt. xticks( rotation = 90)
plt. show( )
```

程序运行结果图 6. 10 所示。

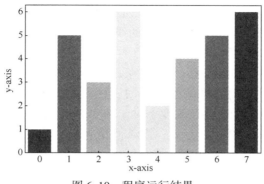

图 6. 10　程序运行结果

6.3.6　热力图

热力图又称为热点图，也称为交叉填充表，展示两个离散变量的组合关系，通过每个单元格颜色的深浅来代表数值的高低以及差异情况。

Seaborn 提供 heatmap( )函数实现热力图，语法如下。

Seaborn. heatmap(data, vmin = None, vmax = None, camp = None, center = None, robust = False, annot = None, fmt = '. 2g', annot_kws = None, linewidths = 0, linecolor = 'white', cbar = True, cbar_kws = None, cbar_ax = None, square = False, xticklabels = 'auto' , yticklabels = 'auto', mask = None, ax = None)

参数解释如下：

1）热力图输入数据参数：

● data：矩阵数据集，可以是 NumPy 的数组（array），也可以是 Pandas 的 DataFrame。如果是 DataFrame，则 df 的 index/column 信息会分别对应到 heatmap 的 columns 和 rows，即 pt. index 是热力图的行标，pt. columns 是热力图的列标。

2）热力图矩阵块颜色参数：

● vmin，vmax：分别是热力图的颜色取值最大和最小范围，默认是根据 data 数据表里的取值确定。

● camp：从数字到色彩空间的映射，取值是 Matplotlib 包里的 colormap 名称或颜色对象，或者表示颜色的列表，如果没有提供，默认值将取决于是否设置了 center。

● center：数据表取值有差异时，设置热力图的色彩中心对齐值；通过设置 center 值，可以调整生成的图像颜色的整体深浅；设置 center 数据时，如果有数据溢出，则手动设置的 vmax、vmin 会自动改变。

● robust：默认取值 False；如果是 False，且未设定 vmin 和 vmax 的值，热力图的颜色映射范围根据具有鲁棒性的分位数设定，而不是用极值设定。

3）热力图矩阵块注释参数：

● annot（annotate 的缩写）：默认取值 False；如果是 True，在热力图每个方格写入数据；如果是矩阵，在热力图每个方格写入该矩阵对应位置数据。

97

- fmt：字符串格式代码，矩阵上标识数字的数据格式，比如保留小数点后几位数字。
- annot_kws：默认取值 False；如果是 True，设置热力图矩阵上数字的大小、颜色、字体，Matplotlib 包 text 类下的字体设置。

4）热力图矩阵块之间间隔及间隔线参数：

- linewidths：定义热力图里"表示两两特征关系的矩阵小块"之间的间隔大小。
- linecolor：切分热力图上每个矩阵小块的线的颜色，默认值是'white'。

5）热力图颜色刻度条参数：

- cbar：是否在热力图侧边绘制颜色刻度条，默认值是 True。
- cbar_kws：热力图侧边绘制颜色刻度条时，相关字体设置，默认值是 None。
- cbar_ax：热力图侧边绘制颜色刻度条时，刻度条位置设置，默认值是 None。
- square：设置热力图矩阵小块形状，默认值是 False。
- xticklabels, yticklabels：xticklabels 控制每列标签名的输出；yticklabels 控制每行标签名的输出。默认值是 auto。如果是 True，则以 DataFrame 的列名作为标签名。如果是 False，则不添加行标签名。如果是列表，则标签名改为列表中给的内容。如果是整数 K，则在图上每隔 K 个标签进行一次标注。如果是 auto，则自动选择标签的标注间距，将标签名不重叠的部分（或全部）输出。
- mask：控制某个矩阵块是否显示出来。默认值是 None。如果是布尔型的 DataFrame，则将 DataFrame 里 True 的位置用白色覆盖掉。
- ax：设置作图的坐标轴，一般画多个子图时需要修改不同的子图的该值。

【例 6.11】热点图举例

```
import matplotlib. pyplot as plt
import seaborn as sns
#将实际的数值绘制到上面
flights = sns. load_dataset('flights')
#取出这三个属性画热力图,坐标点的位置是 passengers
flights = flights. pivot('month', 'year', 'passengers')
ax = sns. heatmap(flights, annot=True, fmt='d')
plt. show()
```

程序运行结果图 6.11 所示。

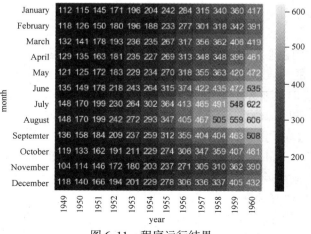

图 6.11　程序运行结果

98

6.3.7　点图

点图代表散点图位置的数值变量的中心趋势估计，在聚焦一个或多个分类变量的不同级别数据之间的比较时，比条形图更为有用。

Seaborn 提供 pointplot( ) 函数实现点图。

【**例 6.12**】点图举例

```
import matplotlib. pyplot as plt
import seaborn as sns
plt. figure( dpi = 150)
tips = sns. load_dataset( "tips" )
sns. pointplot( x = "time", y = "total_bill", data = tips)
```

程序运行结果图 6.12 所示。

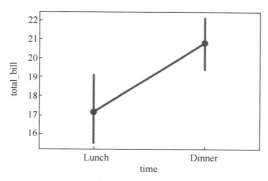

图 6.12　程序运行结果

6.4　习题

一、编程题

1. 随机生成 random. rand（3，3）数据，绘制其热力图。

2. 下载 https://raw. githubusercontent. com/selva86/datasets/master/mpg_ggplot2. csv 数据集为 d://test. csv，使用 Seaborn 将其可视化。

二、问答题

1. Seaborn 的主要作用是什么？

2. Seaborn 绘图与 matplotlib 和 Pandas 等绘图有什么区别？

3. Seaborn 的风格设置有哪些？

4. 各类图的作用分别是什么？

第 7 章
Sklearn——机器学习工具

sklearn 是 Python 的第三方机器学习库，包含从数据预处理到训练模型的各个方面。本章介绍 Sklearn 的安装、数据集、机器学习流程等相关知识。

7.1 Sklearn 简介

Sklearn（Scikit-learn）对常用的机器学习方法进行了封装，具有分类、回归、聚类、降维、模型选择、预处理六大模块，具体如下。

1）分类：识别某个对象属于哪个类别，常用的算法有：SVM（支持向量机）、KNN（最近邻）、random forest（随机森林）。

2）回归：预测与对象相关联的连续值属性，常用的算法有：SVR（支持向量机）、ridge regression（岭回归）。

3）聚类：将对象的集合分组为由相似的对象组成的类别的分析过程。聚类与分类的区别是事先不知道类标记。常用的算法有：K-means。

4）降维：减少要考虑的随机变量的数量，常用的算法有：PCA（主成分分析）、feature selection（特征选择）。

5）模型选择：用于比较、验证、选择参数和模型，常用的模块有：grid search（网格搜索）、cross validation（交叉验证）、metrics（度量）。

6）预处理：用于特征提取和归一化，常用的模块有：preprocessing（数据预处理）和 feature extraction（特征提取）。

Sklearn 针对无监督学习算法具有如表 7.1 所示的模块。

表 7.1 无监督学习

算　　法	说　　明
cluster	聚类
decomposition	因子分解
Mixture	高斯混合模型
neural_network	无监督的神经网络
covariance	协方差估计

Sklearn 针对有监督学习算法具有如表 7.2 所示的模块。

表 7.2　有监督学习

算　　法	说　　明
tree	决策树
svm	支持向量机
neighbors	近邻算法
linear_model	广义线性模型
neural_network	神经网络
kernel_ridge	岭回归
naive_bayes	朴素贝叶斯

Sklearn 针对数据转换具有如表 7.3 所示的模块。

表 7.3　数据转换

模　　块	说　　明
feature_extraction	特征提取
feature_selection	特征选择
preprocessing	预处理

sklearn.metrics 模块给出模型评价指标，如表 7.4 所示。

表 7.4　评价指标

术　　语	Sklearn 函数
混淆矩阵	confusion_matrix
准确率	accuracy_score
召回率	recall_score
F1 分数	f1_score
ROC 曲线	roc_curve
AUC 面积	roc_auc_score
分类评估报告	classification_report

7.2　安装 Sklearn

Sklearn 安装要求先安装 Python（版本>=2.7）、NumPy（版本>= 1.8.2）、Scipy（版本>= 0.1）。安装 NumPy 和 Scipy 之后，在 Anaconda Prompt 下运行如下命令：pip install -U scikit-learn，如图 7.1 所示。

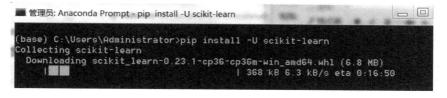

图 7.1　安装 Sklearn

进入 Python 环境，输入如下命令：import sklearn，运行结果如图 7.2 所示，表示 Sklearn 安装成功。

```
(base) C:\Users\Administrator>python
Python 3.6.4 |Anaconda, Inc.| (default, Jan 16 2018, 10:22:32) [MSC v.1900 64 b
t (AMD64)] on win32
Type "help", "copyright", "credits" or "license" for more information.
>>> import sklearn
>>>
```

图 7.2　检测 Sklearn 安装成功

7.3　数据集

机器学习领域有句话："数据和特征决定了机器学习的上限，而模型和算法只是逼近这个上限而已。" 数据作为机器学习的最关键要素，决定着模型选择、参数的设定和调优。Sklearn 的数据集是 datasets 模块，导入数据集的代码如下：

```
from sklearn import datasets
```

Sklearn 提供三种数据集，分别是小数据集、大数据集和生成数据集。

7.3.1　小数据集

小数据集使用 sklearn. datasets. load_ ∗ 命令导入，图 7.3 显示了 Sklearn 的小数据集。

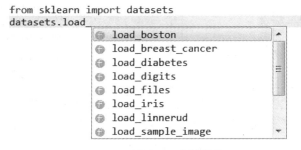

图 7.3　小数据集

sklearn. datasets 模块具有小数据集，如表 7.5 所示。

表 7.5　Sklearn 小数据集

中 文 翻 译	任 务 类 型	数 据 规 模	数据集函数
波士顿房屋价格	回归	506 ∗ 13	load_boston
糖尿病	回归	442 ∗ 10	load_diabetes
手写数字	分类	1797 ∗ 64	load_digits
乳腺癌	分类、聚类	（357+27）∗ 30	load_breast_cancer
鸢尾花	分类、聚类	（50 ∗ 3）∗ 4	load_iris
葡萄酒	分类	（59+71+48）∗ 13	load_wine
体能训练	多分类	20	load_linnerud

数据集返回值的数据类型是 datasets. base. Bunch（字典格式），具有如下属性：

- data：特征数据数组（特征值输入）。
- target：标签数组（目标输出）。
- feature_names：特征名称。
- target_names：标签名称。
- DESCR：数据描述。

（1）鸢尾花数据集

鸢尾花（iris）数据集由 Fisher 在 1936 年收集整理，是一类多重变量分析的数据集。数据集包含 150 个数据样本，分为山鸢尾（iris-setosa）、变色鸢尾（iris-versicolor）和维吉尼亚鸢尾（iris-virginica）三类，如图 7.4 所示。

图 7.4　三种鸢尾花类型

鸢尾花数据集每类 50 个数据，每个数据包含花萼长度（sepal length）、花萼宽度（sepal width）、花瓣长度（petal length）、花瓣宽度（petal width）4 个属性。通过鸢尾花的 4 个属性预测鸢尾花卉属于三个种类中的哪一类，常用于分类任务。

鸢尾花数据集使用如下命令加载：

```
from sklearn. datasets import load_iris
```

【例 7.1】 鸢尾花数据集

```
from sklearn. datasets import load_iris              #加载数据集
iris = load_iris( )
n_samples , n_features = iris. data. shape
print( iris. data. shape)                            #(150,4)表示为 150 个样本,4 个特征
print( iris. target. shape)                          #(150,)
print( "特征值的名字:\n" , iris. feature_names)      #特征名称
print( "鸢尾花的数据集描述:\n" , iris[ 'DESCR'] )    #数据描述
```

【程序运行结果】

```
(150, 4)
(150,)
特征值的名字:
[ 'sepal length ( cm)', 'sepal width ( cm)', 'petal length ( cm)', 'petal width ( cm)']
```

（2）葡萄酒数据集

葡萄酒数据集包括 1599 个红葡萄酒样本以及 4898 个白葡萄酒样本，每个样本含有若干个特征，如固定酸度、挥发酸度、柠檬酸、残糖、氯化物、游离二氧化硫、总二氧化硫、密度、pH 值、硫酸盐、酒精等。

葡萄酒数据集使用如下命令加载：

```
from sklearn. datasets import load_wine
```

（3）波士顿房价数据集

波士顿房价数据集（网址 http://lib. stat. cmu. edu/datasets/boston），该数据集包括 506 个样本场景，每个房屋含 14 个特征。每条数据包含房屋以及房屋周围的详细信息，例如城镇犯罪率、一氧化氮浓度、住宅平均房间数、到中心区域的加权距离以及自住房平均房价等。

波士顿房价数据集使用如下命令加载：

```
from sklearn. datasets import load_boston
```

（4）手写数字数据集

手写数字数据集包括 1797 个 0~9 的手写数字数据，每个数字由 8 * 8 大小的矩阵构成，矩阵中值的范围是 0~16，代表颜色的深度。

手写数字数据集使用如下命令加载：

```
from sklearn. datasets import load_digits
```

【例 7.2】手写数字数据集

```
from sklearn. datasets import load_digits     #导入手写数字数据集
digits = load_digits( )
print( digits. keys( ) )
#一共有 1797 张图面,每张图面有 64 个像素点
print( digits. data)
print( digits. data. shape)
#从标签可以看出数据的范围是从 0 到 9
print( digits. target)
print( digits. target. shape)
#图像信息以 8 * 8 的矩阵存储
print( digits. images)
print( digits. images. shape)

import matplotlib. pyplot as plt
plt. figure( figsize = (8,8) )
for i in range(10) :
plt. subplot(1,10,i+1)              #图片是 1 * 10 的 参数(行数,列数,当前图片的序号)
plt. imshow( digits. images[ i] ,cmap = " Greys" )
plt. xlabel( digits. target[ i] )
plt. xticks( [ ] )
plt. yticks( [ ] )                     #去掉坐标轴
plt. show( )
```

【程序运行结果】

```
dict_keys( [ 'data', 'target', 'frame', 'feature_names', 'target_names', 'images', 'DESCR' ] )
[ [ 0.   0.   5. ...   0.   0.   0. ]
 [ 0.   0.   0. ...   10.   0.   0. ]
 [ 0.   0.   0. ...   16.   9.   0. ]
 ...
 [ 0.   0.   1. ...   6.   0.   0. ]
 [ 0.   0.   2. ...   7.   0.   0. ]
```

```
 [ 0.  0. 10. ... 7.  1.   0.]]
(1797, 64)
[ 0 1 2 ... 8 9 8]
(1797,)
[[[ 0.  0.  5. ...  1.  0.  0. ]
  [ 0.  0. 13. ... 15.  5.  0. ]
  [ 0.  3. 15. ...  7.  8.  0. ]
  ...
  [ 0.  4. 16. ... 16.  6.  0. ]
  [ 0.  8. 16. ... 16.  8.  0. ]
  [ 0.  1.  8. ...  7.  1.  0. ]]]
(1797, 8, 8)
```

运行结果如图 7.5 所示。

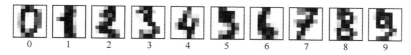

图 7.5　手写数字数据集运行结果

（5）乳腺癌数据集

乳腺癌数据集包括良/恶性乳腺癌肿瘤预测的数据 569 条样本，共有 30 个特征，分为良性和恶性两类。

乳腺癌数据集使用如下命令加载：

```
from sklearn. datasets import load_breast_cancer
```

（6）糖尿病数据集

糖尿病数据集包含 442 个患者的 10 个生理特征（年龄、性别、体重指数 BMI、平均血压）和 S1~S6 血液中各种疾病级数指数的 6 个属性，这 10 个特征都已经被处理成 0 均值，方差归 1。

糖尿病数据集使用如下命令加载：

```
from sklearn. datasets import load_diabetes
```

【例 7.3】糖尿病数据集

```
import numpy as np
import matplotlib. pyplot as plt
from sklearn. datasets import load_diabetes
diabetes_X = load_diabetes( ). data[ : ,np. newaxis,2]
diabetes_X_train = diabetes_X[ : −20]
diabetes_X_test = diabetes_X[−20:]
diabetes_target= load_diabetes( ). target
diabetes_y_train = diabetes_target[ : −20]
diabetes_y_test = diabetes_target[−20:]
plt. scatter( diabetes_X_test,diabetes_y_test,color= 'black' )
plt. show( )
```

运行结果如图 7.6 所示。

（7）体能训练数据集

体能训练具有 Excise 和 physiological 两个小数据集，分别如下：

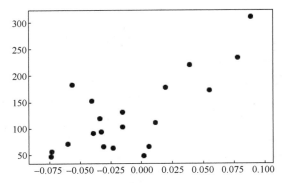

图 7.6　糖尿病数据集运行结果

1）Excise 是对 3 个训练变量（体重，腰围，脉搏）的 20 次观测。

2）physiological 是对 3 个生理学变量（引体向上，仰卧起坐，立定跳远）的 20 次观测。体能训练数据集使用如下命令加载：

```
from sklearn. datasets    import load_linnerud
```

7.3.2　大数据集

大数据集使用 sklearn. datasets. fetch_ * 导入，第一次使用会自动下载，如表 7.6 所示。

表 7.6　Sklearn 大数据集

中 文 翻 译	数据集函数	任 务 类 型
Olivetti 面部图像数据集	fetch_olivetti_faces	降维
新闻分类数据集	fetch_20newsgroups	分类
带标签的人脸数据集	fetch_lfw_people	分类，降维
路透社英文新闻文本分类数据集	fetch_rcv1	分类

20newsgroups 作为文本分类、文本挖掘和信息检索研究的国际标准数据集之一，共有 18000 篇新闻文章，涉及 20 种话题。20newsgroups 共有三个版本，版本 19997 是原始并没有修改过的版本。版本 bydate 是按时间顺序分为训练（60%）和测试（40%）两部分数据集，不包含重复文档和新闻组名（新闻组、路径、隶属于、日期）。版本 18828 不包含重复文档，只有来源和主题。

20newsgroups 数据集加载具有如下两种方式：

1）sklearn. datasets. fetch _ 20newsgroups，返回一个可以被文本特征提取器（如 sklearn. feature_extraction. text. CountVectorizer）自定义参数提取特征的原始文本序列。

2）sklearn. datasets. fetch_20newsgroups_vectorized，返回一个已提取特征的文本序列，即不需要使用特征提取器。

【例 7.4】使用 20newsgroups 数据集

```
from sklearn. datasets import fetch_20newsgroups    #加载数据集
news = fetch_20newsgroups( )
print( len( news. data) )
print( news. target. shape)
print( "数据集描述:\n" ,news[ 'DESCR'] )
```

【程序运行结果】

```
11314
(11314,)
```

7.3.3　生成数据集

Scikit-learn 采用 sklearn. datasets. make_ * 创建数据集，用来生成特定机器学习模型的数据。常用的 API 如表 7.7 所示。

表 7.7　Sklearn 生成数据集的 API

API 函数名	功　　能
make_regression	生成回归模型的数据
make_blobs	生成聚类模型数据
make_classification	生成分类模型数据
make_gaussian_quantiles	生成分组多维正态分布的数据
make_circles	生成环线数据

（1）make_regression

sklearn. datasets. samples_generator 模块提供 make_regression( )函数，用于生成回归模型的数据，形式如下：

```
make_regression( n_samples, n_features, noise, coef)
```

参数解释如下：

- n_samples：生成样本数。
- n_features：样本特征数。
- noise：样本随机噪声。
- coef：是否返回回归系数。

【例 7.5】make_regression 举例

```
import numpy as np
import matplotlib. pyplot as plt
from sklearn. datasets. samples_generator import make_regression
  # X 为样本特征,y 为样本输出, coef 为回归系数,共 1000 个样本,每个样本 1 个特征
X, y, coef = make_regression( n_samples = 1000, n_features = 1, noise = 10, coef = True)
#画图
plt. scatter( X, y,    color = 'black')
plt. plot( X, X * coef, color = 'blue', linewidth = 3)
plt. xticks( ( ) )
plt. yticks( ( ) )
plt. show( )
```

程序运行结果如图 7.7 所示。

（2）make_blobs

sklearn. datasets. make_blobs 根据用户指定的特征数量、中心点数量和范围等生成数据，用于测试聚类算法。make_blobs( )函数语法如下：

```
sklearn. datasets. make_blobs( n_samples, n_features, centers, cluster_std)
```

参数解释如下：

- n_samples：生成样本数。
- n_features：样本特征数。
- centers：簇中心的个数或者自定义的簇中心。
- cluster_std：簇数据方差，代表簇的聚合程度。

【例7.6】 make_blobs 举例

```
import matplotlib. pyplot as plt
from sklearn. datasets. samples_generator import make_blobs
X, y = make_blobs( n_samples = 50, centers = 2, random_state = 50, cluster_std = 2)
plt. scatter( X[ :, 0], X[ :, 1], c = y, cmap = plt. cm. cool)
plt. show( )
```

程序运行结果如图 7.8 所示。

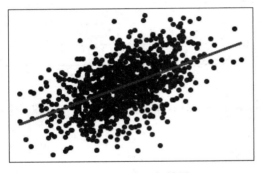

图 7.7　程序运行结果

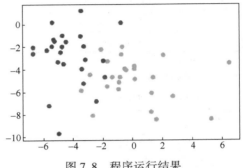

图 7.8　程序运行结果

代码解释如下：

X 为样本特征，y 为样本簇类别，n_samples = 50 表示 50 个样本，centers = 2 表示分为 2 个类，random_state = 50 表示随机状态为 50，cluster_std = 2 表示为标准差为 2。数据集样本共有 2 个特征，分别对应 x 轴和 y 轴，特征 1 的数值在 -7 到 7 之间，特征 2 的数值在 -10 到 -1 之间。

（3）make_classification

make_classification 生成分类模型数据，语法形式如下：

```
make_classification( n_samples, n_features, n_redundant, n_classes, random_state)
```

参数解释如下：

- n_samples：指定样本数。
- n_features：指定特征数。
- n_redundant：冗余特征数。
- n_classes：指定分类数。
- random_state：随机种子。

【例7.7】 make_classification 举例

```
import numpy as np
import matplotlib. pyplot as plt
```

```
from sklearn. datasets. samples_generator import make_classification
# X1 为样本特征,Y1 为样本类别输出, 共 400 个样本,每个样本 2 个特征,输出有 3 个类别,没有冗余
特征,每个类别一个簇
X1, Y1 = make_classification( n_samples = 400, n_features = 2, n_redundant = 0,
                              n_clusters_per_class = 1, n_classes = 3)
plt. scatter( X1[ :, 0], X1[ :, 1], marker = 'o', c = Y1)
plt. show( )
```

程序运行结果如图 7.9 所示。

（4）make_gaussian_quantiles

make_gaussian_quantiles( ) 函数用于生成分组多维正态分布的数据，语法如下：

make_gaussian_quantiles(mean, cov, n_samples, n_features, n_classes)

参数解释如下：

- n_samples：指定样本数。
- n_features：指定特征数。
- mean ：特征均值。
- cov ：样本协方差的系数。
- n_classes ：数据在正态分布中按分位数分配的组数。

【例 7.8】 make_gaussian_quantiles 举例

```
import numpy as np
import matplotlib. pyplot as plt
from sklearn. datasets import make_gaussian_quantiles
#生成二维正态分布,数据按分位数分成 3 组,1000 个样本,2 个样本特征均值为 1 和 2,协方差系数为 2
X1, Y1 = make_gaussian_quantiles( n_samples = 1000, n_features = 2, n_classes = 3, mean = [ 1,2], cov = 2)
plt. scatter( X1[ :, 0], X1[ :, 1], marker = 'o', c = Y1)
```

程序运行结果如图 7.10 所示。

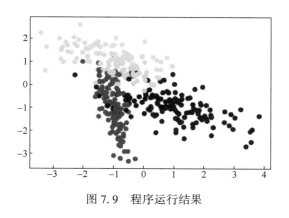

图 7.9　程序运行结果

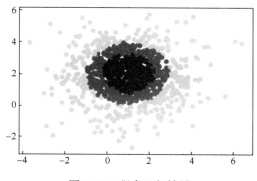

图 7.10　程序运行结果

（5）make_circles

make_circles 可以为数据集添加噪声，为二元分类器产生环线数据，语法如下：

make_circles(n_samples, noise, factor)

参数解释如下：

- n_samples：指定样本数。

- noise：样本随机噪声。
- factor：内外圆之间的比例因子。

【例 7.9】 make_circles 举例

```
#生成球形判决界面的数据
from sklearn. datasets. samples_generator import make_circles
X,labels = make_circles( n_samples = 200, noise = 0. 2, factor = 0. 2)
print( "X. shape:" ,X. shape)
print( "labels:" ,set( labels) )

unique_lables = set( labels)
colors = plt. cm. Spectral( np. linspace( 0,1,len( unique_lables) ) )
for k,col in zip( unique_lables,colors) :
    x_k = X[ labels = = k]
    plt. plot( x_k[ :,0],x_k[ :,1],'o',markerfacecolor = col,markeredgecolor = "k" ,markersize = 14)
plt. title('data by make_moons( )')
plt. show( )
```

【程序运行结果】

```
X. shape：(200, 2)
labels：{0, 1}
```

程序运行结果如图 7.11 所示。

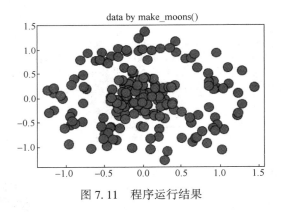

图 7.11　程序运行结果

7.4　机器学习流程

基于 Sklearn 的机器学习流程包括数据清洗、划分数据集、特征工程、机器算法和模型评估等。

7.4.1　数据清洗

数据集中往往存在大量异常值、缺失值等"脏"数据，对于数据分析具有不利影响，可以通过 Pandas 和 Sklearn 的 imputer 类或 SimpleImputer 类等进行数据清洗。

7.4.2　划分数据集

机器学习通常将数据集划分为训练数据集和测试数据集。训练数据集通过机器学习算法训练数据，生成模型。测试数据集用于验证模型的效果。根据数据集的特点，划分数据集一般有留出法、交叉验证法和自助法等，具体如下：

- 已知数据集数量充足时，通常采用留出法或者 k 折交叉验证法。
- 对于已知数据集较小且难以有效划分训练集/测试集的时候，采用自助法。
- 对于已知数据集较小且可以有效划分训练集/测试集的时候，采用留一法。

（1）留出法

留出法是将数据集分成两个互斥的部分，分别用来训练模型和测试模型。

留出法具有如下优点：

- 实现简单、方便，在一定程度上能评估泛化误差。
- 测试集和训练集分开，缓解了过拟合。

留出法具有如下缺点：

- 数据都只被用了一次，没有被充分利用。
- 在验证集上计算出来的最后的评估指标与原始分组有很大关系。
- 稳定性较差，通常会进行若干次随机划分，重复评估取平均值作为评估结果。

一般情况下，数据划分训练集占 70~80%，测试集占 20~30%。Sklearn 提供 train_test_split() 函数，语法形式为：

```
x_train,x_test,y_train,y_test =
sklearn. model_selection. train_test_split(train_data,train_target,test_size,random_state)
```

参数含义如表 7.8 所示。

表 7.8　**train_test_split()函数的参数**

参　　数	含　　义
train_data	待划分的样本数据
train_target	待划分样本数据的结果（标签）
test_size	测试数据占样本数据的比例
random_state	设置随机数种子，保证每次都是同一个随机数。若为 0 或不填，生成随机数不同
x_train	划分出的训练集数据（特征值）
x_test	划分出的测试集数据（特征值）
y_train	划分出的训练集标签（目标值）
y_test	划分出的测试集标签（目标值）

【例 7.10】数据集拆分举例

```
from sklearn. datasets import load_iris
from sklearn. model_selection import train_test_split
# 获取鸢尾花数据集
iris = load_iris()
# test_size 默认取值为 25%,test_size 取值为 0.2,随机种子 22
x_train, x_test, y_train, y_test = train_test_split(iris. data, iris. target, test_size=0.2, random_state=22)
print("训练集的特征值:\n", x_train. shape)
```

【程序运行结果】

训练集的特征值：
（120，4）

分析程序运行结果：

样本数为 120，这是因为 test_size 取值为 0.2，150 * （1-0.2）= 120。

（2）交叉验证法

根据数据集大小和数据类别不同，交叉验证法划分方法分为留一交叉验证和 K 折交叉验证两种情况。

1）留一交叉验证。

当数据集小时，使用留一交叉验证，每次只将一个样本用于测试，较为简单。

2）K 折交叉验证。

当数据集较大时，采用 K 折交叉验证。K 折是指将数据集进行 K 次分割，使得所有数据在训练集和测试集都出现，但每次分割不会重叠，相当于无放回抽样。采用 KFold() 函数实现，语法如下：

```
KFold(n_splits, shuffle, random_state)
```

参数解释如下：

- n_splits：表示划分为几等份（至少是 2）。
- shuffle：表示是否进行洗牌，即是否打乱划分，默认 False，即不打乱。
- random_state：随机种子数。

当采用 K 折交叉验证时，具有如下两种方法：

- get_n_splits([X，y，groups])：获取参数 n_splits 的值。
- split(X[，Y,groups])：将数据集划分成训练集和测试集，返回索引生成器。

【例 7.11】 Kfold 举例

```
import numpy as np
from sklearn. model_selection import KFold
X = np. array([[1，2]，[3，4]，[1，2]，[3，4]])
kf = KFold(n_splits=2)
print( kf. get_n_splits(X))
for train_index, test_index in kf. split(X):
print("TRAIN:", train_index, "TEST:", test_index)
```

【程序运行结果】

```
2
TRAIN: [2 3] TEST: [0 1]
TRAIN: [0 1] TEST: [2 3]
```

3）分层交叉验证。

Sklearn 提供 cross_val_score() 函数将数据集划分为 k 个大小相似的互斥子集，每次用 k-1 个子集作为训练集，余下 1 个子集作为测试集，如此循环 k 次训练和测试，返回 k 个测试结果的均值。其中，"10 次 10 折交叉验证法" 最为常用，即将数据集分成 10 份，轮流将 9 份数据作为训练集，1 份数据作为测试集，如图 7.12 所示。

cross_val_score() 函数语法形式如下：

```
cross_val_score(estimator, train_x, train_y, cv=10)
```

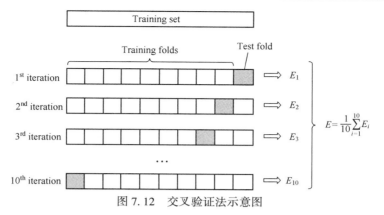

图7.12　交叉验证法示意图

参数解释如下：

- estimator：需要使用交叉验证的算法。
- train_x：输入样本数据。
- train_y：样本标签。
- cv：默认使用 KFold 进行数据集打乱。

【例7.12】 利用交叉验证举例

```
from sklearn import datasets
from sklearn. model_selection import train_test_split,cross_val_score        #划分数据交叉验证
from sklearn. neighbors import KNeighborsClassifier
import matplotlib. pyplot as plt
iris = datasets. load_iris( )                              #加载 iris 数据集
X = iris. data
y = iris. target                                          #这是每个数据所对应的标签
train_X,test_X,train_y,test_y = train_test_split( X,y,test_size = 1/3,random_state = 3)
#以 1/3 划分训练集、训练结果、测试集测试结果
k_range = range( 1,31)
cv_scores = [ ]                                           #用来放每个模型的结果值
for n in k_range:
knn = KNeighborsClassifier( n)
scores = cross_val_score( knn,train_X,train_y,cv = 10)
cv_scores. append( scores. mean( ))
plt. plot( k_range,cv_scores)
plt. xlabel( 'K')
plt. ylabel( 'Accuracy')                                  #通过图像选择最好的参数
plt. show( )
best_knn = KNeighborsClassifier( n_neighbors = 3)         # 选择最优的 K = 3 传入模型
best_knn. fit( train_X,train_y)                            #训练模型
print( "score:\n",best_knn. score( test_X,test_y))        #看看评分
```

【程序运行结果】

```
score:
0. 94
```

程序运行结果如图 7.13 所示。

（3）自助法

自助法（Bootstrapping）的实质是有放回的随机抽样，每次测试后放回数据集，继续下一次随机抽样。ShuffleSplit( )函数的语法如下：

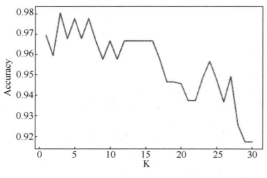

图 7.13　程序运行结果

ShuffleSplit(n_split, test_size, train_size, random_state)

参数解释如下：

- n_splits：表示划分为几块（至少是 2）。
- test_size：测试集比例或样本数量。
- train_size：训练集比例或样本数量。
- random_state：随机种子数，默认为 None。

【例 7.13】ShuffleSplit 举例

```
import numpy as np
from sklearn. model_selection import ShuffleSplit
X = np. arange(5)
ss = ShuffleSplit(n_splits = 3, test_size = . 25, random_state = 0)
for train_index, test_index in ss. split(X):
    print("TRAIN:", train_index, "TEST:", test_index)
```

【程序运行结果】

```
TRAIN: [1 3 4] TEST: [2 0]
TRAIN: [1 4 3] TEST: [0 2]
TRAIN: [4 0 2] TEST: [1 3]
```

7.4.3　特征工程

特征工程用于从原始数据中提取特征构建数据分析模型，Sklearn 提供了较为完整的特征处理方法，包括数据预处理、特征选择、降维等。相关函数如表 7.9 所示。

表 7.9　特征工程的相关函数

类	功　能	说　　明
StandardScaler	无量纲化	标准化，将特征值转换至服从标准正态分布
MinMaxScaler	无量纲化	区间缩放，将特征值转换到 [0, 1] 区间上
Normalizer	归一化	基于特征矩阵的行，将样本向量转换为"单位向量"
Binarizer	二值化	基于给定阈值，将定量特征按阈值划分
OneHotEncoder	哑编码	将定性数据编码为定量数据
Imputer	缺失值计算	计算缺失值，缺失值可填充为均值等

7.4.4 机器算法

Sklearn 提供传统的机器学习算法用于分类与聚类，采用 K 近邻算法、决策树、线性模型、朴素贝叶斯、支持向量机等算法实现分类，采用 K-Means 算法实现聚类。

7.4.5 模型评估

通过计算精确率、召回率和 F-score 等进行模型评估，预测值与真实值的对比如图 7.14 所示。

方法 1：直接计算出准确率。

```
score = estimator. score( x_test,y_test)          #测试集的特征值和目标值
print( score)
```

方法 2：直接对比预测值与真实值。

```
y_predict = estimator. predict( x_test)    #预测
print( "比对真实值和预测值\n",y_test == y_predict)
```

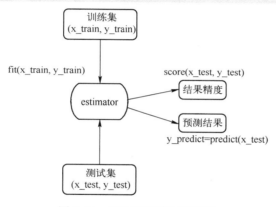

图 7.14 对比预测值与真实值

7.5 习题

一、编程题

1. 请显示波士顿房价数据集的特征数据。
2. 输出葡萄酒数据集的特征数据。

二、问答题

1. Sklearn 库有哪些功能模块？
2. 机器学习流程包括哪些步骤？
3. Sklearn 的数据集有哪些？
4. 划分数据集有哪些方法？

第8章
数据处理

数据集的质量对数据分析的最终结果有着决定性的作用。通过数据质量分析，可以了解整体数据的属性、功能和作用，对缺失值、异常值和重复值等"脏"数据进行"清洗"。特征预处理是指通过规范化、标准化和鲁棒化等方法将数据转化成符合算法要求的数据。本章介绍两个用于将数据分析可视化的库：missingno 库和词云。最后，给出学生信息处理案例的数据处理过程。

8.1 认识数据处理

数据处理包括数据清洗、数据标准化、数据离散化、数据降维等。数据清洗是指对于不符合要求、不能直接进行相应分析的数据，如缺失值、异常值和重复值等脏数据进行处理。数据标准化是指将数据缩放到同一特定的区间内，具体方法有归一化、标准化等。数据离散化是指对连续型的特征数据进行划区间处理，常用的处理数据类型如时间序列等。数据降维是指对输入数据的特征进行线性相关性处理，通过减少数据维度，避免"维度爆炸"。

8.2 数据清洗

8.2.1 处理缺失值

缺失值通常是指记录的缺失和记录中某个字段信息的缺失，Pandas 使用 NaN 表示缺失值，提供 isnull( ) 函数识别缺失值；df. dropna( ) 函数删除缺失值；df. fillna( ) 函数填充缺失值，如表 8.1 所示。

表 8.1　Pandas 缺失值处理函数

函　数　名	功　　能
isnull	识别缺失值
df. fillna(num)	用实数 num 填充缺失值
df. dropna( )	删除 dataframe 数据中的缺失数据

（1）识别缺失值

df. isnull( )用于识别 DataFrame 数据中是否存在缺失数据。

【例 8.1】 isnull 举例

```
from numpy import nan as NaN
import pandas as pd
```

```
df = pd. DataFrame([[1,2,3],[NaN,NaN,2],[NaN,NaN,NaN],[14,14,NaN]])
#缺失观测的检测
print('数据集中是否存在缺失值:\n',any(df. isnull()))
```

【程序运行结果】

```
数据集中是否存在缺失值:
True
```

(2) 删除缺失值

df. dropna()用于删除 dataframe 数据中的缺失数据,语法如下:

DataFrame. dropna(axis = 0, how = 'any', thresh = None, subset = None, inplace = False)

参数说明如表8.2 所示。

表8.2 df. dropna 参数说明

参 数	说 明
axis	0 为行;1 为列。默认为 0,数据删除维度
how	{'any', 'all'},默认'any',删除带有 nan 的行; all: 删除全为 nan 的行
thresh	int,保留至少 int 个非 nan 行
subset	list,在特定列缺失值处理
inplace	bool,是否修改源文件

【例8.2】 df. dropna()举例

```
from numpy import nan as NaN
import pandas as pd
df1 = pd. DataFrame([[1,2,8],[NaN,NaN,2],[NaN,NaN,NaN],[8,8,NaN]])
print("df1:\n{}\n". format(df1))
df2 = df1. dropna()
print("df2:\n{}\n". format(df2))
```

【程序运行结果】

```
df1:
     0    1    2
0  1.0  2.0  8.0
1  NaN  NaN  2.0
2  NaN  NaN  NaN
3  8.0  8.0  NaN

df2:
     0    1    2
0  1.0  2.0  8.0
```

(3) 填充缺失值

使用数据的平均值、中位数、固定值和最近值等填充缺失值。常用的填充方法如表8.3
所示。

表8.3 常用填充方法

填 充 方 法	方 法 描 述
平均值/中位数	根据属性值的类型,用该属性取值的平均值/中位数填充
固定值	将缺失的属性值使用一个常量替换
最近值	用最接近缺失值的属性值填补

1）Pandas 提供 df. fillna(num)：用实数 num 填充缺失值。

【例 8.3】df. fillna(num)举例

```
from numpy import nan as NaN
import pandas as pd
df1 = pd. DataFrame([[1,2,8],[NaN,NaN,2],[NaN,NaN,NaN],[8,8,NaN]])
print("df1:\n{}\n". format(df1))
df2 = df1. fillna(100)
print("df2:\n{}\n". format(df2))
```

【程序运行结果】

```
df1:
     0     1     2
0   1.0   2.0   8.0
1   NaN   NaN   2.0
2   NaN   NaN   NaN
3   8.0   8.0   NaN


df2:
      0       1       2
0    1.0     2.0     8.0
1   100.0   100.0    2.0
2   100.0   100.0   100.0
3    8.0     8.0    100.0
```

2）Sklearn 中 imputer 类或 SimpleImputer 类处理缺失值。其中，Imputer 在 preprocessing 模块中，而 SimpleImputer 在 sklearn. impute 模块中。

Imputer 具体语法如下：

```
from sklearn. preprocessing import Imputer
imp = Imputer( missing_values = "NaN", strategy = "mean")
```

SimpleImputer 具体语法如下：

```
from sklearn. impute import SimpleImputer
imp = SimpleImputer( missing_values = np. nan, strategy = "mean")
```

参数含义如下：

● missing_values = np. nan：缺失值是 nan

● strategy = "mean"：用平均数或中位数等插值方法的数据

【例 8.4】Sklearn 中 Imputer 举例

```
import pandas as pd
import numpy as np
#from sklearn. preprocessing import Imputer
from sklearn. impute import SimpleImputer
df = pd. DataFrame([["XXL", 8, "black", "class 1", 22],
["L", np. nan, "gray", "class 2", 20],
["XL", 10, "blue", "class 2", 19],
["M", np. nan, "orange", "class 1", 17],
["M", 11, "green", "class8", np. nan],
["M", 7, "red", "class 1", 22]])
df. columns = ["size", "price", "color", "class", "boh"]
print( df)
```

```
    # 1. 创建 Imputer 器
#imp = Imputer( missing_values = "NaN" , strategy = "mean" )
imp = SimpleImputer( missing_values = np. nan , strategy = "mean" )
    # 2. 使用 fit_transform( )函数完成缺失值填充
df[ "price" ] = imp. fit_transform( df[ [ "price" ] ] )
print( df)
```

【程序运行结果】

```
     size   price   color     class     boh
0    XXL    8.0    black     class 1   22.0
1    L      NaN    gray      class 2   20.0
2    XL     10.0   blue      class 2   19.0
3    M      NaN    orange    class 1   17.0
4    M      11.0   green     class8    NaN
5    M      7.0    red       class 1   22.0

     size   price   color     class     boh
0    XXL    8.0    black     class 1   22.0
1    L      9.0    gray      class 2   20.0
2    XL     10.0   blue      class 2   19.0
3    M      9.0    orange    class 1   17.0
4    M      11.0   green     class8    NaN
5    M      7.0    red       class 1   22.0
```

8.2.2　处理异常值

"异常值" 又称为离群点或噪声数据，是指不合常理的数据，具体处理方式如下。

（1）散点图方法

散点图通过展示两组数据的位置的分布和聚合的关系，可以清晰直观地看出哪些值是离群点。Matplotlib、Pandas 和 Seaborn 等都提供散点图的绘制方法。Pandas 提供'scatter'绘制散点图。

【例 8.5】Pandas 绘制散点图举例

```
import numpy  as  np
import pandas as pd

wdf = pd. DataFrame( np. arange( 20) ,columns = [ 'W'] )
wdf[ 'Y'] = wdf[ 'W'] * 1.5+2
wdf. iloc[ 8,1] = 128
wdf. iloc[ 18,1] = 150
wdf. plot( kind = 'scatter', x = 'W',y = 'Y')
```

程序运行结果如图 8.1 所示。

（2）采用箱线图识别

箱线图又称箱形图或盒式图，不同于折线图、柱状图或饼图等传统图表只是数据大小、占比、趋势的呈现，箱线图包含统计学的均值、分位数、极值等统计量，用于分析不同类别数据的平均水平差异，展示属性与中位数离散速度，并揭示数据间离散程度、异常值、分布差异等。箱线图是一种基于"五位数"摘要显示数据分布的标准化方法，如图 8.2 所示。

箱线图有 5 个参数：

1）下边缘（Q1）表示最小值。

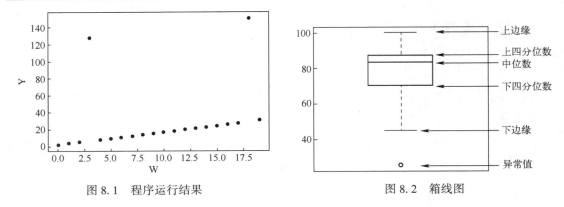

图 8.1　程序运行结果　　　　　　　图 8.2　箱线图

2）下四分位数（Q2）又称"第一四分位数"，由小到大排列后第 25%的数字。

3）中位数（Q3）又称"第二四分位数"，由小到大排列后第 50%的数字。

4）上四分位数（Q4）又称"第三四分位数"，由小到大排列后第 75%的数字。

5）上边缘（Q5）表示最大值。

箱线图判断异常值的标准以四分位数和四分位距为基础，当数据在箱线图中超过上四分位 1.5 倍或下四分位 1.5 倍时，即小于 $Q_1-1.5IQR$ 或大于 $Q_3+1.5IQR$ 的值被认为是异常值。

【例 8.6】箱线图举例

```python
import pandas as pd
import numpy as np

wdf = pd.DataFrame(np.arange(20), columns=['W'])
wdf['Y'] = wdf['W'] * 1.5+2
wdf.iloc[3,1] = 128
wdf.iloc[18,1] = 150

wdf.plot.box()
```

程序运行结果如图 8.3 所示。

（3）3σ 法则

数据正态分布如图 8.4 所示，数值分布在（$\mu-\sigma$，$\mu+\sigma$）中的概率为 0.6827；在（$\mu-2\sigma$，$\mu+2\sigma$）中的概率为 0.9545；在（$\mu-3\sigma$，$\mu+3\sigma$）中的概率为 0.9978（μ 为平均值，σ 为标准差）。3σ 法则又叫拉依达原则，认为数据集中在（$\mu-3\sigma$，$\mu+3\sigma$）区间内，超出这个范围是异常值。

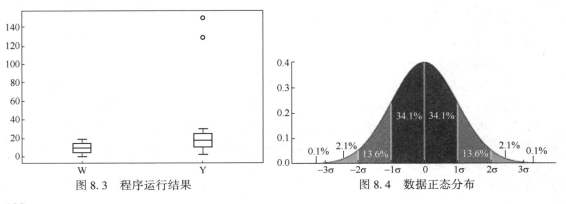

图 8.3　程序运行结果　　　　　　　图 8.4　数据正态分布

【例 8.7】 3σ 法则举例

```
#计算步骤如下:
#计算需要检验的数据列的平均值和标准差;
#比较数据列的每个值与平均值的偏差是否超过 3 倍,如果超过 3 倍,则为异常值;
#剔除异常值,得到规范的数据。

import numpy as np
import pandas as pd
from scipy import stats
#创建数据
data = [1222, 87, 77, 92, 68, 75, 77, 80, 78, 128, 8, 28, 82]
df = pd. DataFrame(data,columns = ['value'])
#计算均值
u = df['value']. mean()
#计算标准差
std = df['value']. std()

#输出结果中第一个为统计量,第二个为 P 值。统计量越接近 1 就越表明数据和标准正态分布拟合得
越好
print(stats. kstest(df,'norm',(u, std)))
print('均值为:%. 3f,标准差为:%. 3f'%(u,std))
print('------')
#定义 3σ 法则识别异常值
error = df[np. abs(df['value']-u)>3 * std]
#剔除异常值,保留正常的数据
data_c = df[np. abs(df['value']-u)<= 3 * std]
print("输出正常的数据")
print(data_c)
print("输出异常数据")
print(error)
```

【程序运行结果】

```
KstestResult( statistic = 0. 999541060179523, pvalue = 0. 0)
均值为:161. 692,标准差为:319. 894
------
输出正常的数据
        value
1       87
2       77
3       92
4       68
5       75
6       77
7       80
8       78
9       128
10      8
11      28
12      82
输出异常数据
        value
0       1222
```

8.2.3 处理重复值

重复值的存在会影响数据分析的准确性。目前消除重复值的基本思想是"排序和合并",通过比较邻近数据是否相似来进行检测。

1) NumPy 提供 unique( ) 函数进行去重,返回唯一值的排序数据。

【例 8.8】 使用 NumPy 的 unique( ) 函数去除重复值举例

```
import numpy as np
names = np.array(['红色','蓝色','红色','白色','白色','红色','绿色','红色'])
print('原数组:',names)
print('去重后的数组:',np.unique(names))
```

【程序运行结果】

```
原数组: ['红色' '蓝色' '红色' '白色' '白色' '红色' '绿色' '红色']
去重后的数组: ['白色' '红色' '绿色' '蓝色']
```

2) Pandas 提供如下函数用于数据清洗和预处理:

● df.duplicated( ): 判断各行是重复,False 为非重复值。

● df.drop_duplicates( ): 删除重复行。

【例 8.9】 重复值举例

```
import pandas as pd                        #导入 Pandas 库
#生成异常数据
data1, data2, data8, data4 = ['a', 8], ['b', 2], ['a', 8], ['c', 2]
df = pd.DataFrame([data1, data2, data8, data4], columns=['col1', 'col2'])
print("数据为:\n", df)                      # 打印输出

isDuplicated = df.duplicated( )            # 判断重复数据记录
print("重复值为:\n", isDuplicated)          # 打印输出
print("删除数据记录中所有列值相同的记录\n", df.drop_duplicates( ))
        #删除数据记录中所有列值相同的记录
print("删除数据记录中 col1 值相同的记录\n", df.drop_duplicates(['col1']))
        #删除数据记录中 col1 值相同的记录
print("删除数据记录中 col2 值相同的记录\n", df.drop_duplicates(['col2']))
        #删除数据记录中 col2 值相同的记录
print("删除数据记录中指定列(col1/col2)值相同的记录\n", df.drop_duplicates(['col1', 'col2']))
        #删除数据记录中指定列(col1/col2)值相同的记录
```

【程序运行结果】

数据为:

	col1	col2
0	a	8
1	b	2
2	a	8
3	c	2

重复值为:

0	False
1	False
2	True
3	False

dtype: bool

删除数据记录中所有列值相同的记录

	col1	col2
0	a	8
1	b	2
3	c	2

删除数据记录中 col1 值相同的记录

	col1	col2
0	a	8
1	b	2
3	c	2

删除数据记录中 col2 值相同的记录		
	col1	col2
0	a	8
1	b	2

删除数据记录中指定列(col1/col2)值相同的记录		
	col1	col2
0	a	8
1	b	2
3	c	2

8.3　特征处理

特征处理是特征工程的重要构成，也是特征工程的基础，用于将不同的数据样本进行集成、转换、规约等一系列处理，变化成同一规格，使之适合算法模型的过程。

Sklearn 的 preprocessing 模块用于标准化、正则化、归一化和鲁棒化等数据预处理方法，如表 8.4 所示。

表 8.4　preprocessing 模块常用方法

方 法 含 义	方 法 名
正则化	preprocessing. Normalize
归一化	preprocessing. MinMaxScaler
标准化	preprocessing. StandardScaler
鲁棒化	Preprocessing. RobustScaler

8.3.1　规范化

由于不同特征往往具有不同的量纲，数值差别较大，影响数据分析的结果。为了让特征具有同等重要性，可以采用规范化将不同规格的数据转换为同一规格。规范化又称为区间缩放法，通过边界值信息将特征的取值区间缩放到某个特定的范围，例如缩放到 [0,1] 之间，称为归一化。

规范化计算公式如下：

$$X' = \frac{x - \min}{\max - \min}$$

参数解释如下：

- max：最大值。
- min：最小值。

Sklearn 提供 MinMaxScaler( ) 函数进行规范化，具体语法如下：

MinMaxScaler(feature_range = (0,1))

参数解释如下：

- feature_range = (0,1)：范围设置为 0~1 之间。

【例 8.10】规范化举例

现有三个样本，每个样本有四个特征，如表 8.5 所示。

表 8.5　样本特征

特征 1	特征 2	特征 3	特征 4
90	2	10	40
60	4	15	45
75	3	13	46

规范化代码如下：

```
from sklearn. preprocessing import MinMaxScaler
def Normalization( ):                #实例化一个转换器类
    Normalization = MinMaxScaler(feature_range=(0,1)) #范围设置为0~1之间
    data=[[90,2,10,40],[60,4,15,45],[75,3,13,46]]
    print(data)
    data_Normal = Normalization. fit_transform(data)
    print(data_Normal)
    return None
if __name__ =='__main__':
    Normalization( )
```

【程序运行结果】

```
[[90, 2, 10, 40], [60, 4, 15, 45], [75,3, 13, 46]]
[[1.        0.        0.        0.        ]
 [0.        1.        1.        0.8333333]
 [0.5       0.5       0.6       1.        ]]
```

8.3.2　标准化

标准化用于解决归一化容易受到样本中极大或者极小的异常值的影响。标准化的前提是特征服从正态分布，数据聚集在 0 附近，方差为 1。

标准差公式如下：

$$\sigma = \sqrt{\frac{1}{n}\sum_{i=1}^{N}(x_i - \mu)^2}$$

z-score 标准化转换公式：

$$z = \frac{x - \mu}{\sigma}$$

下面介绍使用 NumPy 模块和 Sklearn 模块实现标准化的两种方法。

方法一：采用 NumPy 模块实现

【例 8.11】采用 NumPy 模块实现标准化举例

```
import numpy as  np
def z_norm(data_list):
    data_len=len(data_list)
    if data_len==0:
        raise "数据为空"
    data_list=np. array(data_list)
    mean_v=np. mean(data_list,axis=0)
    std_v=np. std(data_list,axis=0)
    print('该矩阵的均值为:{}\n 该矩阵的标准差为:{}'. format(mean_v,std_v))
    #if std_v==0:
    #     raise "标准差为 0"
    return(data_list-mean_v)/std_v
if __name__ == '__main__':
    data_list =[[1.5, -1., 2. ],
                [2. , 0., 0. ]]
    print('矩阵初值为:{}'. format(data_list))
    print("z-score 标准化 \n",z_norm(data_list))
```

【程序运行结果】

```
该矩阵的均值为:[1.75 -0.5   1.   ]
该矩阵的标准差为:[0.25 0.5  1.   ]
矩阵初值为:[[1.5, -1.0, 2.0], [2.0, 0.0, 0.0]]
z-score 标准化
[[-1. -1.   1. ]
 [ 1.   1.  -1. ]]
```

方法二：Sklearn 提供 StandardScaler 实现标准化

具体语法如下：

```
StandardScaler(copy, with_mean)
```

参数解释如下：

- copy：取值为 True 或 False，Fasle 就会用归一化的值替代原来的值
- with_mean：取值为 True 或 False，在处理稀疏矩阵时设置为 False

【例 8.12】标准化举例

```
from sklearn. preprocessing import StandardScaler
def Standardization( ):
    '''标准化函数'''
    std =StandardScaler( )
    data =[[1. ,-1. ,8. ],[2. ,4. ,2. ],[4. ,6. ,-1. ]]
    print( data )
    data_Standard = std. fit_transform( data )
    print( data_Standard )
    return None
if __name__ = ='__main__':
    Standardization( )
```

【程序运行结果】

```
[[1.0, -1.0,3.0], [2.0, 4.0, 2.0], [4.0, 6.0, -1.0]]
[[-1. 06904497  -1. 35878244    0. 98058068]
 [-0. 26726124    0. 33968811    0. 39228227]
 [ 1. 33680621    1. 01904988   -1. 37281295]]
```

8.3.3　鲁棒化

当数据包含许多异常值、离群值较多时，使用均值和方差缩放不能取得较好效果，可以使用鲁棒性缩放进行处理。preprocessing 模块的 RobustScaler( )函数使用中位数和四分位数进行数据的转换，直接将异常值剔除，具体语法如下：

```
RobustScaler(quantile_range ,with_centering, with_scaling)
```

参数解释如下：

- with_centering：布尔值，默认为 True，表示在缩放之前将数据居中。
- with_scaling：布尔值，默认为 True，表示将数据缩放到四分位数范围。
- quantile_range：元组，默认值为（25.0，75.0）。

【例 8.13】鲁棒化举例

```
from sklearn. preprocessing import RobustScaler
X = [[ 1. ,  -2. ,  2. ],[ -2. ,  1. ,  3. ],[ 4. ,  1. ,  -2. ]]
```

```
transformer = RobustScaler().fit(X)
RobustScaler(quantile_range=(25.0,75.0),with_centering=True,with_scaling=True)
print(transformer.transform(X))
```

【程序运行结果】

```
[[ 0.   -2.    0. ]
 [-1.    0.    0.4]
 [ 1.    0.   -1.6]]
```

8.4 数据分析可视库

8.4.1 missingno 库

missingno 库基于 Matplotlib，用于数据分析前的数据检查，通过可视化观察数据缺失情况，进行数据集的完整性分析。missingno 使用如下命令安装，如图 8.5 所示。

图 8.5 安装 missingno 库

```
pip install missingno
```

加载 missingno 库命令如下：

```
import missingno as msno        #加载 missingno
```

missingno 具有如下功能图示。

（1）无效矩阵的数据密集显示

快速直观地挑选出图案的数据完成，方法如下：

```
msno.matrix(data,labels=True)
```

无效矩阵的数据密集显示如图 8.6 所示，察看每个变量的缺失情况可知，变量 y，x9 数据完整，其他变量都有不同程度的缺失，尤其是 x8，x5，x7 等的数据缺失严重。

（2）列的无效的简单可视化

利用条形图可以更直观地看出每个变量缺失的比例和数量情况，方法如下：

```
msno.bar(data)
```

列的无效的简单可视化如图 8.7 所示。

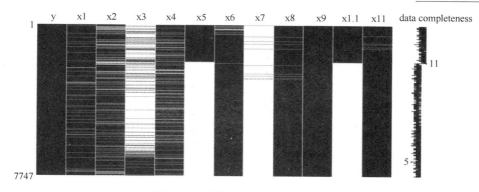

图 8.6　无效矩阵的数据密集显示

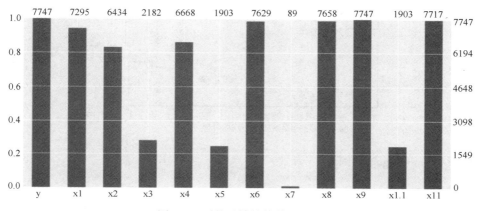

图 8.7　列的无效的简单可视化

（3）热图相关性显示

热图相关性显示用于说明一个变量的存在与否如何影响另一个的存在，方法如下：

```
msno. heatmap( data)
```

热图相关性显示如图 8.8 所示，x5 与 x1.1 的缺失相关性为 1，说明 x5 与 x1.1 正相关，即只要 x5 发生缺失，x1.1 必然会缺失。x7 和 x8 的相关性为−1，说明 x7 和 x8 负相关，x7缺失，则 x8 不缺失，反之，x7 不缺失，则 x8 缺失。

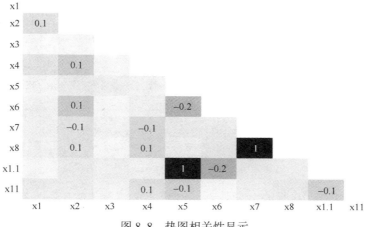

图 8.8　热图相关性显示

（4）树状图显示

树状图使用层次聚类算法将无效性变量彼此相加。树状图显示方法如下：

```
msno. dendrogram( data)
```

数据越完整，距离越接近 0，越靠近 y 轴，树状图显示如图 8.9 所示。左边数据比较完整，y 和 x9 是完整数据，没有缺失值，距离为 0；相对于其他变量，x11 也比较完整，距离要比其他变量小，先添加 x11，以此类推。右边数据的缺失值比较严重，热图相关性得出 x5 和 x1.1 的相关性系数为 1，距离为 0，聚在一起；其后，添加距离较近的 x7，以此类推。

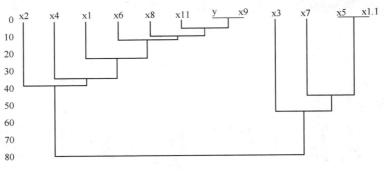

图 8.9　树状图显示

【例 8. 14】 missingno 举例

```
import warnings
import numpy as np
import pandas as pd
from sklearn. datasets import make_classification
import missingno as msno
import matplotlib. pyplot as plt
from itertools import product
warnings. filterwarnings( 'ignore')

# Sklearn 中 make_classification 生成数据集,并随机产生 2000 个 NaN 值分布在特征之中

def getData( ):
    X1 , y1 = make_classification( n_samples = 1000,
        n_features = 10,n_classes = 2,n_clusters_per_class = 1, random_state = 0)
    for i , j in product( range(X1. shape[ 0]) , range(X1. shape[ 1])):
        if np. random. random( ) >= 0.8:
            xloc = np. random. randint( 0, 10)
            X1[ i , xloc] = np. nan
    return X1 , y1
x, y = getData( )
#存入 Pandas 中
df = pd. DataFrame(x ,columns = [ 'x%s'% str(i) for i in range(x. shape[ 1])])
df[ 'label'] = y
msno. matrix( df)
plt. show( )
```

程序运行结果如图 8.10 所示。

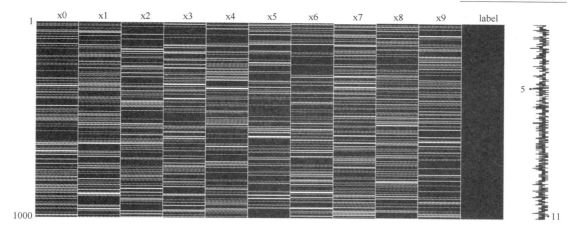

图 8.10　程序运行结果

8.4.2　词云

word_cloud 是 Python 的第三方库，称为词云，也叫作文字云，是根据文本中的词频显示词语，直观和艺术地展示文本中词语的重要性。

word_cloud 依赖于 NumPy 与 pillow，安装命令如下：

```
pip install pillow
pip install wordcloud
```

安装运行结果如图 8.11 所示。

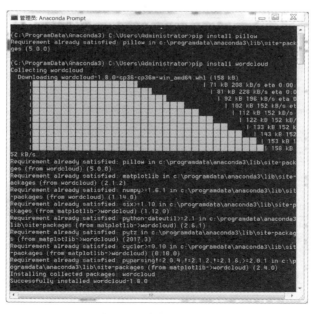

图 8.11　安装运行结果

word_cloud 以词语为基本单位，根据文本中词语出现的频率等参数绘制词云，并且词云的形状、尺寸和颜色都可以设定。Word_cloud 使用步骤如下：

步骤 1：配置对象参数。

步骤 2：加载词云文本。

步骤 3：输出词云文件。

word_cloud 库常规方法如表 8.6 所示。

表 8.6　word_cloud 库常规方法

方　　法	描　　述
w = wordcloud. WordCloud(<参数>)	配置对象参数
w. generate(txt)	向 WordCloud 对象 w 中加载文本 txt
w. to_file(filename)	将词云输出为图像文件，. png 或 . jpg

【例 8.15】 word_cloud 举例

```
from wordcloud import WordCloud
text = "dog cat fish cat cat cat cat cat cat dog dog dog"
wc = WordCloud()
wc. generate(text)
wc. to_file("d:/2. png")
```

word_cloud 从给定的 text 中按空格读取单词，出现次数越多的单词，在生成的图像中越大，效果如图 8.12 所示。

word_cloud 提供了大量参数用来控制图像的生成效果，如表 8.7 所示。

图 8.12　程序运行结果

表 8.7　word_cloud 绘图参数

属 性 名	示　　例	说　　明
background_color	background_color ='white'	指定背景色，可以使用十六进制颜色
width	width = 600	图像长度默认 600 单位像素
height	height = 400	图像高度，默认 400 单位像素
margin	margin = 20	词与词之间的边距，默认为 20
scale	scale = 0. 5	缩放比例，对图像整体进行缩放，默认为 1
prefer_horizontal	prefer_horizontal = 0. 9	词在水平方向上出现的频率，默认为 0. 9
stopwords	stopwords = set('dog')	设置要过滤的词，以字符串或者集合作为接收参数，如不设置将使用默认的停用词词库
relative_scaling	relative_scaling = 1	词频与字体大小关联性默认为 5，值越小，变化越明显

8.5　案例——学生信息清洗

【例 8.16】 学生信息清洗

```
import pandas as pd
import numpy as np
from collections import Counter
from sklearn import preprocessing
frommatplotlib import pyplot as plt
importseaborn as sns
```

```
plt. rcParams['font. sans-serif'] = ['SimHei']        # 中文字体设置-黑体
plt. rcParams['axes. unicode_minus'] = False          # 解决保存图像是负号'-'显示为方块的问题
sns. set(font='SimHei')                               # 解决 Seaborn 中文显示问题

data=pd. read_excel("d:/dummy. xls")                  #读取 d:/ 目录下创建 dummy. xls 文件,内容如下
print(data)
```

【程序运行结果】

```
     姓名     学历      成绩       能力       学校
0    小红     博士      90.0      100.0      同济
1    小黄     硕士      90.0      89.0       交大
2    小绿     本科      80.0      98.0       同济
3    小白     硕士      90.0      99.0       复旦
4    小紫     博士      100.0     78.0       同济
5    小城     本科      80.0      98.0       交大
6    校的     NaN      NaN       NaN        NaN
```

```
print("data head:\n",data. head())        # 序列的前 n 行(默认值为 5)
```

【程序运行结果】

```
data head:
     姓名     学历      成绩       能力       学校
0    小红     博士      90.0      100.0      同济
1    小黄     硕士      90.0      89.0       交大
2    小绿     本科      80.0      98.0       同济
3    小白     硕士      90.0      99.0       复旦
4    小紫     博士      100.0     78.0       同济
```

```
print("data shape:\n",data. shape)    #查看数据的行列大小
```

【程序运行结果】

```
data shape:
(7, 5)
```

```
print("datadescibe:\n",data. describe())
```

【程序运行结果】

```
datadescibe:
            成绩            能力
count       6.000000      6.000000
mean        88.888888     98.566667
std         7.527727      8.540988
min         80.000000     78.000000
25%         82.500000     91.250000
50%         90.000000     98.000000
75%         90.000000     98.750000
max         100.000000    100.000000
```

```
#列级别的判断,但凡某一列有 null 值或空的,则为真
data. isnull(). any()
#将列中为空或者 null 的个数统计出来,并将缺失值最多的排前
total = data. isnull(). sum(). sort_values(ascending=False)
print("total:\n",total)
```

【程序运行结果】

```
total：
学校        1
能力        1
成绩        1
学历        1
姓名        0


#输出百分比：
percent =（data. isnull（）. sum（）/data. isnull（）. count（））. sort_values（ascending＝False）
missing_data = pd. concat（［total，percent］，axis＝1，keys＝［'Total'，'Percent'］）
missing_data. head（20）

import missingno        #missingno 是一个可视化缺失值的库
missingno. matrix（data）
data＝data. dropna（thresh＝data. shape［0］* 0.5，axis＝1）
     #至少有一半以上是非空的列筛选出来
     #如果某一行全部都是 na 才删除，默认情况下是只保留没有空值的行
data. dropna（axis＝0，how＝'all'）
print（data）


#统计重复记录数
data. duplicated（）. sum（）
data. drop_duplicates（）


data. columns
#第一步，将整个 data 的连续型字段和离散型字段进行归类
id_col＝［'姓名'］
cat_col＝［'学历'，'学校'］                              #离散型无序
cont_col＝［'成绩'，'能力'］                              #数值型
print （data［cat_col］）                               #离散型的数据部分
print （data［cont_col］）                              #连续性的数据部分


#计算出现的频次
for i in cat_col：
     print（pd. Series（data［i］）. value_counts（））
     plt. plot（data［i］）
#对于离散型数据，对其获取哑变量
dummies＝pd. get_dummies（data［cat_col］）
print（"哑变量：\n"，dummies）
```

【程序运行结果】

```
哑变量：
     学历_博士    学历_本科    学历_硕士    学校_交大    学校_同济    学校_复旦
0       1         0         0         0         1         0
1       0         0         1         1         0         0
2       0         1         0         0         1         0
3       0         0         1         0         0         1
4       1         0         0         0         1         0
5       0         1         0         1         0         0
6       0         0         0         0         0         0
```

```
#对于连续型数据的统计
data[cont_col].describe()

#对于连续型数据,看偏度,将大于 0.75 的数值用 log 转化,使之符合正态分布
skewed_feats = data[cont_col].apply(lambda x:(x.dropna()).skew())    #compute skewness
skewed_feats = skewed_feats[skewed_feats > 0.75]
skewed_feats = skewed_feats.index
data[skewed_feats] = np.log1p(data[skewed_feats])
#print(skewed_feats)

#对于连续型数据,对其进行标准化
scaled=preprocessing.scale(data[cont_col])
scaled=pd.DataFrame(scaled,columns=cont_col)
print(scaled)

m=dummies.join(scaled)
data_cleaned=data[id_col].join(m)
print("标准化:\n",data_cleaned)
```

【程序运行结果】

```
标准化:
    姓名   学历_博士   学历_本科   学历_硕士   学校_交大   学校_同济   学校_复旦
0   小红    1       0       0       0       1       0
1   小黄    0       0       1       1       0       0
2   小绿    0       1       0       0       1       0
3   小白    0       0       1       0       0       1
4   小紫    1       0       0       0       1       0
5   小城    0       1       0       1       0       0
6   校的    0       0       0       0       0       0
```

```
#变量之间的相关性:
print("变量之间的相关性:\n",data_cleaned.corr())
```

【程序运行结果】

```
变量之间的相关性:
        学历_博士   学历_本科   学历_硕士   学校_交大   学校_同济   学校_复旦   成绩
学历_博士  1.000000  -0.400000  -0.400000  -0.400000  0.780297  -0.258199  0.685994
学历_本科  -0.400000  1.000000  -0.400000  0.800000  0.091287  -0.258199  -0.857498
学历_硕士  -0.400000  -0.400000  1.000000  0.800000  -0.547728  0.645497  0.171499
学校_交大  -0.400000  0.800000  0.800000  1.000000  -0.547728  -0.258199  -0.842997
学校_同济  0.780297  0.091287  -0.547728  -0.547728  1.000000  -0.858558  0.242586
学校_复旦  -0.258199  -0.258199  0.645497  -0.258199  -0.858558  1.000000  0.108465
成绩      0.685994  -0.857498  0.171499  -0.842997  0.242586  0.108465  1.000000
能力     -0.418880  0.888449  0.029881  -0.014940  -0.211289  0.802872  -0.748177

        能力
学历_博士  -0.418880
学历_本科  0.888449
学历_硕士  0.029881
学校_交大  -0.014940
学校_同济  -0.211289
学校_复旦  0.802872
成绩     -0.748177
能力     1.000000
```

133

```
#以下是相关性的热力图
def corr_heat(df):
    dfData = abs(df.corr())
    plt.subplots(figsize=(9, 9))          # 设置画面大小
    sns.heatmap(dfData, annot=True, vmax=1, square=True, cmap="Blues")
    #plt.savefig('./BluesStateRelation.png')
    plt.show()
corr_heat(data_cleaned)
```

程序运行结果如图 8.13 所示。

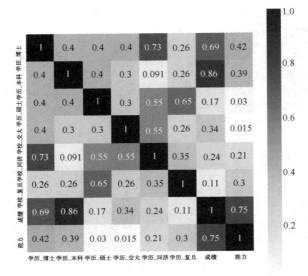

图 8.13　程序运行结果

8.6　习题

一、编程题

1. 对 data = [[-1, 2], [-0.5, 6], [0, 10], [1, 18]] 进行归一化处理。

2. 采用 Sklearn 的 StandardScaler 对 x = [[1., -1., 2.], [2., 0., 0.], [0., 1., -1.]] 进行标准化处理，求数据的均值、方差以及标准化数据。

二、问答题

1. 什么是数据清洗？

2. 处理缺失值有几种方式？

3. 异常值会导致什么问题？

4. 规范化有什么缺点？

5. Sklearn 如何实现数据标准化？

6. missingno 库中的热图有什么作用？

7. 词云是什么？

第 9 章
特征工程

特征工程是指最大限度地从原始数据中提取特征，以供算法和模型使用。本章重点介绍独热编码，讲解字典特征提取和文本特征提取的相关内容。中文特征提取通过 Jieba 分词库和停用词表等进行中文分词，实现特征工程。

9.1 认识特征工程

特征工程包括特征提取、特征降维和特征选择等。特征提取又称为特征抽取，用于将任意数据（字典、文本或图像）转换为机器学习的特征向量。特征降维是指降低特征的个数，最终的结果就是特征和特征之间不相关。特征选择是指从过多的特征中选择出重要的特征来建模，主要考虑特征是否发散。

9.2 独热编码

独热编码就是 one-hot 编码，又称为一位有效编码，是将文本中的单词编号构建成字典数据类型（key 是单词，value 是索引）的词汇表。词汇表由 n 个单词构成 n 个词向量，若某个单词在词汇表的位置为 k，词向量为"第 k 位为 1，其他位为 0"。

独热编码用于把文本数据转换为数值型数据，具有操作简单、容易理解的优势。但是，独热编码完全割裂了词与词之间的联系，特别当数据量较大时，每个向量占据的内存较大。

【例 9.1】one-hot 编码举例

步骤 1. 确定要编码的对象—["中国"，"美国"，"日本"，"美国"]。

步骤 2. 确定分类变量—中国、美国、日本共 3 种类别。

步骤 3. 特征的整数编码：中国—0，美国—1，日本—2。

one-hot 编码如图 9.1 所示。

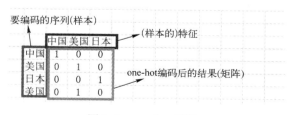

图 9.1　one-hot 编码 1

["中国"，"美国"，"日本"，"美国"]--->[[1,0,0]，[0,1,0]，[0,0,1]，[0,1,0]]

【例 9.2】对"hello world"进行 one-hot 编码

步骤 1：确定要编码的对象—"hello world"。

步骤 2：确定分类变量—'h'、'e'、'l'、'l'、'o'、空格、'w'、'o'、'r'、'l'、'd'，共 27 种类别（26 个小写字母+空格）。

步骤 3：共有 11 个样本，每个样本有 27 个特征。由于特征排列的顺序不同，转化对应的二进制向量不同，必须事先约定特征排列顺序。不妨排列顺序如下：

1）27 种特征整数编码：'a': 0，'b': 1，……，'z': 25，空格：26。

2）27 种特征按照整数编码的大小从前往后排列。

one-hot 编码如图 9.2 所示。

	a	b	c	d	e	f	g	h	i	j	k	l	m	n	o	p	q	r	s	t	u	v	w	x	y	z	空
h	0	0	0	0	0	0	0	1	0	0	0	0	0	0	0	0	0	0	0	0	0	0	0	0	0	0	0
e	0	0	0	0	1	0	0	0	0	0	0	0	0	0	0	0	0	0	0	0	0	0	0	0	0	0	0
l	0	0	0	0	0	0	0	0	0	0	0	1	0	0	0	0	0	0	0	0	0	0	0	0	0	0	0
l	0	0	0	0	0	0	0	0	0	0	0	1	0	0	0	0	0	0	0	0	0	0	0	0	0	0	0
o	0	0	0	0	0	0	0	0	0	0	0	0	0	0	1	0	0	0	0	0	0	0	0	0	0	0	0
空	0	0	0	0	0	0	0	0	0	0	0	0	0	0	0	0	0	0	0	0	0	0	0	0	0	0	1
w	0	0	0	0	0	0	0	0	0	0	0	0	0	0	0	0	0	0	0	0	0	0	1	0	0	0	0
o	0	0	0	0	0	0	0	0	0	0	0	0	0	0	1	0	0	0	0	0	0	0	0	0	0	0	0
r	0	0	0	0	0	0	0	0	0	0	0	0	0	0	0	0	0	1	0	0	0	0	0	0	0	0	0
l	0	0	0	0	0	0	0	0	0	0	0	1	0	0	0	0	0	0	0	0	0	0	0	0	0	0	0
d	0	0	0	1	0	0	0	0	0	0	0	0	0	0	0	0	0	0	0	0	0	0	0	0	0	0	0

图 9.2　one-hot 编码 2

实现 one-hot 编码有如下两种方法。

方法一：Pandas 库 get_dummies( ) 函数

```
pandas. get_dummies( data, sparse=False, )
```

参数解释如下：

● data：数组类型，Series，或 DataFrame。

● sparse：是否是稀疏矩阵。

【例 9.3】one-hot 编码举例

```
import pandas as pd
s = pd. Series( list( "abcd") )
print( s)
s1 = pd. get_dummies( s, sparse=True)
print( s1)
```

【程序运行结果】

```
0    a                a  b  c  d
1    b             0  1  0  0  0
2    c             1  0  1  0  0
3    d             2  0  0  1  0
dtype: object       3  0  0  0  1
```

方法二：Sklearn 库 preprocessing 模块

【例 9.4】one-hot 编码举例

```
from sklearn. preprocessing import OneHotEncoder
enc =OneHotEncoder( )
enc. fit([[0, 0, 3], [1, 1, 0], [0, 2, 1], [1, 0, 2]])    # fit 来学习编码
ans1 = enc. transform([[0, 1, 3]])                        #输出稀疏矩阵
ans2 = enc. transform([[0, 1, 3]]). toarray( )            #输出数组格式
```

```
print("稀疏矩阵\n",ans1)
print("数组格式\n",ans2)
```

【程序运行结果】

```
稀疏矩阵
  (0,0)        1.0
  (0,3)        1.0
  (0,8)        1.0
数组格式
[[1. 0. 0. 1. 0. 0. 0. 0. 1.]]
```

分析程序运行结果：

数据矩阵是 4 * 3，即 4 个数据，3 个特征维度。
第一列为第一个特征维度，有两种取值 0\1，所以对应编码方式为 10 、01
第二列为第二个特征维度，有三种取值 0\1\2，所以对应编码方式为 100、010、001
第三列为第三个特征维度，有四种取值 0\1\2\3，所以对应编码方式为 1000、0100、0010、0001
将[0，1，3]编码，0 作为第一个特征编码为 10，1 作为第二个特征编码为 010，3 作为第三个特征编码
为 0001。故编码为 1 0 0 1 0 0 0 0 1

9.3　特征提取

Sklearn 的 feature_extraction 模块用于特征提取，具体方法如表 9.1 所示。

表 9.1　特征提取方法

方　　法	说　　明
feature_extraction. DictVectorizer	将特征值映射列表转换为向量
feature_extraction. FeatureHasher	特征哈希
feature_extraction. text	文本相关特征抽取
feature_extraction. image	图像相关特征抽取
feature_extraction. text. CountVectorizer	将文本转换为每个词出现次数的向量
feature_extraction. text. TfidfVectorizer	将文本转换为 tfidf 值的向量

9.3.1　DictVectorizer

当数据以"字典"的数据类型进行存储时，Sklearn 提供 DictVectorizer 实现特征提取，
具体语法如下：

```
sklearn. feature_extraction. DictVectorizer( sparse=True)
```

参数解释如下：

● sparse=True 表示返回稀疏矩阵，只将矩阵中非零值按位置表示出来，不表示零值，
从而节省了内存空间。

【例 9.5】字典特征抽取举例

```
from sklearn. feature_extraction import DictVectorizer
def dictvec1():
# 定义一个字典列表,表示多个数据样本
    data = [ {"city": "上海", 'temperature': 100},
```

```
                    {"city": "北京", 'temperature': 60},
                    {"city": "深圳", 'temperature': 30} ]
        #1. 转换器
        DictTransform = DictVectorizer( )
        #DictTransform = DictVectorizer(sparse=True)      两行代码效果一样
        #2. 调用 fit_transform( )函数,传入字典,返回 sparse 矩阵
        data_new = DictTransform. fit_transform( data)
        print( DictTransform. get_feature_names( ) )
        print( data_new)
        return None
if __name__ == '__main__':
    dictvec1( )
```

【程序运行结果】

```
['city=上海', 'city=北京', 'city=深圳', 'temperature']
  (0, 0)        1. 0
  (0, 3)        100. 0
  (1, 1)        1. 0
  (1, 3)        60. 0
  (2, 2)        1. 0
  (2, 3)        30. 0
```

分析运行结果:

在特征向量化的过程中,DictVectorizer 对于类别型(Categorical)特征与数值型(Numerical)特征的处理方式差异较大。由于类别型特征无法直接数字化表示,需要采用 0/1 二值方式进行量化;而数值型特征只需要维持原始特征值。

将 sparse 矩阵设置为 False,代码如下:

```
DictTransform = DictVectorizer( sparse=False)       #sparse 矩阵设置为 False
```

【程序运行结果】

```
['city=上海', 'city=北京', 'city=深圳', 'temperature']
[[  1.    0.    0.   100. ]
 [  0.    1.    0.    60. ]
 [  0.    0.    1.    30. ]]
```

解析程序运行结果:

这个二维数组共有 3 行 4 列,3 行代表 3 个样本。4 列表示 2 个特征('city'和'temperature')。其中,city 共有('上海','北京','深圳')3 个取值,采用独热编码。第一行'上海'为真,取值为 1,'北京'、'深圳'为假,取值为 0;第二行'北京'为真,取值为 1,其余为 0;第三行'深圳'为真,取值为 1,其余为 0。

9.3.2 CountVectorizer

关键词通常在文章中反复出现,可以通过统计文章中词语的词频获取。Sklearn 提供 CountVectorizer( )函数用于文本特征提取,具体语法如下:

```
sklearn. feature_extraction. text. CountVectorizer( stop_words)
```

参数解释如下:

● stop_words:停用词表。

【例 9.6】 CountVectorizer 举例

```
from sklearn. feature_extraction. text import CountVectorizer
texts＝［" orange banana apple grape" ," banana apple apple" ," grape" , 'orange apple'］
#1. 实例化一个转换器类
cv  ＝CountVectorizer( )
#2. 调用 fit_transform( )
cv_fit＝cv. fit_transform( texts )
print( cv. vocabulary_)
print( cv_fit. shape )
print( cv_fit)
print( cv_fit. toarray( ) )
```

【程序运行结果】

```
{'orange': 3, 'banana': 1, 'apple': 0, 'grape': 2}
(4, 4)
  (0, 2)    1
  (0, 0)    1
  (0, 1)    1
  (0, 3)    1
  (1, 0)    2
  (1, 1)    1
  (2, 2)    1
  (3, 0)    1
  (3, 3)    1

[[1 1 1 1]
 [2 1 0 0]
 [0 0 1 0]
 [1 0 0 1]]
```

分析运行结果：

texts 列表中根据每个单词的首字母在 26 个字母的先后次序排序。（apple，banana，grape，orange）排名为（0,1,2,3）。

（0,2） 1 解释为第 0 个字符串中顺序为 2 的单词出现次数为 1。0 表示第 0 个字符串" orange banana apple grape" ；2 表示顺序为 2 的单词'grape'；1 表示'grape'在第 0 个字符串中出现的频率为 1。

［2,1,0,0］表示字符串—"banana apple apple" 中单词出现的频率。

9.3.3 TfidfVectorizer

CountVectorizer 只考虑单词在文章中出现的频率。TfidfVectorizer 采用 TF-IDF（Term Frequency-Inverse Document Frequency，词频与逆向文件频率）模型，认为词语的重要程度不但正比于其在文档中出现的频次，而且还反比于有多少文档包含它。当一个词语在某文章中频次很高，而在其他文章中频次很低，说明该词语很可能是该文章特有的词汇。

TF-IDF 计算步骤如下。

步骤 1：计算 TF

TF 算法统计文本中某个词的出现次数，计算公式如下：

$$词频(TF)=\frac{某个词在文章中的出现次数}{文章的总词数}$$

步骤 2：计算 IDF

IDF 算法用于计算某词频的逆权重系数，计算公式如下：

$$逆文档频率(IDF) = \log\left(\frac{总样本数}{包含有该词的文档数+1}\right)$$

步骤 3：计算 TF-IDF

$$TF\text{-}IDF 算法 = TF 算法 * IDF 算法$$

【例 9.7】 计算 TF-IDF

某文件共有 100 个词汇，其中，词语"苹果"出现 3 次，"苹果"的词频就是 3/100 = 0.03。"苹果"在 1000 个文件中出现，全部的文件总数是 10000000 个，根据公式，其逆向文件频率就是 Lg(1000000/1000) = 4。TF-IDF 的值是 0.03 * 4 = 0.12。

Sklearn 提供 TfidfVectorizer( ) 函数实现，具体语法如下：

```
TfidfVectorizer(stop_words, sublinear_tf, max_df)
```

参数解释如下：

- stop_words：停用词表。
- sublinear_tf：取值为 True 或 False，计算 TF 值采用策略。
- max_df：文档频率阈值。

【例 9.8】 TfidfVectorizer 值举例

```
from sklearn. feature_extraction. text import TfidfVectorizer
texts = ["orange banana apple grape","banana apple apple","grape", 'orange apple']
cv = TfidfVectorizer( )
cv_fit = cv. fit_transform(texts)
print(cv. vocabulary_)
print(cv_fit)
print(cv_fit. toarray( ))
```

【程序运行结果】

```
{'orange': 3, 'banana': 1, 'apple': 0, 'grape': 2}
  (0, 3)        0.5230350301866413
  (0, 1)        0.5230350301866413
  (0, 0)        0.423441934145613
  (0, 2)        0.5230350301866413
  (1, 1)        0.5254635733493682
  (1, 0)        0.8508160982744233
  (2, 2)        1.0
  (3, 3)        0.7772211620785797
  (3, 0)        0.6292275146695526
[[0.42344193   0.52303503   0.52303503   0.52303503]
 [0.8508161    0.52546357   0.           0.          ]
 [0.           0.           1.           0.          ]
 [0.62922751   0.           0.           0.77722116]]
```

TF-IDF 算法非常简单，但其有一个极为致命的缺陷，就是没有考虑词语的语义信息，无法处理一词多义与一义多词的情况。2013 年，Google 开源了其 Word2Vec 算法，通过计算上下文来将词语进行向量化表示，语义相近的词语向量距离较近，而语义较远的词语向量距离较远。

9.4　中文分词

上面提到，当文本内容为英文，以单词作为特征进行提取。当文本内容为中文，如何提取？

【例 9.9】 中文分词举例

```
from sklearn. feature_extraction. text import CountVectorizer
cv =CountVectorizer( )
data = cv. fit_transform(["我来到北京清华大学"])
print('单词数:{}'. format(len( cv. vocabulary_)))
print('分词:{}'. format( cv. vocabulary_))
print( cv. get_feature_names( ))
print( data. toarray( ))
```

【程序运行结果】

```
单词数:1
分词:{'我来到北京清华大学': 0}
['我来到北京清华大学']
[[1]]
```

分析程序结果:

程序无法对中文文章进行分词，认为整个句子是一个词。英文文章中词与词之间的空格作为天然分隔符，而中文却无此特性。进行如下改进:将"我来到北京清华大学"添加空格进行分隔，"我来到北京清华大学"变成"我 来到 北京 清华大学"。

```
from sklearn. feature_extraction. text import CountVectorizer
cv =CountVectorizer( )
data = cv. fit_transform(["我　来到　　北京　　清华大学"])
print('单词数:{}'. format(len( cv. vocabulary_)))
print('分词:{}'. format( cv. vocabulary_))
print( cv. get_feature_names( ))
print( data. toarray( ))
```

【程序运行结果】

```
单词数:3
分词:{'来到': 1, '北京': 0, '清华大学': 2}
['北京', '来到', '清华大学']
[[1 1 1]]
```

9.4.1　Jieba 分词库

当文本内容很多时，不可能采用空格进行分词，可以使用 Jieba 库。Jieba 库用于统计分析给定词语在文件中出现的次数，其官方网站为: https://github. com/fxsjy/jieba，如图 9.3 所示。

安装 Jieba，在命令提示符下输入如下命令:

```
pip　　install jieba
```

Jieba 库支持如下三种分词模式:

- 全模式（Full Mode）: 把句子中所有的可以成词的词语都扫描出来，速度非常快，但是不能解决歧义。
- 精确模式（Default Mode）: 试图将句子最精确地切分，适合文本分析。
- 搜索引擎模式（cut_for_search Mode）: 在精确模式的基础上，对长词再次切分，提高召回率，适合用于搜索引擎分词。

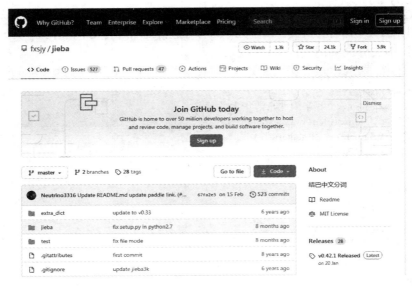

图 9.3　Jieba 官网网址

Jieba 三种模式如下。

（1）全模式

```
jieba. cut( str, cut_all = True)
```

【例 9.10】全模式举例

```
import jieba
seg_list = jieba. cut("我来到北京清华大学", cut_all = True)
print("Full mode:" + "/". join(seg_list))
```

【程序运行结果】

Full mode:我/来到/北京/清华/清华大学/华大/大学

（2）精确模式

```
jieba. cut( str, cut_all = False)
```

【例 9.11】精确模式举例

```
import jieba
seg_list = jieba. cut("我来到北京清华大学", cut_all = False)
print("Default mode:" + "/". join(seg_list))
```

【程序运行结果】

Default mode:我/来到/北京/清华大学

（3）搜索引擎模式

```
jieba. cut_for_search( str)
```

【例 9.12】搜索引擎模式举例

```
import jieba
seg_list = jieba. cut_for_search("我来到北京清华大学")
print("/". join(seg_list))
```

【程序运行结果】

我/来到/北京/清华/华大/大学/清华大学

Jieba 详细的功能如下。

（1）自定义词典

当分词结果不符合开发者的预期时，通过自定义词典包含 Jieba 词库里没有的词，从而提高分词正确率。自定义词典具有如下两种方式：

方式 1：添加词典文件

添加词典文件定义分词最小单位，文件需要有特定格式，并且为 UTF-8 编码。

```
jieba. load_userdict(file_name)    # file_name 为自定义词典
```

【例 9.13】 jieba. load_userdict 举例

```
import jieba
seg_list＝jieba. cut("周元哲老师是 Python 技术讲师",cut_all＝True)
print("/". join(seg_list))
```

【程序运行结果】

周/元/哲/老师/是/Python/技术/讲师

分析可知：

周/元/哲/被分隔为"周""元""哲"，不符合开发者的预期。添加自定义词典，在 d:\下创建 userdict. txt 文件，内容遵守如下规则：一个词占一行；每一行分三部分：词语、词频（可省略）、词性（可省略），用空格隔开，顺序不可颠倒。本例的 userdict. txt 文件内容为：周元哲 3 n

修改代码，再次运行如下：

```
import jieba
jieba. load_userdict("d:/userdict. txt")       #加载自定义词典
seg_list＝jieba. cut("周元哲老师是 Python 技术讲师",cut_all＝True)
print("/". join(seg_list))
```

【程序运行结果】

周元哲/老师/是/Python/技术/讲师

方式 2：动态修改词频

调节单个词语的词频，使其能（或者不能）被分隔出来。语法如下：

```
jieba. suggest_freq(segment, tune＝True)
```

【例 9.14】 jieba. suggest_freq 举例

```
import jieba
jieba. suggest_freq("周元哲", tune＝True)
seg_list＝jieba. cut("周元哲老师是 Python 技术讲师",cut_all＝True)
print("/". join(seg_list))
```

【程序运行结果】

周元哲/老师/是/Python/技术/讲师

（2）词性标注

每个词语都有词性，如"周元哲"是 n 名词，"是"是 v 动词等，标注词性的命令如下：

```
jieba. posseg. cut（）
```

【例 9.15】 词性标注举例

```
import jieba. posseg as pseg
words = pseg. cut（"周元哲老师是 Python 技术讲师"）
for word ,flag in words:
    print（"%s%s"%（word,flag））
```

【程序运行结果】

```
周元哲 n
老师 n
是 v
Python eng
技术 n
讲师 n
```

常见词性如表9.2所示。

表 9.2　常见词性表

词 性	描 述	词 性	描 述	词 性	描 述
Ag	形语素	G	语素	ns	地名
a	形容词	H	前接成分	nt	机构团体
ad	副形词	I	成语	nz	其他专名
an	名形词	J	简称略语	o	拟声词
b	区别词	K	后接成分	p	介词
c	连词	L	习用语	q	量词
dg	副语素	M	数词	r	代词
d	副词	Ng	名语素	s	处所词
e	叹词	N	名词	tg	时语素
f	方位词	Nr	人名	t	时间词
u	助词	Vd	副动词	x	非语素字
vg	动语素	Vn	名动词	y	语气词
v	动词	W	标点符号	z	状态词

（3）断词位置

断词位置用于返回每个分词的起始和终止位置，语法如下：

```
jieba. Tokenizer（）
```

【例 9.16】 断词位置举例

```
import jieba
result = jieba. tokenize（'周元哲老师是 Python 技术讲师'）        #返回词语在原文的起止位置
print（"默认模式为:"）
for tk in result:
  print（"word %s\t\t start: %d \t\t end:%d" % （tk[0],tk[1],tk[2]））
```

【程序运行结果】

```
默认模式为:
word 周元哲              start: 0              end:3
word 老师              start: 3              end:5
word 是              start: 5              end:6
word Python              start: 6              end:12
word 技术              start: 12              end:14
word 讲师              start: 14              end:16
```

（4）基于 TF-IDF 算法的关键词抽取

基于 TF-IDF 算法计算文本中词语的权重，命令如下：

```
Jieba. analyse. extract_tags(lines, topK = 20, withWeight = False, allowPOS = ( ) )
```

参数解释如下：

- lines：待提取的文本。
- topK：返回 TF/IDF 权重最大的关键词的个数，默认值为 20。
- withWeight：是否一并返回关键词权重值，默认值为 False。
- allowPOS：仅包括指定词性的词，默认值为空，即不筛选。

【例 9.17】 基于 TF-IDF 算法的关键词抽取举例

```
import jieba. analyse as analyse
lines ="周元哲老师是 Python 技术讲师"
keywords= analyse. extract_tags(lines, topK = 20, withWeight = True, allowPOS = ( ) )
for item in keywords:
    print("%s =   %f "%(item[0],item[1]))
```

【程序运行结果】

```
周元哲 =   2. 390954
Python =   2. 390954
讲师 =   1. 727597
老师 =   1. 274684
技术 =   0. 943891
```

（5）自定比重分数

Jieba 给每一个分词标出 IDF 分数比重，如果希望某关键词的权重突出（或降低），可以设定 IDF 分数高一些（或低一些）。Jieba 的 IDF 分数一般位于 9~12，自定 IDF 分数位于 2~5。

创建自定比重分数文件，在 d:\下创建 idf. txt 文件，内容遵守如下规则：一个词占一行；每一行分两部分：词语、权重，用空格隔开，顺序不可颠倒，文件为 UTF-8 的编码格式。本例 idf. txt 文件内容如下：

```
周元哲 5
讲师 4
```

【例 9.18】 自定比重分数举例

```
import jieba
import jieba. analyse as analyse
lines ="周元哲老师是 Python 技术讲师"
print('default idf'+'-' * 40)
keywords= analyse. extract_tags(lines, topK = 10, withWeight = True, allowPOS = ( ) )
for item in keywords:
    print("%s =   %f "%(item[0],item[1]))
```

```
print('set_idf_path'+'-' * 40)
jieba. analyse. set_idf_path("d:/idf. txt")
keywords = analyse. extract_tags(lines, topK = 10, withWeight = True, allowPOS = ( ))
#print("topK = TF/IDF,TF = %d"%len(keywords))
for item in keywords:
    #print("%s = %f "%(item[0],item[1]))
print("%s TF = %f,IDF = %ftopK = %f"%(item[0],item[1],len(keywords) * item[1],item[1] * len
(keywords) * item[1]))
```

【程序运行结果】

```
default idf----------------------------------------
周元哲 =   2. 390954
Python =   2. 390954
讲师 =   1. 727597
老师 =   1. 274684
技术 =   0. 943891
set_idf_path----------------------------------------
周元哲 TF = 1. 000000,IDF = 5. 000000 topK = 5. 000000
老师 TF = 1. 000000,IDF = 5. 000000 topK = 5. 000000
Python TF = 1. 000000,IDF = 5. 000000topK = 5. 000000
技术 TF = 1. 000000,IDF = 5. 000000 topK = 5. 000000
讲师 TF = 0. 800000,IDF = 9. 000000 topK = 3. 200000
```

（6）排列最常出现的分词

结果以"字典"形式显示，将每个分词当成关键词 key，将其在文中出现的次数作为 value，最后进行降序排列。

【例 9.19】 排列最常出现的分词举例

```
import jieba
text ="周元哲老师是 Python 技术讲师,周元哲老师是软件测试技术讲师"
dic = { }
forele in jieba. cut(text):
    ifele not in dic:
        dic[ele] = 1
    else:
        dic[ele] = dic[ele]+1
for  w  in sorted(dic,key=dic. get,reverse=True):
    print("%s %i"%(w,dic[w]))
```

【程序运行结果】

```
周元哲 2
老师 2
是 2
技术 2
讲师 2
Python 1
, 1
软件测试 1
```

9.4.2　停用词表

【例 9.20】 使用 Jieba 分析刘慈欣小说《三体》出现次数最多的词语，《三体》保存在 d:\\santi. txt 中，文件为 UTF-8 编码。

146

程序代码如下：

```
import jieba
txt = open("d:\\santi.txt", encoding="utf-8").read()
words    = jieba.lcut(txt)
counts = {}
for word in words:
    counts[word] = counts.get(word,0) + 1
items = list(counts.items())
items.sort(key=lambda x:x[1], reverse=True)
for i in range(30):
    word, count = items[i]
    print("{0:<10}{1:>5}".format(word, count))
```

【程序运行结果】

，	47372
的	36286
	23948
	23947
。	19494
了	10201
"	8784
"	8682
在	8383
是	7016
他	4212
中	3688
我	3359
和	3220
一个	3065
都	2973
上	2799
她	2757
说	2748
这	2726
你	2719
？	2708
：	2705
也	2670
但	2615
有	2505
着	2280
就	2232
不	2210
没有	2136

分析代码：

如果只使用词频衡量重要性，会出现标点、空格、没有意义的字"的，了……"等没有太多信息的词语，将这些词汇总为停用词表（Stop Words），在网上下载（https://github.com/goto456/stopwords），文件命名为 StopWords.txt。

修改程序代码如下：

```
import jieba
txt = open("santi.txt", encoding="utf-8").read()
```

```
#加载停用词表
stopwords = [line. strip() for line in open("StopWords. txt",encoding="utf-8"). readlines()]
words    =jieba. lcut(txt)
counts  = {}
for word in words:
    #不在停用词表中
    if word not instopwords:
        #不统计字数为 1 的词
        if len(word) == 1:
            continue
        else:
            counts[word] = counts. get(word,0) + 1
items = list(counts. items())
items. sort(key=lambda x:x[1], reverse=True)
for i in range(30):
    word, count = items[i]
    print("{:<10}{:>7}". format(word, count))
```

【修改后的程序运行结果】

程序	1324
世界	1244
逻辑	1200
地球	964
人类	938
太空	935
三体	904
宇宙	892
太阳	774
舰队	651
飞船	645
时间	627
汪淼	611
两个	580
文明	567
东西	521
发现	502
这是	490
信息	478
感觉	469
计划	461
智子	459
叶文洁	448
一种	445
看着	435
太阳系	427
很快	422
面壁	406
真的	402
空间	381

9.5　案例——中文特征提取

中文特征提取一般经历如下步骤：首先，通过 Jieba 和停用词表进行分词处理；其次，进行独热编码实现特征提取。

【例 9.21】 中文特征提取实例

```
from sklearn. feature_extraction. text import CountVectorizer
import jieba
text = '今天天气真好,我要去西安大雁塔玩,玩完之后,游览兵马俑'
#进行 Jieba 分词,精确模式
text_list = jieba. cut( text, cut_all = False)
text_list = " ,". join( text_list)
context = [ ]
context. append( text_list)
print( context)

con_vec = CountVectorizer( min_df = 1, stop_words = ['之后', '玩完'])
X = con_vec. fit_transform( context)
feature__name = con_vec. get_feature_names( )
print( feature__name)
print( X. toarray( ))
```

【程序运行结果】

```
['今天天气,真,好,,,我要,去,西安,大雁塔,玩,,,玩完,之后,,,游览,兵马俑']
['今天天气', '兵马俑', '大雁塔', '我要', '游览', '西安']
[[1 1 1 1 1 1]]
```

9.6 习题

一、编程题

1. 数据集含有无序特征（颜色）、有序特征（型号）和数值型特征（价格），如表 9.3 所示。

表 9.3 衣服规格数据

标　志	颜　色	价　格	型　号
0	Class1	Green	10. 1	M
1	Class2	Red	13. 5	L
2	Class1	blue	15. 3	XL

进行独热编码。

2. 对 tag_list = ['青年 吃货 唱歌 少年 游戏 叛逆 少年 吃货 足球'] 进行 CountVectorizer 和 TfidfVectorizer 操作。

二、问答题

1. 什么是独热编码？

2. CountVectorizer 和 TfidfVectorizer 的区别是什么？

3. 中文分词是什么？

4. Jieba 分词库具体有哪些功能？

5. 停用词表的作用是什么？

第 10 章
评价指标

拟合就是寻找函数所绘制的一条光滑的曲线，将平面上一系列的点连接起来。本章讲解过拟合和欠拟合两种情况，其次介绍两种曲线拟合的方法。针对不同的机器学习任务有不同的指标，同一任务也有不同侧重点的评价指标。分类评价指标一般有以下几个：混淆矩阵、准确率、精准率、召回率、F1 Score 值、ROC 曲线、AUC 面积和分类评估报告。回归评价指标有均方误差、决定系数或 R2 等。

10.1 欠拟合和过拟合

拟合是指机器学习在训练模型的过程中，通过参数调整使得模型不断契合训练集的过程。欠拟合（Underfitting）是指模型在训练和预测中表现都不好，如图 10.1a 所示。正常模型指的是模型在训练和预测中表现都好，如图 10.1b 所示。过拟合（Overfitting）是指模型在训练集上表现很好，但在测试集上表现较差，模型泛化能力不足，如图 10.1c 所示。

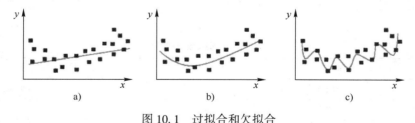

图 10.1　过拟合和欠拟合

10.1.1 欠拟合

欠拟合是由于模型过于简单，数据特征过少，或者模型复杂度较低所致，解决方法如下：

（1）通过特征工程添加更多特征项

当现有特征不足或者特征与样本标签的相关性不强时，通过"组合特征"进行处理。

（2）进行模型优化，提升模型复杂度

增加模型的复杂度，以增强模型的拟合能力。例如，在线性模型中添加高次项。

（3）减少正则项权重

正则化的目的是用来防止过拟合，需要减少正则化参数。

（4）使用集成方法

融合数个具有差异性的弱模型，使其成为一个强模型。

10.1.2　过拟合

过拟合是由于模型过于复杂，产生过拟合往往有如下原因：

1）训练数据太少导致无法完整描述问题。根据统计学的大数定律，在试验不变的条件下重复试验多次，随机事件的频率近似于其概率。模型在求解最小值的过程中，需要兼顾真实数据拟合和随机误差拟合。

2）噪音数据使得模型复杂。

针对过拟合产生的原因，抑制方法如下：

（1）获取更多的训练样本

通过获取更多的训练样本，可以衰减噪音权重。

（2）清洗数据、降低特征维度

● 进行清洗数据，纠正错误的标签，删除错误数据。

● 特征共性检查，利用 Pearson 相关系数计算变量的相关性，进行特征选择。

● 重要特征筛选，例如，决策树模型进行最大深度、剪枝等操作。

● 数据降维，通过主成分分析等方法保留主要特征。

（3）增加正则项权重

减少高次项的影响。例如，通过 L1 或 L2 正则化实现。

10.2　曲线拟合

曲线拟合是指连续曲线近似地刻画或比拟平面上一组离散点的函数关系，通过解析表达式逼近离散数据的方法。

10.2.1　polyfit 方法

NumPy 提供 polyfit( ) 函数用于多项式拟合，语法如下：

```
numpy.polyfit(x, y, deg)
```

参数解释如下：

● x：为数据点对应的横坐标，是行向量或矩阵。

● y：为数据点对应的纵坐标，是行向量或矩阵。

● deg：为拟合的多项式阶数，一阶为直线拟合，二阶为抛物线拟合。拟合次数越大，误差越小，但往往会随着表达式复杂程度的增大，出现过拟合。

【例 10.1】polyfit 方法举例

```python
import numpy as np
import matplotlib.pyplot as plt


xxx = np.arange(0, 1000)              # x 值表示弧度
yyy = np.sin(xxx * np.pi/180)         # 函数值转化程度


z1 = np.polyfit(xxx, yyy, 2)          # 用 2 次多项式拟合,可改变多项式阶数;
#z1 = np.polyfit(xxx, yyy, 7)         # 用 7 次多项式拟合,可改变多项式阶数;
#z1 = np.polyfit(xxx, yyy, 12)        # 用 12 次多项式拟合,可改变多项式阶数;


p1 = np.poly1d(z1)                    # 得到多项式系数,按照阶数从高到低排列
```

```
print(p1)                              # 显示多项式

yvals = p1(xxx)                        # 可直接使用 yvals = np.polyval(z1, xxx)

plt.plot(xxx, yyy, '*', label='original values')
plt.plot(xxx, yvals, 'r', label='polyfit values')
plt.xlabel('x axis')
plt.ylabel('y axis')
plt.legend(loc=4)                      # 指定 legend 在图中的位置,类似象限的位置
plt.title('polyfitting')
plt.show()
```

【程序运行结果】

#用 2 次多项式阶数拟合
$7.907e-07\ x^2 - 0.001229\ x + 0.8985$

程序运行结果如图 10.2 所示。

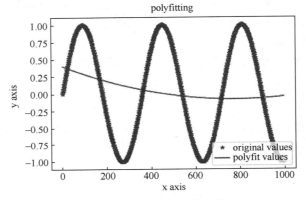

图 10.2　用 2 次多项式拟合曲线

#用 7 次多项式阶数拟合
$5.87e-18\ x^7 - 1.982e-14\ x^6 + 2.897e-11\ x^5 - 2.126e-08\ x^4 + 8.17e-06\ x^3 - 0.001545\ x^2 + 0.1155\ x - 1.408$

程序运行结果如图 10.3 所示。

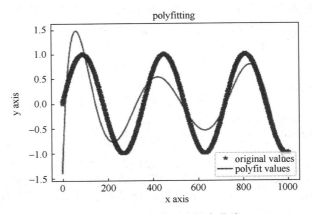

图 10.3　用 7 次多项式拟合曲线

```
#用 12 次多项式阶数拟合
```
$$2.444e-81\ x^{12} - 1.298e-27\ x^{11} + 2.827e-24\ x^{10} - 8.18e-21\ x^{9} + 1.954e-18\ x^{8} - 4.648e-16\ x^{7} -$$
$$1.187e-18\ x^{6} + 9.56e-11\ x^{5} - 2.088e-08\ x^{4} + 1.665e-06\ x^{3} - 0.000158\ x^{2} + 0.02145\ x - 0.02852$$

程序运行结果如图 10.4 所示。

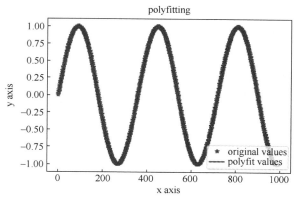

图 10.4　用 12 次多项式拟合曲线

10.2.2　Curve_fit 方法

scipy. optimize 模块的 Curve_fit( ) 函数用于曲线拟合，语法格式如下：

```
scipy. optimize. curve_fit( f, xdata, ydata)
```

参数解释如下：

- f：用来拟合数据的函数。
- xdata：自变量。
- ydata：xdata 自变量对应的函数值。

【例 10.2】Curve_fit 方法举例

```
import numpy as np
import matplotlib. pyplot as plt
from scipy. optimize import curve_fit
def func( x,a,b) :
    return a * np. exp( b/x)
x = np. arange( 1,11,1)
print( x)

y = np. array( [3.98,5.1,5.85,6.4,7.4,10.2,10,10.4,13.1,14.5] )
popt,pcov = curve_fit( func,x,y)
a = popt[ 0]
b = popt[ 1]

y1 = func( x,a,b)
print( '系数 a:',a)
print( '系数 b:',b)

plt. plot( x,y,'o',label = 'original values')
plt. plot( x,y1,'k',label = 'polyfit values')
plt. xlabel( 'x')
```

```
    plt. ylabel('y')

    plt. title('curve_fit')
    plt. legend(loc=4)
    plt. show()
```

【程序运行结果】

```
[ 1  2  3  4  5  6  7  8  9  10]
系数 a: 16. 086555525988182
系数 b: -2. 9088756676047816
```

程序运行结果如图 10.5 所示。

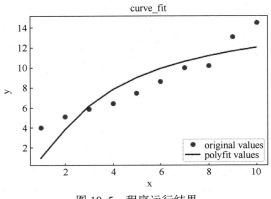

图 10.5　程序运行结果

10.3　分类评价指标

评价分类问题的性能往往通过混淆矩阵、准确率、精确率、召回率、F1 Score 值、ROC 曲线、AUC 面积和分类评估报告等指标。首先创建测试的数据集，如下。

【例 10.3】模拟真实数据和预测数据

```
import numpy as np
#固定随机数生成器的种子
np. random. seed(42)
#模拟真实数据,选取(0, 2)范围内的随机整数,生成5个0或1的随机标签
y_true = np. random. randint(0, 2, size=5)
print(y_true)
#模拟预测数据,预测标签总是1
y_pred = np. ones(5, dtype=np. int32)
print(y_pred)
```

【程序运行结果】

```
[0 1 0 0 0]
[1 1 1 1 1]
```

10.3.1　混淆矩阵

在机器学习领域，混淆矩阵（Confusion Matrix）是衡量分类型模型准确度中最基本、最直观、计算最简单的方法。混淆矩阵又称为可能性表格或错误矩阵，用来呈现算法性能的可视化效果，通常应用于监督学习。

二值分类取值只有两个，混淆矩阵由 2 行 2 列组成，其每一列代表预测值，每一行代表真实的类别，如表 10.1 所示。

表 10.1　混淆矩阵

		预测	
		正（P）	负（N）
真实	正（T）	TP	FN
	负（F）	FP	TN

混淆矩阵首先分析 P/N 的取值，当预测是正，取值为 P，当预测是负，取值为 N。其次，T/F 取值是指针对预测本身的结果是正确还是错误，正确为 T，反之为 F。

- 预测是正样例，真实数据是正样例，预测正确，结果称为真阳性（TP）。
- 预测是正样例，真实数据是负样例，预测错误，结果称为假阳性（FP）。
- 预测是负样例，真实数据是正样例，预测错误，结果称为假阴性（FN）。
- 预测是负样例，真实数据是负样例，预测正确，结果称为真阴性（TN）。

【例 10.4】计算混淆矩阵

```
# 预测是 1,实际是 1
true_positive = np. sum((y_pred == 1) * (y_true == 1))
print("TP",true_positive)

# 预测是 1,实际是 0
false_positive = np. sum((y_pred == 1) * (y_true == 0))
print("FP",false_positive)

# 预测是 0,实际是 1
false_negative = np. sum((y_pred == 0) * (y_true == 1))
print("FN",false_negative)

# 预测是 0,实际是 0
true_negative = np. sum((y_pred == 0) * (y_true == 0))
print("TN",true_negative)
```

【程序运行结果】

```
TP 1
FP 4
FN 0
TN 0
```

运行结果的混淆矩阵如表 10.2 所示。

表 10.2　混淆矩阵

		预测	
		正（P）	负（N）
真实	正（T）	1	0
	负（F）	4	0

10.3.2　准确率

准确率（Accuracy）是最基本的分类性能指标，用于计算测试集中预测正确的数据点数，并返回正确预测的数据点的比例。

准确率（Accuracy）= 预测正确样本数/总样本数。公式如下：

$$ACC = \frac{TP+TN}{P+N}$$

【例 10.5】 计算准确率

方法 1：通过 Python 计算准确率

```
test_set_size = len(y_true)
predict_correct = np.sum(y_true == y_pred)
#由于正确地预测了第二个数据点（实际标签是 1），准确率应该是 1/5 或者 0.2
print(predict_correct / test_set_size)
```

【程序运行结果】

```
0.2
```

方法 2：Sklearn 的 metrics 模块提供 accuracy_score() 函数

```
sklearn.metrics.accuracy_score(y_true, y_pred, normalize)
```

参数解释如下：

- y_true：真实目标值。
- y_pred：估计器预测目标值。
- normalize：默认值为 True，返回正确分类的比例；False 返回正确分类的样本数。

```
from sklearn import metrics
print(metrics.accuracy_score(y_true, y_pred))
print(metrics.accuracy_score(y_true, y_pred, normalize=False))
```

【程序运行结果】

```
0.2
1
```

方法 3：准确率应该是真阳性加上真阴性（所有正确预测数据）除以数据点总数。

```
accuracy = np.sum(true_positive + true_negative) / test_set_size
print(accuracy)
```

【程序运行结果】

```
0.2
```

10.3.3　精确率

精确率（Precision）为正确预测某类别的样本量/该类别的预测样本个数，即真阳性除以所有正确预测的数据。

精确率公式如下：

$$Precision = \frac{TP}{TP+FP}$$

【例 10.6】 计算精确率

方法 1：Python 计算精确率

```
precision = np.sum(true_positive) / np.sum(true_positive + false_positive)
print(precision)
```

【程序运行结果】

```
0.2
```

方法 2：使用 sklearn. metrics 模块提供 precision_score( ) 函数实现

```
from sklearn import metrics
print( metrics. precision_score( y_true, y_pred) )
```

10. 3. 4 召回率

召回率（Recall）为正确预测某类别的样本量/该类别的实际样本个数，即正确分类为正样例占所有正样例的比例。

召回率公式如下：

$$Recall = \frac{TP}{TP+FN}$$

【例 10. 7】计算召回率

方法 1：Python 计算

```
recall = true_positive / ( true_positive + false_negative)
print( recall)
```

【程序运行结果】

```
1.0
```

方法 2：使用 sklearn. metrics 模块提供 recall_score( ) 函数实现

```
from sklearn import metrics
print( metrics. recall_score( y_true, y_pred) )
```

10. 3. 5 F1 Score

两个模型 A 和 B，其中 A 模型的召回率高于 B 模型，但是 B 模型的精确率高于 A 模型，如何评价 A 和 B 两个模型的综合性能，哪一个更优呢？F1 分数（F1 Score）是精确率和召回率的调和值，用于衡量二分类模型精确度，取值范围在 0~1 之间。

F1 计算公式如下：

$$F1 = \frac{2TP}{2TP+FN+FP} = \frac{2 \cdot Precision \cdot Recall}{Precision+Recall}$$

sklearn. metrics 模块提供 f1_score( ) 函数，形式如下：

```
sklearn. metrics. f1_score( y_true, y_pred, average = "micro" )
```

参数解释如下：

* y_true：真实目标值。
* y_pred：估计器预测目标值。

【例 10. 8】Sklearn 计算 F1 值

```
from sklearn import metrics
y_test = [0, 0, 0, 0, 0, 0, 0, 0, 0, 0, 1, 1, 1, 1, 1, 1, 1, 1, 1, 1, 2, 2, 2, 2, 2, 2, 2, 2, 2, 2]
predictions = [0, 0, 1, 1, 0, 0, 0, 2, 2, 0, 1, 1, 1, 1, 1, 2, 1, 1, 2, 2, 1, 2, 2, 2, 2, 2, 2, 1, 1, 2, 2]
F1 = metrics. f1_score( y_true, y_pred, average = "micro" )
print( "F1 :", F1)
```

【程序运行结果】

F1：0.7

10.3.6　ROC 曲线

通过阈值区分类别，大于阈值认为是正类，小于阈值认为是负类。减小阀值会使得更多的样本被判断为正类，会使得负类被错误地识别为正类。为了直观表示这一现象，引入ROC。ROC 是 Receiver Operating Characteristic 的缩写，翻译为"受试者工作特征"曲线，用于描述混淆矩阵中 FPR（False Positive Rate，翻译为伪阳率或假正例率）-TPR（True Positive Rate，翻译为真阳率或真正例率）相对变化情况，公式如下：

$$FPR = \frac{FP}{FP+TN} \qquad TPR = \frac{TP}{TP+FN}$$

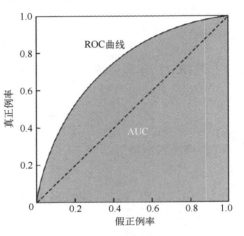

图 10.6　ROC 曲线

ROC 曲线用于描述样本的真实类别和预测概率，如图 10.6 所示。

ROC 曲线中的四个点和一条线，解释如下：

- 点（0,1）：即 FPR = 0，TPR = 1，意味着 FN = 0 且 FP = 0，将所有样本都正确分类。
- 点（1,0）：即 FPR = 1，TPR = 0，最差分类器，避开了所有正确答案。
- 点（0,0）：即 FPR = 0，TPR = 0，意味着 FP = TP = 0，将所有样本都预测为负类。
- 点（1,1）：即 FPR = 1，TPR = 1，分类器把所有样本都预测为正类。

sklearn. metrics 模块提供 roc_curve( ) 函数，形式如下：

sklearn. metrics. roc_curve(y_true, y_score)

参数解释如下：

- y_true：每个样本的真实类别，0 为反例，1 为正例。
- y_score：预测得分，可以是正类的估计概率。

【例 10.9】 roc_curve 举例

```python
import numpy as np
import matplotlib. pyplot as plt
from sklearn import metrics
from sklearn. metrics import roc_auc_score

y_true = np. array([1, 1, 2, 2])
y_scores = np. array([0.1, 0.4, 0.35, 0.8])

#计算 ROC
fpr, tpr, thresholds = metrics. roc_curve(y_true, y_scores, pos_label=2)
print("fpr: ",fpr)
print("tpr: ",tpr)
print(thresholds)

plt. plot(fpr,tpr,color='red')
```

```
plt.plot([0,1],[0,1],color='yellow',linestyle='--')
plt.xlim([0.0,1.0])
plt.ylim([0.0,1.08])
plt.xlabel('FPR')
plt.ylabel('TPR')
```

【程序运行结果】

```
fpr： [0.  0.  0.5  0.5  1. ]
tpr： [0.  0.5  0.5  1.  1. ]
[1.8  0.8  0.4  0.35  0.1]
```

程序运行结果如图 10.7 所示。

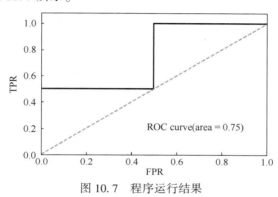

图 10.7　程序运行结果

10.3.7　AUC 面积

AUC（Area Under Curve）是指 ROC 曲线下的面积，由于 ROC 曲线一般都处于 $y = x$ 直线上方，所以 AUC 的取值在 0.5 和 1 之间，当 AUC 接近 1 时，检测方法真实性越高；当 AUC 等于 0.5 时，真实性最低。AUC 面积越大，说明模型的效果越好。

【例 10.10】计算 AUC 面积

方法 1：sklearn.metrics 模块提供 roc_auc_score( )函数，形式如下：

```
sklearn.metrics.roc_auc_score(y_true, y_score)
```

参数解释如下：

- y_true：每个样本的真实类别，必须为 0（反例），1（正例）标记。
- y_score：预测得分，可以是正类的估计概率。

```
import numpy as np
from sklearn.metrics import roc_auc_score
y_true = np.array([0, 0, 1, 1])
y_scores = np.array([0.1, 0.4, 0.35, 0.8])
print(roc_auc_score(y_true, y_scores))
```

【程序运行结果】

0.75

方法 2：采用 sklearn.metrics 模块提供 metrics.auc 函数，形式如下：

```
print("auc ",metrics.auc(fpr, tpr))
```

参数解释如下：

- fpr：False Positive Rate，翻译为伪阳率或假正例率。
- tpr：True Positive Rate，翻译为真阳率或真正例率。

```
import numpy as np
from sklearn import metrics
y = np.array([1, 1, 2, 2])
scores = np.array([0.1, 0.4, 0.35, 0.8])
fpr, tpr, thresholds = metrics.roc_curve(y, scores, pos_label=2)
print(metrics.auc(fpr, tpr))
```

10.3.8 分类评估报告

准确率、精确率、召回率和 F1 分数汇总如表 10.3 所示。

表 10.3 准确率、召回率等评价指标

	公　式	意　义
准确率 （ACC）	$ACC = \dfrac{TP+TN}{P+N}$	分类模型所有判断正确的结果占总观测的比重
精确率 （P 值）	$Precision = \dfrac{TP}{TP+FP}$	预测值是正值的所有结果中，模型预测正确的比重
召回率 （R 值）	$Recall = \dfrac{TP}{TP+FN}$	真实值是正值的所有结果中，模型预测正确的比重
F1 分数 （F1 Score）	$F1 = \dfrac{2TP}{2TP+FN+FP} = \dfrac{2 \cdot Precision \cdot Recall}{Precision+Recall}$	F1 Score 指标综合了精确率与召回率的产出的结果

分类评估报告用于显示分类指标（每个类的精确度、召回率、F1 值等）的文本报告。Sklearn 的 classification_report() 函数，形式如下：

```
sklearn.metrics.classification_report(y_true, y_pred, labels, target_names)
```

参数解释如下：

- y_true：真实目标值。
- y_pred：估计器预测目标值。
- labels：指定类别对应的数字。
- target_names：目标类别名称。

【例 10.11】classification_report 举例

```
from sklearn.metrics import classification_report
y_true = [0, 1, 2, 2, 2]
y_pred = [0, 0, 2, 2, 1]
target_names = ['class 0', 'class 1', 'class 2']
print(classification_report(y_true, y_pred, target_names=target_names))
```

【程序运行结果】

	precision	recall	f1-score	support
class 0	0.50	1.00	0.67	1
class 1	0.00	0.00	0.00	1
class 2	1.00	0.67	0.80	3
accuracy			0.60	5
macro avg	0.50	0.56	0.49	5
weighted avg	0.70	0.60	0.61	5

10.4　回归评价指标

【例 10.12】 模拟数据

```
#数据 x 是 0 到 10 之间等间距的 100 个值
x = np. linspace(0, 10, 100)
#y_true 的取值是具有噪声的 sin()函数
#使用 NumPy 的 rand()函数在[0,1]范围内加入均匀分布的噪声,每个数据点上下抖动最大 0.5。
y_true = np. sin(x) + np. random. rand(x. size) - 0.5

y_pred = np. sin(x)

#使用 Matplotlib 对其进行可视化
import matplotlib. pyplot as plt
plt. style. use('ggplot')

plt. figure(figsize = (10, 6))
plt. plot(x, y_pred, linewidth = 4, label = 'model')
plt. plot(x, y_true, 'o', label = 'data')
plt. xlabel('x')
plt. ylabel('y')
plt. legend(loc = 'lower left')
```

程序运行结果如图 10.8 所示。

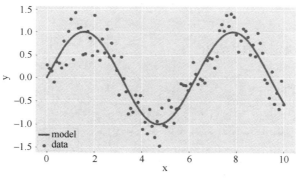

图 10.8　程序运行结果

10.4.1　均方误差

均方误差（Mean Squared Error，MSE），又被称为 L2，反映观测值与真实值偏差的平方和与观测次数的比值，是指预测值与真实值之差的平方和的平均值，其值越小说明拟合效果越好。均方误差的数学表达形式为：

$$MSE = \frac{1}{n} \sum_{i=1}^{n} (\hat{y}_i - y_i)^2$$

【例 10.13】 计算均方误差

方法 1：Python 计算

```
mse = np. mean((y_true - y_pred) ** 2)
print(mse)
```

161

【程序运行结果】

0. 07716086776008278

方法 2：Scikit-learn 提供了 mean_squared_error( ) 函数实现

metrics. mean_squared_error(y_true, y_pred)

10.4.2　相关系数或者 R^2

相关系数又称为决定系数（Coefficient of determination）、R2_score 或 R^2，取值范围是 [0,1]，越接近 1，表明模型对数据拟合较好；越接近 0，表明模型拟合较差。

【例 10.14】计算决定系数或者 R^2

方法 1：Python 计算

```
r2 = 1.0 -mse / np. var(y_true)
print(r2)
```

【程序运行结果】

0. 8357458202978494

方法 2：Scikit-learn 提供了 r2_score( ) 函数实现

metrics. r2_score(y_true, y_pred)

参数解释如下：

● y_true：真实值。

● y_pred：预测值。

【例 10.15】计算决定系数或者 R^2

```
import numpy as np
from sklearn import metrics
from sklearn. metrics import r2_score
y_true = np. array([1.0, 5.0, 4.0, 3.0, 2.0, 5.0, -3.0])
y_pred = np. array([1.0, 4.5, 3.5, 5.0, 8.0, 4.5, 1.0])
# MAE
print("MAE: ",metrics. mean_absolute_error(y_true, y_pred))
# MSE
print("MSE: ",metrics. mean_squared_error(y_true, y_pred))
# RMSE
print("RMSE: ",np. sqrt(metrics. mean_squared_error(y_true, y_pred)))
# R Squared
print("R Squared: ",r2_score(y_true, y_pred))
```

【程序运行结果】

```
MAE:   1. 9285714285714286
MSE:   8. 107142857142858
RMSE:   2. 847304489713536
R Squared:   -0. 1893712574850297
```

10.5　案例——手写数字数据集评价指标

load_digits 数据集是 sklearn. datasets 的手写数字图片数据集，下面计算该数据集的混淆矩阵、准确度、召回率等评价指标。

【例 10. 16】 load_digits 数据集举例

```
import numpy as np
import pandas as pd
from sklearn import datasets
d = datasets. load_digits( )
x = d. data
y = d. target. copy( )    #防止原来数据改变
print(len(y))
y[ d. target = = 9 ] = 1
y[ d. target ! = 9 ] = 0
print(y)
#统计各个数据出现的个数
print( pd. value_counts( y) )

#划分数据集为训练数据和测试数据
from sklearn. model_selection import train_test_split
x_train, x_test, y_train, y_test = train_test_split( x, y, random_state = 666)

#使用计算学习算法——逻辑回归算法进行数据分类
from sklearn. linear_model import LogisticRegression
log_reg = LogisticRegression( solver = " newton-cg" )
log_reg. fit( x_train, y_train)
print( log_reg. score( x_test, y_test) )
y_pre = log_reg. predict( x_test)

#计算 TN、FP、FN 和 TP
def TN( y_true, y_pre) :
    return np. sum( ( y_true = = 0) & ( y_pre = = 0) )
def FP( y_true, y_pre) :
    return np. sum( ( y_true = = 0) & ( y_pre = = 1) )
def FN( y_true, y_pre) :
    return np. sum( ( y_true = = 1) & ( y_pre = = 0) )
def TP( y_true, y_pre) :
    return np. sum( ( y_true = = 1) & ( y_pre = = 1) )
print( TN( y_test, y_pre) )
print( FP( y_test, y_pre) )
print( FN( y_test, y_pre) )
print( TP( y_test, y_pre) )
#混淆矩阵的定义
def confusion_matrix( y_true, y_pre) :
    return np. array( [
        [ TN( y_true, y_pre) , FP( y_true, y_pre) ] ,
        [ FN( y_true, y_pre) , TP( y_true, y_pre) ]
    ])
print( confusion_matrix( y_test, y_pre) )
#精准率
def precision( y_true, y_pre) :
    try :
        return TP( y_true, y_pre) / ( FP( y_true, y_pre) + TP( y_true, y_pre) )
    except :
        return 0. 0
print( precision( y_test, y_pre) )
#召回率
def recall( y_true, y_pre) :
    try :
```

```
        return TP(y_true,y_pre)/(FN(y_true,y_pre)+TP(y_true,y_pre))
    except:
        return 0.0
print(recall(y_test,y_pre))
```

【程序运行结果】

```
1797
[0 0 0 ... 0 1 0]
0      1617
1       180
dtype: int64
0.9844444444444445
404
1
6
39
[[404    1]
 [  6   39]]
0.975
0.8666666666666667
```

10.6 习题

一、编程题

1. 已知坐标 x=[1 ,2 ,3 ,4 ,5 ,6], y=[2.5 ,3.51 ,4.45 ,5.52 ,6.47 ,7.51], 现进行线性拟合和二次多项式拟合。

2. 使用 linspace 生成 [100,200] 区间内 80 个数据, 在 [5,20] 之间随机增幅, 使用 polyfit 进行抛物线拟合。

二、计算题

计算准确率、精确率、召回率、F1 Score。已知猫、猪、狗的混淆矩阵如表 10.4 所示。

表 10.4 混淆矩阵举例

		真实值		
		猫	狗	猪
预测值	猫	10	1	2
	狗	3	15	4
	猪	5	6	20

三、问答题

1. 什么是准确率？

2. 什么是混淆矩阵？

3. 什么是精确率？

4. 什么是召回率？

5. 均方误差的含义是什么？

第 11 章
线性模型

线性模型是在机器学习实践中广泛应用的一种模型。本章介绍线性回归和逻辑回归，重点介绍最小二乘法，讲解正规方程和梯度下降两种优化方法，最后介绍了岭回归以及相关实例。

11.1 回归模型

11.1.1 线性回归

回归模型是为了描述数据特征和预测目标直接的非确定性关系，通过构建一个线性的决策函数来拟合数据特征。线性回归是用直线最大可能地拟合所有数据特征，是利用数理统计中的回归分析来确定变量间相互依赖的定量关系。根据自变量数目，分为一元线性回归和多元线性回归，一元线性回归是指自变量为单一特征，数学表达形式如下：

$$y = wx + b$$

其中，参数 w 是指直线的斜率，b 是指截距。

多元线性回归是指自变量为多个特征，数学表达公式如下：

$$h(w) = w_1 x_1 + w_2 x_2 + w_3 x_3 + \cdots + b$$

【例 11.1】绘制经过两个点的直线方程

两个点的坐标是（1，3）和（4，5），绘制穿过这两个点的直线，得到直线方程。

```
import numpy as np
import matplotlib. pyplot as plt
from sklearn. linear_model import LinearRegression
X=[[1],[4]]
y=[3,5]
lr=LinearRegression( ). fit(X,y)        #线性回归模型
z=np. linspace(0,5,20)
plt. scatter(X,y,s=80)
plt. plot(z,lr. predict(z. reshape(-1,1)),c='k')
plt. title('Straight Line')
plt. show( )
print( "直线方程是:")
print('y={ :. 3f}'. format( lr. coef_[0] ),'x','+{ :. 3f}'. format( lr. intercept_))
#coef_:回归系数(斜率)。intercept_:截距
```

程序运行结果如图 11.1 所示。

直线方程是：

$$y = 0.667x + 2.333$$

165

分析程序代码：

采用 Matplotlib 绘制通过 2 个点的直线，采用 Sklearn 的 linear_model 模块的 LinearRegression( ) 函数实现，具体语法如下：

```
sklearn. linear_model. LinearRegression( fit_intercept
=True)
```

参数解释如下：

- fit_intercept：是否计算截距，默认为计算。

属性如下：

- coef_：回归系数（斜率）。

- intercept_：截距。

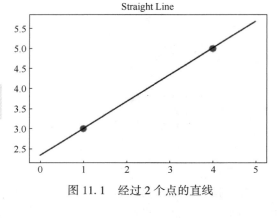

图 11.1　经过 2 个点的直线

【例 11. 2】绘制经过三个点的直线方程

增加一个点，坐标为（3，3），修改代码如下：

```
import numpy as np
import matplotlib. pyplot as plt
from sklearn. linear_model import    LinearRegression
X=[[1],[4],[3]]
y=[3,5,3]
lr=LinearRegression( ). fit( X,y)
z=np. linspace( 0,5,20)
plt. scatter( X,y,s=80)
plt. plot( z,lr. predict( z. reshape( -1,1) ),c='k')
plt. title('Straight Line')
plt. show( )
print( " 直线方程是:")
print('y={ :. 3f}'. format( lr. coef_[0]),'x','+{ :. 3f}'. format( lr. intercept_))
```

程序运行结果如图 11.2 所示。

直线方程是：$y=0.571x+2.143$

分析程序结果：

由于 3 个点不在同一直线上，故直线位于与 3 个点的距离之和最小的位置。线性回归模型的原理就是寻找一条直线使得坐标点到其的欧式距离之和最小。当特征和目标值只有一个，方程为直线关系，如图 11.3 所示。

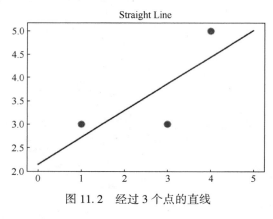

图 11.2　经过 3 个点的直线

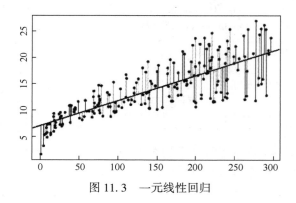

图 11.3　一元线性回归

当特征和目标值为两个，方程为平面关系，如图 11.4 所示。

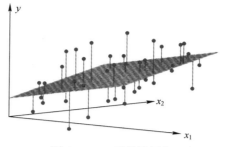

图 11.4　二元线性回归

11.1.2　逻辑回归

逻辑回归（Logistic Regression）用于解决二分类的线性模型，通过 Sigmoid 函数（S 型函数）将输出的连续值转化为 0 和 1 两个离散值，数学公式如下。函数曲线如图 11.5 所示。

$$S(x) = \frac{1}{1+e^{-x}}$$

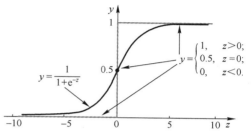

图 11.5　单位阶跃函数与对数概率函数

与单位阶跃函数相比，对数概率函数是一个 S 形曲线，取值为 [0,1]，是一个单调递增的函数。Sklearn 的 linear_model 模块的 LogisticRegression() 函数用于逻辑回归，具体语法如下：

```
model =LogisticRegression(penalty='L2', C=1.0)
```

参数解释如下：

● penalty：默认为 L2。

● C：其值越小，损失函数越小。

【例 11.3】逻辑回归应用于乳腺癌数据集

```
from sklearn. linear_model import LogisticRegression
from sklearn. model_selection import train_test_split
from sklearn. preprocessing import StandardScaler
from sklearn. datasets import load_breast_cancer
breast_cancer = load_breast_cancer()
print("特征:\n",breast_cancer. data. shape)
#数据集划分
x_train,x_test,y_train,y_test = train_test_split(breast_cancer. data,breast_cancer. target, random_state=33,
test_size=0. 25)

#特征工程,标准化
transfer =StandardScaler()
x_train = transfer. fit_transform(x_train)
x_test = transfer. transform(x_test)

#逻辑回归预估器,重要参数 penalty 和 C
# max_iter:梯度下降
estimator =LogisticRegression(penalty='l2', solver='liblinear',C=0. 5,max_iter=1000)
```

```
estimator = estimator.fit(x_train, y_train)
#逻辑回归 coef_,可以查看每个特征对应的参数
print("逻辑回归——权重系数为:\n", estimator.coef_)
print("逻辑回归—— 偏置为:\n", estimator.intercept_)


#模型评估
#方法 1:直接比对真实值和预测值
y_predict = estimator.predict(x_test)
print(y_predict)
print('比对真实值和预测值\n', y_test == y_predict)
#方法 2:计算准确率
score = estimator.score(x_test, y_test)    #测试集的特征值和目标值
print("准确率:\n", score)
```

【程序运行结果】

特征:
(5611, 30)
逻辑回归——权重系数为:
[[-0.431472011 -0.321121128 -0.43085437 -0.4115115885 -0.14835006 0.18327018
  -0.77055301 -0.760134116 -0.05878227 0.435116401 -0.57410624 0.405726611
  -0.32254677 -0.574116027 -0.261124174 0.4111751811 -0.01616204 0.012841108
   0.08122628 0.42278804 -0.110362163 -1.157011504 -0.81378573 -0.887425113
  -0.7211231163 0.03261772 -0.58376842 -0.8311112562 -0.511107522 -0.15485685]]
逻辑回归—— 偏置为:
[0.47378448]
[0 1 1 1 1 1 1 1 1 1 0 1 0 1 0 1 1 1 0 1 1 1 0 0 0 1 0 1 1 1 1 1 1 0 0
 1 1 0 1 1 1 1 1 1 1 1 1 0 1 1 1 1 1 0 1 1 0 0 1 0 1 1 1 1 0 1 1 1 0
 0 0 0 0 1 0 1 1 0 1 0 0 0 0 1 1 0 0 1 0 0 1 1 0 1 1 1 1 0 1 0 1 0 1
 0 1 0 1 1 0 1 0 0 1 0 1 1 0 0 1 1 0 1 1 1 1 1 0 1 0 1 1 1 0 0]
比对真实值和预测值
[True True True True True True True True True True True True
  True True True True True True True True True True True True
  True True True True True True True True True True True True
  True True True True True True True True True True True True
  True True True True True True True True False True True True
  True True True True True True True True True True True True
  True True True True True True True True True True True True
  True True True True True True False True True True True True
  True True True True True True True True True True True True
  True True True True True True True True True True True True
  True True True True True True True True True True True]
```

准确率:

0.11860131186013186

# 11.2  两种求解方法

线性回归的两种求解方法分别是最小二乘法和梯度下降法。
```

11.2.1　最小二乘法

最小二乘法可以将误差方程转化为有确定解的代数方程组（其方程式数目正好等于未知数的个数），从而可求解出这些未知参数。这个有确定解的代数方程组称为最小二乘法估计的正规方程（或称法方程）。最小二乘法的数学公式如下：

$$J(w) = \sum_{i=1}^{n} (h(x_i) - y_i)^2$$

参数解释如下：

- y_i：第 i 个训练样本的真实值。
- $h(x_i)$：第 i 个训练样本特征值组合预测函数。

最小二乘法可以通过 Sklearn 的 LinearRegression 实现。

【例 11.4】正规方程对美国波士顿地区房价进行预测

```
from sklearn. datasets import load_boston
from sklearn. model_selection import train_test_split
from sklearn. preprocessing import StandardScaler
from sklearn. linear_model import LinearRegression
from sklearn. metrics import mean_squared_error
def linear1( ):
        boston = load_boston( )              # 读取房价数据存储在变量 boston 中
        #随机采样 25%的数据构建测试样本,其余作为训练样本
        X_train, X_test, y_train, y_test = train_test_split( boston. data,boston. target, random_state = 33,
test_size = 0. 25)
        #从 sklearn. preprocessing 导入标准化模块
        transfer = StandardScaler( )
        #分别对训练和测试数据的特征以及目标值进行标准化处理
        X_train = transfer. fit_transform( X_train)
        X_test = transfer. transform( X_test)
        # 从 sklearn. linear_model 导入 linearRegresssion
        lr = LinearRegression( )
        #使用训练数据进行参数估计
        lr. fit( X_train, y_train)
            #得出模型,回归系数(斜率)和偏置
        print( "正规方程——权重系数为:\n", lr. coef_)
        print( "正规方程—— 偏置为:\n", lr. intercept_)

        y_predict = lr. predict( X_test)
        error = mean_squared_error( y_test,y_predict)
        print( "正规方程—— 均方误差为:\n",error)
        return None
if __name__ == "__main__" :
    linear1( )
```

【程序运行结果】

```
正规方程——权重系数为:
[-1. 06464112  1. 2131101115  0. 10840335  0. 831160341 -1. 653321171  2. 11511826111
-0. 16553675 -3. 011170086  2. 487110752 -2. 011110183 -1. 888111446  0. 51161118
-3. 77574302]
```

正规方程——偏置为：
22. 112374670184701
正规方程——均方误差为：
25. 131123652035345

11. 2. 2　梯度下降法

梯度下降（Gradient Descent）用于多元线性回归，通过迭代找到目标函数的最小值，或者收敛到最小值。梯度下降法的思想类比为下山的过程，当一个人从山顶以最快速度下山，每次都以当前位置为基准，寻找坡度最陡处下降，如图 11.6 所示。

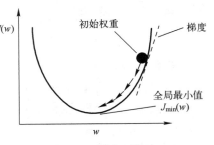

图 11.6　梯度下降法

Sklearn 提供 SGDRegressor( ) 函数用于梯度下降，代码如下：

```
SGDRegressor(loss='squared_loss', fit_intercept=True, learning_rate='invscaling')
```

参数解释如下：

- loss='squared_loss'：损失函数是最小二乘法。
- fit_intercept：是否计算截距，默认为计算。
- learning_rate='invscaling'：学习率，是指下降的步长。

【例 11. 5】梯度下降对美国波士顿地区房价进行预测

```python
#从 sklearn. datasets 导入波士顿房价数据读取器
from sklearn. datasets import load_boston
from sklearn. model_selection import train_test_split
from sklearn. preprocessing import StandardScaler
from sklearn. linear_model import SGDRegressor
from sklearn. metrics import mean_squared_error


def linear2( ):
    #读取房价数据存储在变量 boston 中
    boston = load_boston( )
    #随机采样 25%的数据构建测试样本,其余作为训练样本
    X_train,X_test,y_train,y_test = train_test_split(boston. data,boston. target, random_state=33,test_size=0. 25)
    #从 sklearn. preprocessing 导入数据标准化模块
    transfer =StandardScaler( )
    X_train = transfer. fit_transform(X_train)
    X_test = transfer. transform(X_test)
    #导入 SGDRegressor
    sgdr = SGDRegressor( )
    #使用训练数据进行参数估计
    sgdr. fit(X_train, y_train)
    #得出模型,回归系数(斜率)和偏置
    print("梯度下降——权重系数为:\n",sgdr. coef_)
    print("梯度下降—— 偏置为:\n",sgdr. intercept_)
    y_predict =sgdr. predict(X_test)
    error =mean_squared_error(y_test,y_predict)
    print("梯度下降—— 均方误差为:\n",error)
```

```
        return None
if __name__ == "__main__":
        linear2()
```

【程序运行结果】

梯度下降——权重系数为：
[-0.1148113342 1.00802461 -0.1411723211 0.811881761 -1.3117103115 3.00702153
-0.13854118 -2.87228342 1.611803102 -1.123305111 -1.83072337 0.48525711
-3.757117021]
梯度下降——偏置为：
[22.1111170251]
梯度下降——均方误差为：
25.2832206811063757

正规方程和梯度下降法对比如表 11.1 所示。

表 11.1　正规方程和梯度下降法对比

梯度下降法	正规方程
需要选择学习速率	不需要选择学习速率
需要多次迭代	一次求导得出
当特征数量 n>10000 时，较好适用	当特征数量 n<10000 时，较好适用
适用于各种类型的模型	只适用于线性模型，不适用于逻辑回归模型等其他模型

11.3　岭回归

11.3.1　认识岭回归

岭回归（Ridge）又称为 L2 正则化，通过在最小二乘法增加 L2 范数惩罚系项，降低特征变量的系数值避免过拟合，控制线性模型的复杂度。

岭回归的数学表达式如下：

$$J(w) = \frac{1}{2m} \sum_{i=1}^{m} (h_w(x_i) - y_i)^2 + \lambda \sum_{j=1}^{n} w_j^2$$

Sklearn 提供 Ridge 用于岭回归，代码如下：

```
sklearn.linear_model.Ridge(alpha=1.0, fit_intercept=True, solver='auto', normalize=False)
```

参数解释如下：
- alpha：正则化力度，惩罚项的系数。
- fit_intercept：是否增加偏置。
- solver：优化器。
- normalize：是否进行数据标准化（StandardScaler）。

属性如下：
- coef_：数组类型，用于权重向量。
- intercept_：截距 b 值。当 fit_intercept=False，值为 0.0。

方法如下：

- fit(X,y)：训练模型。
- get_params()：获取此估计器的参数。
- predict(X)：使用线性模型进行预测，返回预测值。
- score(X,y)：返回预测性能的得分。
- set_params()：设置此估计器的参数。

【例 11. 6】岭回归举例

```python
import numpy as np
import matplotlib. pyplot as plt
from sklearn import linear_model

#第一列为标签值,其他列为特征
data = [[83.0, 234.2811, 235.6, 1511.0, 107.608, 11147., 60.323],
        [88.5, 2511.226, 232.5, 145.6, 108.632, 11148., 61.122],
        [88.2, 258.054, 368.2, 161.6, 1011.473, 111411., 60.171],
        [811.4, 284.51111, 335.1, 165.0, 110.11211, 11150., 61.187],
        [116.2, 328.1175, 2011.11, 3011.11, 112.075, 11151., 63.221],
        [118.1, 346.111111, 1113.2, 3511.2, 113.27, 11152., 63.6311],
        [1111.0, 365.385, 187., 354.7, 115.0114, 11153., 64.11811],
        [100.0, 363.112, 357.8, 335.0, 116.2111, 11154., 63.761],
        [101.2, 3117.4611, 2110.4, 304.8, 117.388, 11155., 66.0111],
        [104.6, 4111.18, 282.2, 285.7, 118.734, 11156., 67.857],
        [108.4, 442.7611, 2113.6, 2711.8, 120.445, 11157., 68.1611],
        [110.8, 444.546, 468.1, 263.7, 121.115, 11158., 66.513],
        [112.6, 482.704, 381.3, 255.2, 123.366, 111511., 68.655],
        [114.2, 502.601, 3113.1, 251.4, 125.368, 11160., 611.464],
        [115.7, 518.173, 480.6, 257.2, 127.852, 11161., 611.331],
        [116.11, 554.8114, 400.7, 282.7, 130.081, 11162., 70.551]]
data = np.array(data)
x_data = data[:, 1:]
y_data = data[:, 0]
print(x_data)
print(y_data)
#岭回归模型
alpha = 0.5
model = linear_model. Ridge(alpha)
model. fit(x_data, y_data)
#返回模型的估计系数
print(model. coef_)
#评分
model. score(x_data,y_data)
#创建模型,开始训练,生成 50 个 alpha 系数
alphas = np. linspace(0.001, 1, 50)
#RidgeCV 表示岭回归交叉检验(ridge cross-validation),类似于留一交叉验证法(leave-one-out cross-
validation,LOOCV),是指训练数据时留一个样本,用这个未被训练过的样本进行测试
cv_model = linear_model. RidgeCV(alphas, store_cv_values=True)
cv_model. fit(x_data, y_data)
#最佳的 alpha 值
best_alpha = cv_model. alpha_
print(best_alpha)
```

```
#交叉验证的结果
print( cv_model. cv_values_)
print( cv_model. cv_values_. shape)
#结果中(16, 50)指数据被拆分为16份,做了16次训练和验证,每次训练集15份、验证集1份,每次分
别使用了50个alpha值做训练
# 针对所有的alphas值计算出的损失值
plt. plot( alphas, cv_model. cv_values_. mean( axis = 0))
#最佳点
min_cost = min( cv_model. cv_values_. mean( axis = 0))
plt. plot( best_alpha, min_cost, "rx")

plt. xlabel( 'alpha')
plt. ylabel( 'cost')
plt. show( )
```

程序运行结果如图 11.7 所示。

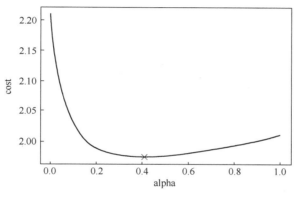

图 11.7　岭回归

11.3.2　参数 alpha

岭回归的参数 alpha 用于惩罚项，调整值为 0.1、1 和 10，分析其拟合程度。

【例 11.7】调整参数 alpha 值

```
from sklearn. model_selection import train_test_split
from sklearn. datasets import load_diabetes
X, y = load_diabetes( ). data, load_diabetes( ). target
X_train, X_test, y_train, y_test = train_test_split( X, y, random_state = 8)

from sklearn. linear_model import Ridge
ridge01 = Ridge( alpha = 0. 1). fit( X_train, y_train)
print( "alpha = 0. 1 训练数据集得分: { :. 2f} ". format( ridge01. score( X_train, y_train)))
print( "alpha = 0. 1 测试数据集得分: { :. 2f} ". format( ridge01. score( X_test, y_test)))

ridge1 = Ridge( alpha = 1). fit( X_train, y_train)
print( "alpha = 1 训练数据集得分: { :. 2f} ". format( ridge1. score( X_train, y_train)))
print( "alpha = 1 测试数据集得分: { :. 2f} ". format( ridge1. score( X_test, y_test)))

ridge10 = Ridge( alpha = 10). fit( X_train, y_train)
print( "alpha = 10 训练数据集得分: { :. 2f} ". format( ridge10. score( X_train, y_train)))
print( "alpha = 10 测试数据集得分: { :. 2f} ". format( ridge10. score( X_test, y_test)))
```

【程序运行结果】

```
alpha=0.1 训练数据集得分:0.52
alpha=0.1 测试数据集得分:0.47
alpha=1 训练数据集得分:0.43
alpha=1 测试数据集得分:0.43
alpha=10 训练数据集得分:0.15
alpha=10 测试数据集得分:0.16
```

分析程序结果:

将 alpha=0.1 提高到 alpha=10,模型得分大幅度降低,并且测试集得分超过训练集得分,说明模型出现过拟合。

11.4 案例

11.4.1 线性回归预测披萨价格

【例 11.8】预测披萨价格

披萨价格和披萨的直径关系如表 11.2 所示,预测直径为 12 英寸的披萨价格是多少?

表 11.2 披萨的价格和直径关系

直径(英寸)	价格(美元)
6	7
8	11
10	13
14	17.5
18	18

```
import numpy as np
import matplotlib. pyplot as plt
from sklearn. linear_model import LinearRegression    #进行线性回归
X = [[6],[8],[10],[14],[18]]                          #表示披萨直径
y = [7,11,13,17.5,18]                                 #表示披萨价格
lr=LinearRegression(). fit(X,y)
z=np. linspace(-3,20,10)
plt. scatter(X,y,s=50)
plt. plot(z,lr. predict(z. reshape(-1,1)),c='k')
plt. axis([0,20,0,20])
plt. xlabel('diameter')
plt. ylabel('money')
plt. grid(True)
plt. show()
print("直线方程是:")
print('y={:.3f}'. format(lr. coef_[0]),'x','+{:.3f}'. format(lr. intercept_))
a =lr. predict([[12]])                                #预测直径为12英寸的价格
print("预测一张 12 英寸披萨价格:{:.2f}". format(lr. predict([[12]])[0][0]))
```

程序运行结果如图 11.8 所示。

直线方程是:

$$y=0.1176x+1.1166$$

预测一张 12 英寸披萨价格:13.68

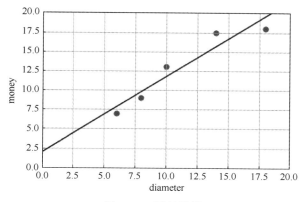

图 11.8 运行结果

11.4.2 线性回归与岭回归识别糖尿病

【例 11.9】 线性回归用于糖尿病

```python
import numpy as np
import matplotlib.pyplot as plt

from sklearn.datasets import load_diabetes
from sklearn import linear_model

diabetes_X = load_diabetes().data[:,np.newaxis,2]

diabetes_X_train = diabetes_X[:-20]
diabetes_X_test = diabetes_X[-20:]

diabetes_target = load_diabetes().target
diabetes_y_train = diabetes_target[:-20]
diabetes_y_test = diabetes_target[-20:]

regr = linear_model.LinearRegression()
regr.fit(diabetes_X_train,diabetes_y_train)
print('Coefficients:\n',regr.coef_)
print("Mean squared error:%.2f"%np.mean((regr.predict(diabetes_X_test)-diabetes_y_test)**2))

print('Variance score:%.2f'%regr.score(diabetes_X_test,diabetes_y_test))

plt.scatter(diabetes_X_test,diabetes_y_test,color='black')
plt.plot(diabetes_X_test,regr.predict(diabetes_X_test),color='blue',linewidth=3)

plt.xticks(())
plt.yticks(())
plt.show()
```

【程序运行结果】

```
Coefficients:
[1138.23786125]
Mean squared error:2548.07
Variance score:0.47
```

程序运行结果如图 11.9 所示。

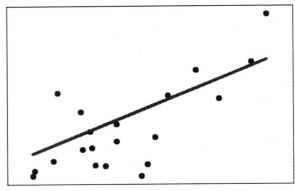

图 11.9　程序运行结果

```
#岭回归
    from sklearn. model_selection import train_test_split
    from sklearn. linear_model import Ridge
    from sklearn. datasets import load_diabetes
    X, y = load_diabetes( ). data, load_diabetes( ). target
    X_train, X_test, y_train, y_test = train_test_split( X, y, random_state = 8)
    ridge = Ridge( ). fit( X_train, y_train)
    print( "训练数据集得分：｛:. 2f｝". format( ridge. score( X_train, y_train) ) )
    print( "测试数据集得分：｛:. 2f｝". format( ridge. score( X_test, y_test) ) )
```

【程序运行结果】

```
训练数据集得分：0. 43
测试数据集得分：0. 43
```

11.5　习题

一、编程题

1. 最小二乘法预测波士顿房价。

2. 岭回归预测波士顿房价。

3. 逻辑回归识别鸢尾花。

二、问答题

1. 什么是线性回归？

2. 最小二乘法如何实现？

3. 正规方程和梯度下降法各自的使用场合是什么？

4. Sklearn 如何实现岭回归？

5. 参数 alpha 的含义是什么？

第 12 章
支持向量机

在机器学习中，支持向量机是在分类与回归中分析数据的监督式学习算法。本章重点介绍支持向量机的相关内容，包括线性核函数、多项式核函数和高斯核函数三类核函数，通过 gamma 参数和惩罚系数 C 的调优提高预测准确率，最后给出相关的案例。

12.1　初识向量机

12.1.1　超平面线性方程

支持向量机（Support Vector Machine，SVM）的基本思想是在 N 维数据中找到 $N-1$ 维的超平面（Hyperplane）作为分类的决策边界。确定超平面的规则是找到离超平面最近的那些点，使这些点离超平面的距离尽可能远。离超平面最近的实心圆和空心圆称为支持向量，超平面的距离之和称为"间隔距离"，"间隔距离"越大，分类的准确率越高。如图 12.1 所示。

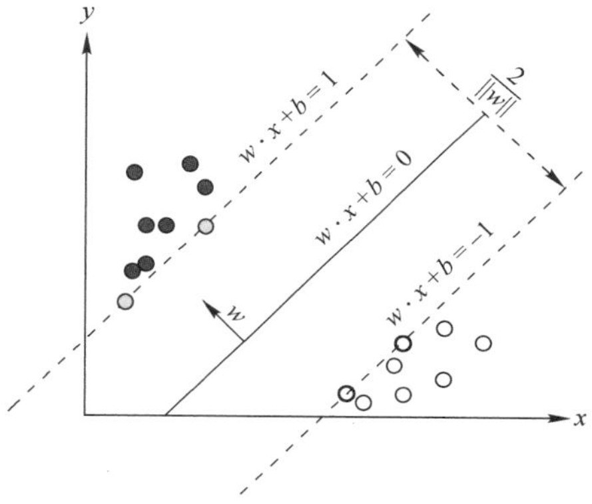

超平面线性方程如下：

$$wx+b=0$$

参数说明：w 是超平面的法向量，定义了垂直于超平面的方向，b 用于平移超平面。

如图 12.2 所示，Margin 是"分割带"，代表模型划分样本点的能力或可信度。"分割带"越宽，说明能够清晰划分样本点，模型泛化能力强，分类可信度高。

图 12.1　SVM 示意图

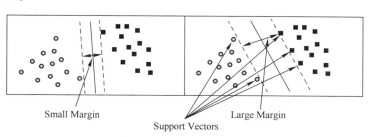

图 12.2　SVM 说明图

12. 1. 2　SVM 算法库

SVM 模型不仅可以解决分类问题（Support Vector Classification，SVC），还可以解决连续数据的预测问题——回归问题（Support Vector Regression，SVR）。

分类问题包括 SVC、NuSVC 和 LinearSVC，其中 SVC 和 NuSVC 的区别仅仅在于对损失的度量方式不同，而 LinearSVC 用于线性分类，不支持各种低维到高维的核函数，仅仅支持线性核函数。回归问题包括 LinearSVR、NuSVR 和 SVR。

12. 2　核函数

很多情况下，原始数据不能线性可分，通过升维变换，核函数使得低维度空间中的线性不可分问题变为高维度空间中的线性可分问题，如图 12.3 所示。左图的二维空间存在两种类别（五角星和实心圆点）样本点，不管以何种线性的"超平面"都无法对其进行正确分类，将其映射到右图的三维空间进行区分。

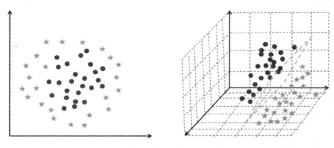

图 12. 3　非线性可分 SVM 的示意图

12. 2. 1　线性核函数

线性核函数（Linear Kernel）是指在原始维度空间中寻求线性分类边界。kernel 参数取值为 linear，代码如下：

```
SVC( kernel ='linear', C )
```

参数解释如下：

● C：用来控制损失函数的惩罚系数。

【例 12. 1】线性核函数举例

```
import numpy as np
import matplotlib. pyplot as plt
from sklearn import svm

X=[[0.39,0.17],[0.49,0.71],[0.92,0.61],[0.74,0.89],[0.18,0.06],[0.41,0.26],[0.94,
0.81],[0.21,0.01]]
Y=[1,-1,-1,-1,1,1,-1,1]

# 创建一个线性内核的支持向量机模型
clf = svm. SVC( kernel ='linear')
clf. fit( X, Y)
```

```
w = clf.coef_[0]
a = -w[0]/w[1]
x = np.linspace(0,1,50)
y = a * x - (clf.intercept_[0])/w[1]

b = clf.support_vectors_[0]
y_down = a * x + (b[1] - a * b[0])

c = clf.support_vectors_[-1]
y_up = a * x + (c[1] - a * c[0])

print('模型参数 w：',w)
print('边缘直线斜率：',a)
print('打印出支持向量：', clf.support_vectors_)

plt.plot(x,y,'k-')
plt.plot(x,y_down,'k--')
plt.plot(x,y_up,'k--')

# 绘制散点图
plt.scatter([s[0] for s in X],[s[1] for s in X],c=Y,cmap=plt.cm.Paired)
plt.show()
```

【程序运行结果】

```
模型参数 w： [-1.12374761 -1.65144735]
边缘直线斜率： -0.6804622682143457
打印出支持向量： [[0.49 0.71]
    [0.92 0.61]
    [0.74 0.89]
    [0.39 0.17]
    [0.18 0.06]
    [0.41 0.26]]
```

程序运行结果如图 12.4 所示。

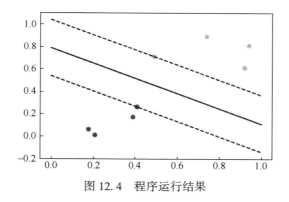

图 12.4　程序运行结果

【例 12.2】线性核函数举例

```
import numpy as np
import matplotlib.pyplot as plt
from sklearn import svm
from sklearn.datasets import make_blobs
```

```
# 先创建 50 个数据点，将它们分为两类
X, y = make_blobs(n_samples = 50, centers = 2, random_state = 6)
# 创建一个线性内核的支持向量机模型
clf = svm.SVC(kernel = 'linear', C = 1000)
clf.fit(X, y)
# 把数据点画出来
plt.scatter(X[:, 0], X[:, 1], c = y, s = 30, cmap = plt.cm.Paired)
#建立图像坐标
ax = plt.gca()
xlim = ax.get_xlim()
ylim = ax.get_ylim()
xx = np.linspace(xlim[0], xlim[1], 30)
yy = np.linspace(ylim[0], ylim[1], 30)
YY, XX = np.meshgrid(yy, xx)
xy = np.vstack([XX.ravel(), YY.ravel()]).T
Z = clf.decision_function(xy).reshape(XX.shape)
# 把分类的决定边界画出来
ax.contour(XX, YY, Z, colors = 'k', levels = [-1, 0, 1], alpha = 0.5, linestyles = ['--', '-', '--'])
ax.scatter(clf.support_vectors_[:, 0], clf.support_vectors_[:, 1], s = 100,
           linewidth = 1, facecolors = 'none')
plt.show()
```

程序运行结果如图 12.5 所示。

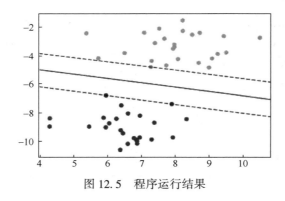

图 12.5　程序运行结果

12.2.2　多项式核函数

多项式核函数（Polynomial Kernel）是指通过多项式函数增加原始样本特征的高次方幂。通过把样本特征进行乘方投射到高维空间。kernel 参数取值为 ploy，代码如下：

```
SVC(kernel = 'ploy', degree = 3)
```

参数解释如下：

● degree：表示选择的多项式的最高次数，默认为三次多项式。

【例 12.3】区分颜色点

实心圆点的是正类，空心圆点的是负类，五星是预测样本点，如图 12.6 所示。

```
# - * - coding:utf-8 - * -
from sklearn.svm import SVC
import numpy as np
```

```
X=np. array([[1,1],[1,2],[1,3],[1,4],[2,1],[2,2],[3,1],[4,1],[5,1],[5,2],[6,1],[6,2],
    [6,3],[6,4],[3,3],[3,4],[3,5],[4,3],[4,4],[4,5]])
Y=np. array([1]*14+[-1]*6)
T=np. array([[0.5,0.5],[1.5,1.5],[3.5,3.5],[4,5.5]])

#X 为训练样本,Y 为训练样本标签(1 和-1),T 为测试样本
svc=SVC(kernel='poly',degree=2,gamma=1,coef0=0)
svc. fit(X,Y)
pre=svc. predict(T)
print("预测结果\n",pre)                                #输出预测结果
print("正类和负类支持向量总个数\n",svc. n_support_)     #输出正类和负类支持向量总个数
print("正类和负类支持向量索引\n",svc. support_)         #输出正类和负类支持向量索引
print("正类和负类支持向量\n",svc. support_vectors_)     #输出正类和负类支持向量
```

【程序运行结果】

```
预测结果
[ 1 1 -1 -1]
正类和负类支持向量总个数
[2 3]
正类和负类支持向量索引
[14 17 3 5 13]
正类和负类支持向量
[[3. 3.]
 [4. 3.]
 [1. 4.]
 [2. 2.]
 [6. 4.]]
```

分析结果：

4 个预测点分类为前两个为 1，后两个为-1。负类（空心圆点）支持向量有 2 个，在样本集中索引为 14,17，分别为（3,3）、（4,3）。正类（实心圆点）支持向量有 3 个，在样本集中索引为 3,5,13，分别为（1,4）、（2,2）、（6,4）。如图 12.7 所示。

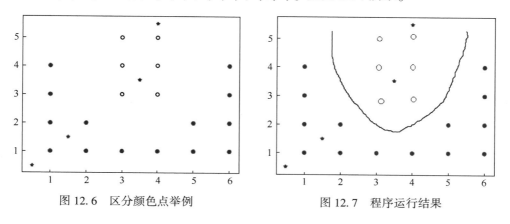

图 12.6　区分颜色点举例　　　　　图 12.7　程序运行结果

12.2.3　高斯核函数

高斯核函数（Gaussian kernel）也叫作径向基函数，通过高斯函数衡量样本和样本之间的"相似度"进行线性可分。kernel 参数取值为 rbf，代码如下：

```
model = svm. SVC( kernel = 'rbf', C)
```

【例 12. 4】 高斯核函数举例

```
import numpy as np
import matplotlib. pyplot as plt
from sklearn import svm
from sklearn. datasets import make_blobs

# 先创建 50 个数据点,将它们分为两类
X, y = make_blobs( n_samples = 50, centers = 2, random_state = 6)

# 创建一个 rbf 内核的支持向量机模型
clf_rbf = svm. SVC( kernel = 'rbf', C = 1000)
clf_rbf. fit( X, y)
# 把数据点画出来
plt. scatter( X[ :, 0], X[ :, 1], c = y, s = 30, cmap = plt. cm. Paired)

#建立图像坐标
ax = plt. gca( )
xlim = ax. get_xlim( )
ylim = ax. get_ylim( )

xx = np. linspace( xlim[ 0], xlim[ 1], 30)
yy = np. linspace( ylim[ 0], ylim[ 1], 30)
YY, XX = np. meshgrid( yy, xx)
xy = np. vstack( [ XX. ravel( ), YY. ravel( )]). T
Z = clf_rbf. decision_function( xy). reshape( XX. shape)

# 把分类的决定边界画出来
ax. contour( XX, YY, Z, colors = 'k', levels = [ -1, 0, 1], alpha = 0. 5, linestyles = [ '--', '-', '--'])
ax. scatter( clf_rbf. support_vectors_[ :, 0], clf_rbf. support_vectors_[ :, 1], s = 100,
            linewidth = 1, facecolors = 'none')
plt. show( )
```

程序运行结果如图 12. 8 所示。

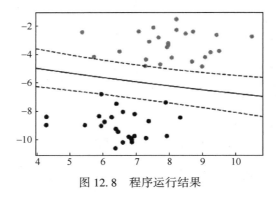

图 12. 8　程序运行结果

12. 3　参数调优

SVC 中的 gamma 参数和惩罚系数 C 具有提高预测准确性的作用。gamma 的值越小, 高

斯核直径越大，就会有更多的数据进入到 SVM 的决定边界中，从而使得边界越来越平滑，模型越来越简单，倾向于欠拟合。gamma 的值越大，SVM 倾向于把每一个数据都放到相应的边界中，模型的复杂度相应提高，倾向于过拟合。

惩罚系数 C 是对误差的宽容度。C 值大，对误分类的惩罚增大，准确率很高，但泛化能力弱，容易导致过拟合；C 值小，对误分类的惩罚减小，容错能力增强，泛化能力较强，但也可能欠拟合。

12.3.1　gamma 参数

【例 12.5】调节 gamma 参数

```python
import sklearn. svm as svm
import matplotlib. pyplot as plt
from sklearn. datasets import load_wine
import numpy as np         #引入 NumPy 库

def make_meshgrid( x, y, h =.02):
    x_min, x_max = x. min( ) - 1, x. max( ) + 1
    y_min, y_max = y. min( ) - 1, y. max( ) + 1
    xx, yy = np. meshgrid( np. arange( x_min, x_max, h), np. arange( y_min, y_max, h))
    return xx, yy
def plot_contours( ax, clf, xx, yy, * * params):
    Z = clf. predict( np. c_[ xx. ravel( ), yy. ravel( )])
    Z = Z. reshape( xx. shape)
    out = ax. contourf( xx, yy, Z, * * params)
    return out
# 酒数据集
wine = load_wine( )
# 选取数据集的前两个特征
X = wine. data[ :, :2]
y = wine. target

C = 1.0   # SVM 正则化参数

#参数 gamma 分别取值为 0.1、1 和 10
models = ( svm. SVC( kernel ='rbf', gamma =0. 1, C =C),
          svm. SVC( kernel ='rbf', gamma =1, C =C),
          svm. SVC( kernel ='rbf', gamma =10, C =C))
models = ( clf. fit( X, y) for clf in models)
titles = ( 'gamma = 0. 1','gamma = 1','gamma = 10')
fig, sub = plt. subplots( 1, 3, figsize = ( 10,3))
#plt. subplots_adjust( wspace =0. 8, hspace =0. 2)

X0, X1 = X[ :, 0], X[ :, 1]
xx, yy = make_meshgrid( X0, X1)
for clf, title, ax in zip( models, titles, sub. flatten( )):
    plot_contours( ax, clf, xx, yy, cmap =plt. cm. plasma, alpha =0. 8)
    ax. scatter( X0, X1, c =y, cmap =plt. cm. plasma, s =20, edgecolors ='k')
    ax. set_xlim( xx. min( ), xx. max( ))
    ax. set_ylim( yy. min( ), yy. max( ))
    ax. set_xlabel( 'Feature 0')
    ax. set_ylabel( 'Feature 1')
```

```
        ax. set_xticks( ( ) )
        ax. set_yticks( ( ) )
        ax. set_title( title)
plt. show( )
```

程序运行结果如图 12.9 所示。

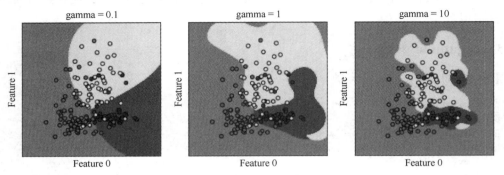

图 12.9　程序运行结果

12.3.2　惩罚系数 C

【例 12.6】 惩罚系数 C 举例

```
from sklearn import datasets
from sklearn. model_selection import GridSearchCV
from sklearn. svm import SVC
from sklearn. model_selection import train_test_split
from sklearn import metrics

iris = datasets. load_iris( )
x = iris. data[ :,:2]
y = iris. target

#网格搜索法
kernel = ['rbf','linear','poly']
gamma = [0. 001,0. 01,0. 1,1,10,100]
C = [0. 001,0. 01,0. 1,1,10,100]
param_grid = {"kernel":kernel,"gamma":gamma,"C":C}
print("Parameters:{}". format(param_grid))
grid_search = GridSearchCV(SVC( ),param_grid,cv = 5)      #实例化一个 GridSearchCV 类

X_train,X_test,y_train,y_test = train_test_split(iris. data,iris. target,random_state = 10)

#模型在训练数据集上拟合
grid_search. fit(X_train,y_train)

print("Test set score:{ :. 2f}". format(grid_search. score(X_test,y_test)))
#返回交叉验证后的最佳参数值
print("Best parameters:{}". format(grid_search. best_params_))

print("Best score on train set:{ :. 2f}". format(grid_search. best_score_))
print("best_estimator_: ",grid_search. best_estimator_)
```

```
print("best_score_: ",grid_search. best_score_)

#模型在测试集上的预测
predict = grid_search. predict(X_test)
print(predict)

#模型的预测准确率
print(metrics. accuracy_score(y_test, predict))
```

【程序运行结果】

```
Parameters:{'kernel': ['rbf', 'linear', 'poly'], 'gamma': [0.001, 0.01, 0.1, 1, 10, 100], 'C': [0.001,
0.01, 0.1, 1, 10, 100]}
Test set score:1.00
Best parameters:{'C': 1, 'gamma': 0.001, 'kernel': 'linear'}
Best score on train set:0.98
best_estimator_:   SVC(C=1, cache_size=200, class_weight=None, coef0=0.0,
   decision_function_shape='ovr', degree=3, gamma=0.001, kernel='linear',
   max_iter=-1, probability=False, random_state=None, shrinking=True,
   tol=0.001, verbose=False)
best_score_:   0.9821428571428571
[1 2 0 1 0 1 1 1 0 1 1 2 1 0 0 2 1 0 0 0 2 2 2 0 1 0 1 1 1 2 1 1 2 2 2 0 2
2]
1.0
```

分析程序运行结果:

经过 5 重交叉验证后, 发现最佳的惩罚系数 C 为 1, 模型在训练数据集上的平均准确率达到 98.2%, 在测试数据集上的预测准确率为 1.0%。

12.4　回归问题

【例 12.7】回归问题举例

```
import numpy as np
from sklearn. svm import SVR
import matplotlib. pyplot as plt
# 产生样本数据
X = np. sort(5 * np. random. rand(40, 1), axis=0)
y = np. sin(X). ravel()
# 在目标值增加噪声数据
y[::5] += 3 * (0.5 - np. random. rand(8))
# 估计器
svr_rbf = SVR(kernel='rbf', C=1e3, gamma=0.1)      #高斯核函数
svr_lin = SVR(kernel='linear', C=1e3)              #线性核函数
svr_poly = SVR(kernel='poly', C=1e3, degree=2)     #多项式核函数

# SVR 的 fit() 函数取 X, y 作为输入参数,y 是连续值
y_rbf = svr_rbf. fit(X, y). predict(X)
y_lin = svr_lin. fit(X, y). predict(X)
y_poly = svr_poly. fit(X, y). predict(X)

lw = 2
plt. scatter(X, y, color='darkorange', label='data')
```

```
plt. plot( X, y_rbf, color='navy', lw=lw, label='RBF model')
plt. plot( X, y_lin, color='c', lw=lw, label='Linear model')
plt. plot( X, y_poly, color='cornflowerblue', lw=lw, label='Polynomial model')
plt. xlabel('data')
plt. ylabel('target')
plt. title('Support Vector Regression')
plt. legend( )
plt. show( )
```

程序运行结果如图 12.10 所示。

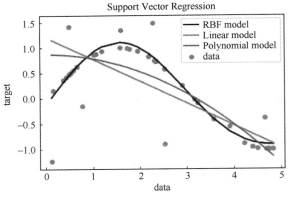

图 12.10　程序运行结果

12.5　案例

12.5.1　支持向量机识别鸢尾花

【例 12.8】鸢尾花举例

```
from sklearn import datasets
import sklearn. model_selection as ms
import sklearn. svm as svm
import matplotlib. pyplot as plt
from sklearn. metrics import classification_report


iris = datasets. load_iris( )
x = iris. data[ :,:2]
y = iris. target

# 数据集分为训练集和测试集
train_x, test_x, train_y, test_y = ms. train_test_split( x, y, test_size=0. 25, random_state=5)

# 基于线性核函数
model = svm. SVC( kernel='linear')
model. fit( train_x, train_y)

#基于多项式核函数,三阶多项式核函数
# model = svm. SVC( kernel='poly', degree=3)
# model. fit( train_x, train_y)
```

```
# 基于径向基(高斯)核函数
#model = svm.SVC(kernel='rbf', C=600)
#model.fit(train_x, train_y)
# 预测
pred_test_y = model.predict(test_x)
# 计算模型精度
bg = classification_report(test_y, pred_test_y)
print('基于线性核函数 的分类报告:', bg, sep='\n')
#print('基于多项式核函数 的分类报告:', bg, sep='\n')
#print('基于径向基(高斯)核函数 的分类报告:', bg, sep='\n')
# 绘制分类边界线
l, r = x[:, 0].min() - 1, x[:, 0].max() + 1
b, t = x[:, 1].min() - 1, x[:, 1].max() + 1
n = 500
grid_x, grid_y = np.meshgrid(np.linspace(l, r, n), np.linspace(b, t, n))
bg_x = np.column_stack((grid_x.ravel(), grid_y.ravel()))
bg_y = model.predict(bg_x)
grid_z = bg_y.reshape(grid_x.shape)
# 画图显示样本数据
plt.title('kernel=linear ', fontsize=16)
#plt.title('kernel=poly ', fontsize=16)
#plt.title('kernel=rbf', fontsize=16)

plt.xlabel('X', fontsize=14)
plt.ylabel('Y', fontsize=14)
plt.tick_params(labelsize=10)
plt.pcolormesh(grid_x, grid_y, grid_z, cmap='gray')
plt.scatter(test_x[:, 0], test_x[:, 1], s=80, c=test_y, cmap='jet', label='Samples')

plt.legend()
plt.show()
```

【程序运行结果】

基于线性核函数 的分类报告:

	precision	recall	f1-score	support
0	1.00	1.00	1.00	12
1	0.75	0.86	0.80	14
2	0.80	0.67	0.73	12
accuracy			0.84	38
macroavg	0.85	0.84	0.84	38
weightedavg	0.84	0.84	0.84	38

程序运行结果如图 12.11 所示。

基于多项式核函数 的分类报告:

	precision	recall	f1-score	support
0	1.00	1.00	1.00	12
1	0.75	0.86	0.80	14
2	0.80	0.67	0.73	12
accuracy			0.84	38
macroavg	0.85	0.84	0.84	38
weightedavg	0.84	0.84	0.84	38

程序运行结果如图 12.12 所示。

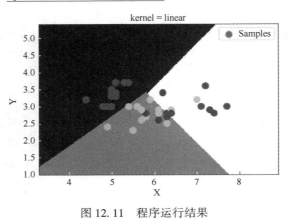

图 12.11　程序运行结果

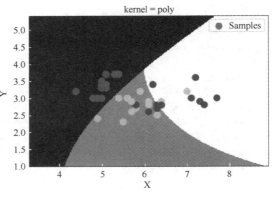

图 12.12　程序运行结果

基于径向基(高斯)核函数 的分类报告：

	precision	recall	f1-score	support
0	1.00	1.00	1.00	12
1	0.86	0.86	0.86	14
2	0.83	0.83	0.83	12
accuracy			0.89	38
macro avg	0.90	0.90	0.90	38
weighted avg	0.89	0.89	0.89	38

程序运行结果如图 12.13 所示。

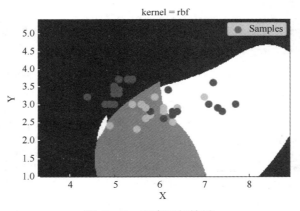

图 12.13　程序运行结果

支持向量机具有如下特性：

1）如果特征非常多，或者样本数远少于特征数时，数据更偏向线性可分，用线性核函数效果就会很好。

2）线性核参数少，速度快；高斯核参数多，分类结果非常依赖于参数，需要交叉验证或网格搜索最佳参数。

3）高斯核应用最广，无论是小样本还是大样本，高维还是低维等情况。

12.5.2　支持向量机预测波士顿房价

【例 12.9】波士顿房价举例

```
import matplotlib. pyplot as plt                          #导入画图工具
from sklearn. datasets import load_boston                 #导入波士顿房价数据集
boston = load_boston( )
#打印数据集中的键
print( boston. keys( ) )
#导入数据集拆分工具
from sklearn. model_selection import train_test_split
#建立训练数据集和测试数据集
X,y = boston. data,boston. target
X_train,X_test,y_train,y_test = train_test_split( X,y,random_state = 8)
#导入数据预处理工具
from sklearn. preprocessing import StandardScaler
#对训练集和测试集进行数据预处理
scaler = StandardScaler( )
scaler. fit( X_train)
X_train_scaled = scaler. transform( X_train)
X_test_scaled = scaler. transform( X_test)
#将预处理后的数据特征最大值和最小值用散点图表示出来
#导入支持向量机回归模型
from sklearn. svm import SVR
#用预处理后的数据重新训练模型
for kernel in ['linear','rbf']:
    svr = SVR( kernel = kernel)
    svr. fit( X_train_scaled,y_train)
    print('数据预处理后',kernel,'核函数的模型训练集得分：{ :. 3f}'. format( svr. score( X_train_scaled,
y_train) ) )
    print('数据预处理后',kernel,'核函数的模型测试集得分：{ :. 3f}'. format( svr. score( X_test_scaled,y
_test) ) )

plt. plot( X_train_scaled. min( axis = 0) ,'v',label = 'train set min')
plt. plot( X_train_scaled. max( axis = 0) ,'^',label = 'train set max')
plt. plot( X_test_scaled. min( axis = 0) ,'v',label = 'test set min')
plt. plot( X_test_scaled. max( axis = 0) ,'^',label = 'test set max')

#设置图注位置为最佳
plt. legend( loc = 'best')
#设定横纵轴标题
plt. xlabel( 'scaled features')
plt. ylabel( 'scaled feature magnitude')
#显示图形
plt. show( )

#设置"rbf"内核的 SVR 模型的 C 参数和 gamma 参数
svr = SVR( C = 100,gamma = 0. 1)
svr. fit( X_train_scaled,y_train)
print('调节参数后的"rbf"内核的 SVR 模型在训练集得分：{ :. 3f}'. format( svr. score( X_train_scaled,y_
train) ) )
print('调节参数后的"rbf"内核的 SVR 模型在测试集得分：{ :. 3f}'. format( svr. score( X_test_scaled,y_
test) ) )
```

【程序运行结果】

```
dict_keys( ['data', 'target', 'feature_names','DESCR', 'filename'] )
数据预处理后 linear 核函数的模型训练集得分：0. 706
```

数据预处理后 linear 核函数的模型测试集得分：0.698
数据预处理后 rbf 核函数的模型训练集得分：0.665
数据预处理后 rbf 核函数的模型测试集得分：0.695

程序运行结果如图 12.14 所示。

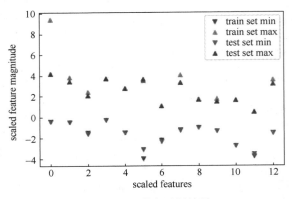

图 12.14　程序运行结果

调节参数后的"rbf"内核的 SVR 模型在训练集得分：0.966
调节参数后的"rbf"内核的 SVR 模型在测试集得分：0.894

12.6　习题

一、编程题

1. 已知训练样本 X = np. array([[−1, −1], [−2, −1], [1, 1], [2, 1]])；目标值数组 y = np. array([1, 1, 2, 2])。采用线性核函数的支持向量机预测 [[−0.5,−0.8]])) 所属类别。

2. 针对 Sklearn 中糖尿病数据集，采用 LinearSVR 进行预测。

二、问答题

1. 什么是超平面？

2. gamma 参数和惩罚系数 C 的作用是什么？

3. 如何理解核函数？学习 Sklearn 的三个核函数。

第 13 章
K 近邻算法

K 近邻（K-Nearest Neighbor，KNN）算法是理论上比较成熟的方法，也是最简单的机器学习算法之一。本章重点介绍 K 近邻算法的 K 值、距离度量和分类决策规则等要素与实现步骤，以及 KNN 算法在分类问题和回归问题的实例应用。

13.1 初识 K 近邻算法

13.1.1 算法思想

K 近邻算法（K-nearest neighbors，KNN）在 1968 年由 Cover 和 Hart 提出，是一个有监督的机器学习算法，属于"惰性"算法，即不会预先生成分类或预测模型，其模型的构建与新数据的预测同时进行。

KNN 依据最邻近的样本决定待分类样本所属的类别，其决策规则采用多数表决法的投票选举，即少数服从多数的方式。

KNN 算法具有如下主要优点：

1）理论成熟，思想简单，可解决分类与回归问题。

2）准确性高，对异常值和噪声有较高的容忍度。

KNN 算法有如下不足：

1）由于该算法只计算"最近的"邻居样本，当样本数据分布不平衡时，会导致结果差距较大，一般引入权值方法（距离样本小的邻居权值大）进行改进。

2）计算量较大，需要计算待分类样本到已知样本的距离，才能确定 K 个最近邻点。解决方法之一是事先去除对分类作用不大的样本点。

13.1.2 算法描述

KNN 算法描述如图 13.1 所示，已知 ω_1、ω_2、ω_3 分别代表训练集中的三个类别，K 值为 3，预测 X_u 属于 ω_1、ω_2、ω_3 中的哪个类别。

KNN 具有如下步骤：

步骤 1：算距离。

计算待分类样本 X_u 与已分类样本点的距离。

步骤 2：找邻居。

圈定与待分类样本距离最近的 3 个已分类样本，作为待分类样本的近邻。

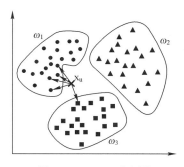

图 13.1 KNN 示意图

步骤 3：做分类。

根据 5 个近邻中的多数样本所属的类别来决定待分类样本，将 X_u 的类别预测为 ω_1。

13.2 选择 K 值

【例 13.1】K 值选择举例

如图 13.2 所示，确定"绿色圆形"属于"红色三角形"还是"蓝色四方形"类？若 K = 3，距离"绿色圆形"最近的 3 个点中"红色三角形"所占比例为 $\frac{2}{3}$，"蓝色四方形"所占比例为 $\frac{1}{3}$。由于 $\frac{2}{3} > \frac{1}{3}$，所以"绿色圆形"分为"红色三角形"类。若 K = 5，"蓝色四方形"所占比例为 $\frac{3}{5}$，"红色三角形"所占比例为 $\frac{2}{5}$，"绿色圆形"分为"蓝色四方形"

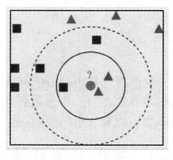

图 13.2　KNN 的 K 值示意图

类。所以，KNN 算法结果在很大程度取决于 K 值的选择。

K 值选择分为如下情况：

1）当 K 值较小，就相当于用较小训练集进行预测，"学习"的近似误差较小，预测结果与近邻的实例点关系非常敏感，容易发生过拟合。

2）当 K 值较大，近似误差就会增大，会出现对于距离比较远的点起不到预测作用，容易受样本不平衡的影响，可能造成欠拟合。

13.3 距离度量

距离度量的方式很多，下面介绍三个常用的距离计算公式。

（1）欧氏距离

在平面上 A、B 两点之间的欧氏距离如图 13.3 所示，是两点之间的直线距离，数学表达公式如下：

$$d(x,y) = \sqrt{\sum_{k=1}^{n} (x_k - y_k)^2}$$

（2）曼哈顿距离

在平面上 A、B 两点的曼哈顿距离如图 13.4 所示，是虚线段之和。曼哈顿距离的数学表达公式如下：

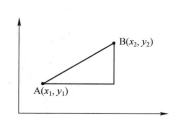

图 13.3　A、B 两点欧氏距离

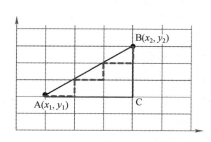

图 13.4　A、B 两点曼哈顿距离

$$d(x,y) = \sum_{k=1}^{n} |x_k - y_k|$$

（3）余弦距离

余弦距离也称为余弦相似度，是用向量空间中两个向量夹角的余弦值衡量两个向量的相似程度，当余弦值越接近 1，就表明夹角越接近 0 度，也就是两个向量越相似。A、B 两点的欧氏距离（dist(A,B)）和余弦距离（cos）在三维坐标系中如图 13.5 所示。欧氏距离和余弦距离具有不同的计算方式：欧氏距离衡量的是空间各点的绝对距离，与各个点所在的位置坐标直接相关；而余弦距离衡量的是空间向量的夹角，体现在方向上的差异，而不是位置。

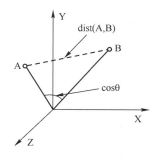

图 13.5　欧氏距离和余弦距离

余弦距离的公式如下：

$$\cos(\theta) = \frac{\sum_{i=1}^{n}(x_i \cdot y_i)}{\sqrt{\sum_{i=1}^{n}(x_i)^2} \cdot \sqrt{\sum_{i=1}^{n}(y_i)^2}}$$

13.4　分类问题

Sklearn 提供了 KneighborsClassifier 解决分类问题，代码如下：

```
KNeighborsClassifier(n_neighbors, weights, algorithm, leaf_size, p)
```

参数解释如下：

- n_neighbors：K 值。
- weights：指定投票权重类型，默认值 weights = 'uniform' 为每个近邻分配统一的权重。而 weights = 'distance' 分配权重与查询点的距离成反比。
- algorithm：指定计算最近邻的算法。'auto'：自动决定最合适的算法；'ball_tree'：BallTree 算法；'kd_tree'：KDTree 算法；'brute'：暴力搜索法。
- leaf_size：指定 BallTree/KDTree 叶节点规模，影响树的构建和查询速度。
- p：p = 1 为曼哈顿距离，p = 2 为欧式距离。

【例 13.2】KNN 分类举例

```
from sklearn. datasets. samples_generator import make_blobs          # 生成数据
centers = [[-2,2], [2,2], [0,4]]
X, y = make_blobs(n_samples = 60, centers = centers, random_state = 0, cluster_std = 0.60)


# 画出数据
import matplotlib. pyplot as plt
import numpy as np
plt. figure(figsize = (6,4), dpi = 144)
c = np. array(centers)
# 画出样本
plt. scatter(X[:,0], X[:,1], c = y, s = 100, cmap = 'cool')
# 画出中心点
plt. scatter(c[:,0], c[:,1], s = 100, marker = '^', c = 'orange')
```

```
plt. savefig('knn_centers. png')
plt. show( )
# 模型训练
from sklearn. neighbors import KNeighborsClassifier
k = 5
clf = KNeighborsClassifier( n_neighbors = k)
clf. fit( X, y)

# 进行预测
X_sample = np. array( [[0, 2]])
y_sample = clf. predict( X_sample)
neighbors = clf. kneighbors( X_sample, return_distance = False)

# 画出示意图
plt. figure( figsize = (6,4), dpi = 144)
c = np. array( centers)
plt. scatter( X[ :,0], X[ :,1], c = y, s = 100, cmap = 'cool')          # 画出样本
plt. scatter( c[ :,0], c[ :,1], s = 100, marker = '^', c = 'k')          # 中心点
plt. scatter( X_sample[0][0], X_sample[0][1], marker = "x", s = 100, cmap = 'cool')    # 待预测的点
for i in neighbors[0]:
    plt. plot( [X[i][0], X_sample[0][0]], [X[i][1], X_sample[0][1]], 'k--', linewidth = 0. 6)
        # 预测点与距离最近的 5 个样本的连线
plt. savefig('knn_predict. png')
plt. show( )
```

程序运行结果如图 13.6、图 13.7 所示。

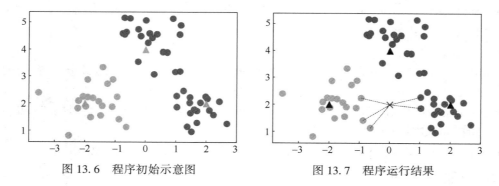

图 13.6　程序初始示意图　　　　　　图 13.7　程序运行结果

【例 13.3】 KNN 分类举例

```
import matplotlib. pyplot as plt                    # 导入画图工具
import numpy as np                                   # 导入数组工具
from sklearn. datasets import make_blobs             # 导入数据集生成器
from sklearn. neighbors import KneighborsClassifier  # 导入 KNN 分类器
from sklearn. model_selection import train_test_split # 导入数据集拆分工具
# 生成样本数为 200,分类数为 2 的数据集
data = make_blobs( n_samples = 200, n_features = 2,centers = 2, cluster_std = 1. 0, random_state = 8)
X, Y = data
# 将生成的数据集进行可视化
# plt. scatter( X[ :,0], X[ :,1],s = 80, c = Y,   cmap = plt. cm. spring, edgecolors = 'k')
# plt. show( )
clf = KNeighborsClassifier( )
```

```
clf. fit(X, Y)
# 绘制图形
x_min, x_max = X[ :, 0]. min( ) - 1, X[ :, 0]. max( ) + 1
y_min, y_max = X[ :, 1]. min( ) - 1, X[ :, 1]. max( ) + 1
xx, yy = np. meshgrid( np. arange( x_min, x_max, . 02), np. arange( y_min, y_max, . 02))
z = clf. predict( np. c_[ xx. ravel( ), yy. ravel( )])

z = z. reshape( xx. shape)
plt. pcolormesh( xx, yy, z, cmap = plt. cm. Pastel1)
plt. scatter( X[ :, 0], X[ :, 1], s = 80, c = Y,   cmap = plt. cm. spring, edgecolors = 'k')
plt. xlim( xx. min( ), xx. max( ))
plt. ylim( yy. min( ), yy. max( ))
plt. title( "Classifier:KNN")

plt. scatter( 6. 135, 4. 82, marker = '*', c = 'red', s = 200)    # 把待分类的数据点用五星表示出来
res = clf. predict( [ [ 6. 135, 4. 82]])                          # 预测
plt. text( 6. 9, 4. 5, 'Classification flag: '+str( res))
plt. show( )
```

程序运行结果如图 13. 8 所示。

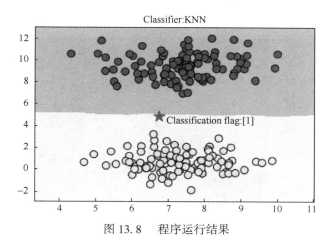

图 13.8　程序运行结果

```
# 使用 make_blobs( ) 函数生成样本数量为 500, 分类数量为 5 的数据集
import matplotlib. pyplot as plt                              # 导入画图工具
import numpy as np                                           # 导入数组工具
from sklearn. datasets import make_blobs                     # 导入数据集生成器
from sklearn. neighbors import KneighborsClassifier          # 导入 KNN 分类器
from sklearn. model_selection import train_test_split        # 导入数据集拆分工具

# 生成样本数为 500, 分类数为 5 的数据集
data = make_blobs( n_samples = 500, n_features = 2, centers = 5, cluster_std = 1. 0, random_state = 8)
X, Y = data

# 将生成的数据集进行可视化
# plt. scatter( X[ :, 0], X[ :, 1], s = 80, c = Y,   cmap = plt. cm. spring, edgecolors = 'k')
# plt. show( )
clf = KNeighborsClassifier( )
```

```
clf. fit( X , Y)
# 绘制图形
x_min,x_max=X[ : ,0]. min( )-1,X[ : ,0]. max( )+1
y_min,y_max=X[ : ,1]. min( )-1,X[ : ,1]. max( )+1
xx,yy=np. meshgrid( np. arange( x_min,x_max,. 02) ,np. arange( y_min,y_max,. 02) )
z=clf. predict( np. c_[ xx. ravel( ) ,yy. ravel( ) ] )

z=z. reshape( xx. shape)
plt. pcolormesh( xx,yy,z,cmap=plt. cm. Pastel1)
plt. scatter( X[ : ,0], X[ : ,1] ,s=80, c=Y,   cmap=plt. cm. spring, edgecolors='k')
plt. xlim( xx. min( ) ,xx. max( ) )
plt. ylim( yy. min( ) ,yy. max( ) )
plt. title( "Classifier:KNN")

plt. scatter( 0,5,marker=' * ',c='red',s=200)         # 把待分类的数据点用五星表示出来
res = clf. predict( [ [ 0,5] ] )                       #预测
plt. text( 0. 2,4. 6,'Classification flag: '+str( res ) )
plt. text( 3. 135,-13,'Model accuracy: { :. 2f}'. format( clf. score( X, Y) ) )
plt. show( )
```

程序运行结果如图 13. 9 所示。

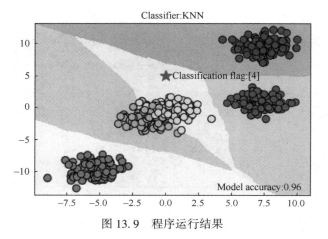

图 13. 9   程序运行结果

13. 5   回归问题

回归是对真实值的逼近预测，一般将最近的 K 个样本的平均值作为回归预测值。Sklearn 提供了 KneighborsRegressor 解决回归问题，代码如下：

```
KNeighborsRegressor( n_neighbors)
```

参数解释如下：

- n_neighbors：K 值。

【例 13. 4】回归问题举例

```
import matplotlib. pyplot as plt
import numpy as np
# 导入用于回归分析的 KNN 模型
from sklearn. neighbors import KNeighborsRegressor
from sklearn. datasets. samples_generator import make_regression
```

```
X,Y = make_regression(n_samples = 100, n_features = 1, n_informative = 1, noise = 50, random_state = 8)

reg = KNeighborsRegressor(n_neighbors = 5)
reg.fit(X,Y)
# 将预测结果用图像进行可视化
z = np.linspace(-3,3,200).reshape(-1,1)
# 将生成的数据集进行可视化
plt.scatter(X,Y,c='orange',edgecolor='k')
plt.plot(z,reg.predict(z),c='k',Linewidth=3)
plt.title("KNN Regressor")
plt.show()
```

程序运行结果如图 13.10 所示。

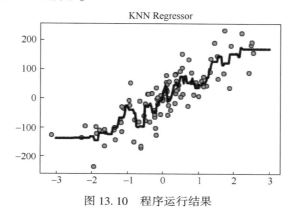

图 13.10　程序运行结果

13.6　案例

13.6.1　KNN 区分电影类型

【例 13.5】预测电影类型

根据搞笑镜头、拥抱镜头、打斗镜头将电影类型分为喜剧片、动作片和爱情片，如表 13.1 所示。现有影片《唐人街探案》的搞笑镜头为 23，拥抱镜头为 3，打斗镜头为 113，预测影片类型。

表 13.1　电影影片样本

序号	电影名称	搞笑镜头	拥抱镜头	打斗镜头	电影类型	距离	K = 5
1	功夫熊猫 3	39	0	31	喜剧片	21.413	√
2	叶问 3	3	2	65	动作片	52.01	
3	伦敦陷落	2	3	55	动作片	43.42	
4	代理情人	9	38	2	爱情片	40.513	
5	新步步惊心	8	34	17	爱情片	34.44	√
6	谍影重重	5	2	57	动作片	43.813	
7	澳门风云 3	54	9	11	喜剧片	21.413	√
8	美人鱼	21	17	5	喜剧片	18.55	√
9	宝贝当家	45	2	9	喜剧片	23.43	√
10	唐人街探案	23	3	113	?		

```
import math
movie_data = {"宝贝当家": [45, 2, 9, "喜剧片"], "美人鱼": [21, 17, 5, "喜剧片"],
            "澳门风云 3": [54, 9, 11, "喜剧片"], "功夫熊猫 3": [39, 0, 31, "喜剧片"],
            "谍影重重": [5, 2, 57, "动作片"], "叶问 3": [3, 2, 65, "动作片"],
            "伦敦陷落": [2, 3, 55, "动作片"], "我的特工爷爷": [6, 4, 21, "动作片"],
            "奔爱": [13, 46, 4, "爱情片"], "夜孔雀": [9, 39, 8, "爱情片"],
            "代理情人": [9, 38, 2, "爱情片"], "新步步惊心": [8, 34, 17, "爱情片"]}

# 测试样本,唐人街探案": [23, 3, 113, "? 片"]
x = [23, 3, 113]
KNN = []
#采用欧氏距离
for key, v in movie_data.items():
    d = math.sqrt((x[0] - v[0]) ** 2 + (x[1] - v[1]) ** 2 + (x[2] - v[2]) ** 2)
    KNN.append([key, round(d, 2)])

# 输出所有电影到 唐人街探案的距离
print("'唐人街探案'到 各个影片的距离如下所示;\n")
print(KNN)

#按照距离大小进行递增排序
KNN.sort(key=lambda dis: dis[1])

#选取距离最小的 K 个样本,这里取 K=5;
KNN=KNN[:5]
print("输出距离最小的前五个影片,如下所示")
print(KNN)
#确定前 K 个样本所在类别出现的频率,并输出频率最高的类别
labels = {"喜剧片":0,"动作片":0,"爱情片":0}
for s in KNN:
    label = movie_data[s[0]]
    labels[label[3]] += 1
labels = sorted(labels.items(),key=lambda l: l[1],reverse=True)
print(labels)
print("唐人街探案 所属影片类型,如下所示")
print(labels[0][0])
```

【程序运行结果】

[['宝贝当家', 106.31], ['美人鱼', 108.92], ['澳门风云 3', 106.78], ['功夫熊猫 3', 83.6], ['谍影重重', 58.83], ['叶问 3', 52.01], ['伦敦陷落', 61.68], ['我的特工爷爷', 93.56], ['奔爱', 117.6], ['夜孔雀', 111.88], ['代理情人', 117.23], ['新步步惊心', 101.99]]
输出距离最小的前五个影片,如下
[['叶问 3', 52.01], ['谍影重重', 58.83], ['伦敦陷落', 61.68], ['功夫熊猫 3', 83.6], ['我的特工爷爷', 93.56]]
[('动作片', 4), ('喜剧片', 1), ('爱情片', 0)]
唐人街探案 所属影片类型,如下
动作片

13.6.2 KNN 识别鸢尾花

【例 13.6】 KNN 算法识别鸢尾花

```
from sklearn import datasets                                    #引入数据集
from sklearn. model_selection import train_test_split          # 将数据分为测试集和训练集
from sklearn. preprocessing   import StandardScaler
from sklearn. neighbors import KNeighborsClassifier            # 利用邻近点方式训练数据


#步骤 1:通过 datasets 加载鸢尾花数据
iris = datasets. load_iris( )                                   # 鸢尾花数据 iris 包含 4 个特征变量
#步骤 2:   划分数据集
x_train,x_test,y_train,y_test=train_test_split(iris. data,iris. target, random_state =6)
#步骤 3:   特征工程:标准化
transfer = StandardScaler( )
x_train = transfer. fit_transform( x_train)                    #训练集标准化
x_test =transfer. transform( x_test)                           #测试集标准化
#步骤 4:KNN 算法预估器
estimator = KNeighborsClassifier( n_neighbors = 3)
estimator. fit( x_train,y_train)
#步骤 5:模型评估采用如下两种方法
#方法 1:直接比对真实值和预测值
y_predict = estimator. predict( x_test)
print( y_predict)
print('比对真实值和预测值\n',y_test == y_predict)


#方法 2:计算准确率
score=estimator. score( x_test,y_test)                         #测试集的特征值和目标值
print( "准确率:",score)
```

【程序运行结果】

[0 2 0 0 2 1 1 0 2 1 2 1 2 2 1 1 2 1 1 0 0 2 0 0 1 1 1 2 0 1 0 1 0 0 1 2 1 2]
比对真实值和预测值
[True True True True True True False True True True True True
  True True True False True True True True True True True True
  True True True True True True True True True True True False True
  True True]
准确率:　0. 921052631513894133

13.7　习题

一、编程题

1. KNN 算法预测波士顿房价。

2. 请使用 KNN 算法进行糖尿病人的预测。

数据集可从网址:

https://pan. baidu. com/s/1qjWByd5gZ3PBj1382Kv3Mkg 下载，提取码：orfr。

二、问答题

1. K 近邻算法的思想是什么?

2. 如何进行合理的 K 值的选择?

3. 计算距离有哪些方法?

4. Sklearn 如何用 KNN 实现分类和回归问题?

第 14 章

朴素贝叶斯

朴素贝叶斯算法是一种基于贝叶斯理论的有监督学习算法。本章重点介绍贝叶斯的定理，高斯分布、多项式分布和伯努利分布三种类型的朴素贝叶斯，最后通过实例讲解朴素贝叶斯的应用。

14.1 初识朴素贝叶斯

朴素贝叶斯模型或朴素贝叶斯分类器（Naive Bayes Classifier，NBC）发源于古典数学理论，是基于贝叶斯理论与特征条件独立假设的分类方法，通过单独考量每一个特征被分类的条件概率，做出分类预测。

贝叶斯算法具有如下优点：

1）有着坚实的数学基础，以及稳定的分类效率。

2）所需估计的参数很少，对缺失数据不太敏感，算法也比较简单。

贝叶斯算法具有如下缺点：

1）必须知道先验概率，因此往往预测效果不佳。

2）对输入数据的数据类型较为敏感。

朴素贝叶斯分为高斯分布、多项式分布和伯努利分布三类。

1）高斯分布适合样本特征分布大部分是连续值的情况。

2）多项式分布适合非负离散数值特征的分类情况。

3）伯努利分布适合二元离散值或者很稀疏的多元离散值的情况。

14.2 贝叶斯定理

条件概率（Conditional Probability）又称后验概率，$P(A\mid B)$ 是指事情 A 在另一个事件 B 已经发生条件下的发生概率，读作"在 B 条件下 A 的概率"，$P(B)$ 为事件 B 发生的概率。条件概率公式如下：

$$P(A\mid B)=\frac{P(A\cap B)}{P(B)}$$

其中，$P(A\cap B)$ 为事件 AB 的联合概率，表示两个事件共同发生的概率。A 与 B 的联合概率也可以表示为 $P(A,B)$。

因此

$$P(A\cap B)=P(A\mid B)P(B)$$
$$P(A\cap B)=P(B\mid A)P(A)$$

可得

$$P(A \mid B)P(B) = P(B \mid A)P(A)$$

由此，推出贝叶斯公式

$$P(A \mid B) = \frac{P(B \mid A)P(A)}{P(B)}$$

【例 14.1】 贝叶斯公式举例

现有 x、y 两个容器，容器 x 有 7 个红球和 3 个白球，容器 y 有 1 个红球和 9 个白球。现从两个容器里任取一个红球，问红球来自容器 x 的概率是多少？

【解析】 假设抽出红球为事件 B，选中容器 x 为事件 A，则有：

$$P(B) = \frac{8}{20}, \quad P(A) = \frac{1}{2}, \quad P(B \mid A) = \frac{7}{10}$$

按照贝叶斯公式，则有：

$$P(A \mid B) = \frac{P(B \mid A)P(A)}{P(B)} = \frac{\frac{7}{10} * \frac{1}{2}}{\frac{8}{20}} = 0.875$$

14.3　流程

朴素贝叶斯分类分为如下三个阶段。

第一阶段：分类前的准备。针对特征属性进行划分，获取训练样本集合。这一阶段输入的是所有待分类的数据，输出的是特征属性和训练样本。

第二阶段：训练分类器。这个阶段的主要任务是计算每个类别在训练样本中出现的频率和每个特征属性对每个类别的条件概率估计。输入的是特征属性和训练样本，输出的是分类器。

第三阶段：进行分类。这个阶段的任务是使用分类器对待分类数据进行分类，其输入是分类器和带分类数据，输出是带分类数据与类别的映射关系。

14.4　分类

14.4.1　高斯分布

高斯分布又称为正态分布，自变量 x 为连续值，条件概率公式如下：

$$P(x_j \mid C_i) = \frac{1}{\sqrt{2\pi}\,\sigma_{ji}} \exp\left(-\frac{(x_j - u_{ji})^2}{2\sigma_{ji}^2}\right)$$

其中，μ 为均值，σ 为标准差。

【例 14.2】 使用概率公式举例

某金融公司给客户放贷优先考虑年龄和收入两个因素。已知数据信息如表 14.1 所示，现一位新客户年龄为 24 岁，收入为 8500 元，请问是否可以给该客户放贷？

表 14.1 放贷信息表

Age	Income	Loan	Age	Income	Loan
23	8000	1	45	10000	1
27	12000	1	18	4500	0
25	6000	0	22	7500	1
21	6500	0	23	6000	0
32	15000	1	20	6500	0

其中，Age 是年龄，$Income$ 是收入，$Loan$ 表示是否放贷。

（1）因变量各类别频率

$$P(Loan=0)=5/10=0.5$$
$$P(Loan=1)=5/10=0.5$$

（2）均值

$$\mu_{Age_0}=21.40 \qquad \mu_{Age_1}=29.8$$
$$\mu_{Income_0}=5900 \qquad \mu_{Income_1}=10500$$

（3）标准差

$$\sigma_{Age_0}=2.42 \qquad \sigma_{Age_1}=8.38$$
$$\sigma_{Income_0}=734.85 \qquad \sigma_{Income_1}2576.81$$

（4）单变量条件概率

$$P(Age=24 \mid Loan=0)=\frac{1}{\sqrt{2\pi}\times2.42}\exp\left(-\frac{(24-21.4)^2}{2\times2.42^2}\right)=0.0926$$

$$P(Age=24 \mid Loan=1)=\frac{1}{\sqrt{2\pi}\times8.38}\exp\left(-\frac{(24-29.8)^2}{2\times8.38^2}\right)=0.0375$$

$$P(Income=8500 \mid Loan=0)=\frac{1}{\sqrt{2\pi}\times734.85}\exp\left(-\frac{(8500-5900)^2}{2\times734.85^2}\right)=1.0384\times10^{-6}$$

$$P(Income=8500 \mid Loan=1)=\frac{1}{\sqrt{2\pi}\times2576.81}\exp\left(-\frac{(8500-10500)^2}{2\times2576.81^2}\right)=1.1456\times10^{-4}$$

（5）贝叶斯后验概率

$$P(Loan=0 \mid Age=24,Income=8500)$$
$$=P(Loan=0)\times P(Age=24 \mid Loan=0)\times P(Income=8500 \mid Loan=0)$$
$$=0.5\times0.0926\times1.0384\times10^{-6}=48079\times10^{-8}$$
$$P(Loan=1 \mid Age=24,Income=8500)$$
$$=P(Loan=1)\times P(Age=24 \mid Loan=1)\times P(Income=8500 \mid Loan=1)$$
$$=0.5\times0.0375\times1.1456\times10^{-4}=2.1479\times10^{-6}$$

经过计算可知，当客户的年龄为 24 岁，并且收入为 8500 元时，预测为不放贷的概率是 4.8079×10^{-8}，放贷的概率为 2.1479×10^{-6}，最终该金融公司决定给客户放贷。

Sklearn 提供 GaussianNB 用于高斯分布，具体语法如下：

GaussianNB(priors = True)

GaussianNB 类的主要参数仅有一个，即先验概率 priors。

【例 14.3】 Sklearn 库的 GaussianNB 举例

```
import numpy as np
x=np. array([[-1,-1],[-2,-1],[-3,-2],[1,1],[2,1],[3,2]])
y=np. array([1,1,1,2,2,2])

from sklearn. naive_bayes import GaussianNB
clf=GaussianNB( )
clf. fit( x,y)

print( clf. predict( [[-0. 8,-1]] ) )
print( clf. predict_proba( [[-0. 8,-1]] ) )
print( clf. predict_log_proba( [[-0. 8,-1]] ) )
```

【程序运行结果】

```
[1]
[[9. 99999949e-01 5. 05653254e-08]]
[[-5. 05653266e-08 -1. 67999998e+01]]
```

14.4.2　多项式分布

Sklearn 提供 MultinomialNB 用于多项式分布，具体语法如下：

```
MultinomialNB( alpha=1. 0, fit_prior=True, class_prior=None)
```

参数解释如下：

- alpha：先验平滑因子，默认等于 1，当等于 1 时表示拉普拉斯平滑。
- fit_prior：是否去学习类的先验概率，默认是 True。
- class_prior：各个类别的先验概率。

【例 14.4】 MultinomialNB 举例

```
import numpy as np
x=np. random. randint(5,size=(6,14))
print(x)

y=np. array([1,2,3,4,5,6])
from sklearn. naive_bayes import MultinomialNB
clf=MultinomialNB( )

clf. fit( x,y)

print( clf. predict( [[1,1,1,2,1,1,1,2,1,0]] ) )
```

【程序运行结果】

```
[[0 4 3 0 0 1 1 1 0 4]
 [2 4 3 0 3 2 4 4 3 4]
 [0 3 4 2 1 0 1 0 2 3]
 [1 2 1 4 2 2 1 3 2 0]
 [4 1 4 4 0 3 0 0 0 0]
 [0 3 3 2 2 2 0 3 4 1]]
[4]
```

14.4.3 伯努利分布

Sklearn 提供 BernoulliNB 用于伯努利分布，具体语法如下：

BernoulliNB(alpha = 1. 0, binarize = 0. 0, fit_prior = True, class_prior = None)

参数解释如下：

- alpha：平滑因子，与多项式中的 alpha 一致。
- binarize：样本特征二值化的阈值，默认是 0。如果不输入，模型认为所有特征都已经二值化；如果输入具体的值，模型把大于该值归为一类，小于该值归为另一类。
- fit_prior：是否去学习类的先验概率，默认是 True。
- class_prior：各个类别的先验概率，如果没有指定，模型会根据数据自动学习，每个类别的先验概率相同，等于类标记总个数 N 分之一。

BernoulliNB 一共有 4 个参数，其中 3 个参数的名字和意义与 MultinomialNB 完全相同。唯一增加的一个参数是 binarize，用于处理二项分布。

【例 14.5】 BernoulliNB 举例

```python
import numpy as np
x = np. random. randint(2, size = (6,140))
print(x)

y = np. array([1,2,3,4,5,6])

from sklearn. naive_bayes import BernoulliNB
clf = BernoulliNB()
clf. fit(x,y)

print(clf. predict([x[2]]))
```

【程序运行结果】

```
[[1 1 1 1 0 1 1 0 1 0 1 0 0 1 0 1 0 0 1 0 1 0 1 0 0 0 0 1 0 1 1 0 0 1 1 1
  0 0 0 0 1 1 1 1 0 0 1 0 1 0 0 1 0 0 0 0 1 0 1 0 1 1 1 1 1 0 0 0 1 0 1 0
  1 0 1 1 0 0 0 1 0 1 1 1 0 1 0 1 1 0 0 0 0 1 1 0 1 1 0 0]
 [1 0 1 1 0 1 1 1 0 0 1 1 1 1 1 1 1 0 1 1 1 0 1 1 1 1 0 0 1 1 1 1 1 0 0
  0 1 1 0 1 1 0 0 1 0 0 1 0 0 1 1 1 0 1 1 0 1 0 1 1 1 1 1 0 1 1 1 1 0 0 1
  1 0 1 0 1 1 0 1 0 1 0 0 1 1 0 1 0 1 0 1 0 0 0 1 0 0 1 0]
 [0 0 0 0 0 0 1 1 1 0 0 0 1 1 0 0 1 1 1 0 1 1 0 1 1 0 1 1 1 1 1 0 1 0 0 1 1 0
  0 1 0 0 1 0 0 0 0 1 0 1 1 1 1 1 0 0 1 0 0 0 0 0 1 0 0 1 0 1 0 1 1 0 1 1 0 1 1 0
  0 0 1 0 1 1 1 0 1 1 0 1 1 0 1 0 1 0 0 0]
 [1 0 1 0 1 0 0 0 0 0 0 1 1 0 0 1 1 0 0 0 0 0 0 1 1 0 0 0 0 0 0 0 1 1 1 0
  0 1 0 1 1 1 0 0 1 1 1 1 1 1 0 1 1 0 1 0 0 1 0 1 1 1 0 1 1 0 1 1 0 1 0 0
  0 0 1 1 1 1 0 0 0 1 0 0 0 1 1 0 1 0 0 1 0 0 0 1 0 0 1 0]
 [1 1 1 1 1 1 0 1 1 0 1 0 0 0 1 0 0 1 0 0 1 1 1 0 1 1 1 1 0 1 1 0 0 0 1 1
  1 1 0 1 0 0 1 1 0 1 1 1 1 1 1 1 1 0 1 1 1 1 0 0 0 1 0 1 1 0 1 0 1 0 0 0
  1 1 0 0 1 0 1 0 1 0 1 0 0 0 0 0 1 1 0 0 0 1 0 0 1 0 0 1]
 [1 0 1 1 0 1 0 1 1 0 1 0 1 0 1 1 1 1 1 1 1 0 0 0 0 1 1 1 1 1 0 1 0 1 0 1 0 0
  1 0 1 1 1 1 1 0 0 1 1 1 1 1 1 1 0 1 0 0 0 1 1 0 0 0 0 0 0 0 0 0 0 1 1 0 1
  1 0 1 0 0 1 0 0 1 0 1 1 1 1 1 0 1 0 1 1 0 1 1 1 1 0 0]]
[3]
```

14.5　案例

14.5.1　朴素贝叶斯识别鸢尾花

【例 14.6】 GaussianNB、MultinomialNB 和 BernoulliNB 应用于鸢尾花数据集

```
#GaussianNB 举例
from sklearn. model_selection import cross_val_score        #交叉验证
from sklearn. naive_bayes import GaussianNB
from sklearn import datasets
iris = datasets. load_iris( )
clf = GaussianNB( )
clf = clf. fit( iris. data, iris. target)
y_pred = clf. predict( iris. data)
print("高斯朴素贝叶斯,样本总数:%d 错误样本数:%d\n" % ( iris. data. shape[0],( iris. target ！ = y_
pred). sum( )))
scores = cross_val_score( clf,iris. data,iris. target,cv = 14)
print(" Accuracy:%. 3f\n" %scores. mean( ))
```

【程序运行结果】

高斯朴素贝叶斯,样本总数:150,错误样本数: 6
Accuracy:0. 953

```
# MultinomialNB 举例
from sklearn. model_selection import cross_val_score        #交叉验证
from sklearn. naive_bayes import MultinomialNB
from sklearn import datasets
iris = datasets. load_iris( )
clf = MultinomialNB( )
clf = clf. fit( iris. data, iris. target)
y_pred = clf. predict( iris. data)
print("多项分布朴素贝叶斯,样本总数:%d 错误样本数:%d\n" % ( iris. data. shape[0],( iris. target ！
= y_pred). sum( )))
scores = cross_val_score( clf,iris. data,iris. target,cv = 14)
print(" Accuracy:%. 3f\n" %scores. mean( ))
```

【程序运行结果】

多项分布朴素贝叶斯,样本总数:150,错误样本数: 7
Accuracy:0. 953

```
# BernoulliNB 举例
from sklearn. model_selection import cross_val_score        #交叉验证
from sklearn. naive_bayes import BernoulliNB
from sklearn import datasets
iris = datasets. load_iris( )
clf = BernoulliNB( )
clf = clf. fit( iris. data, iris. target)
y_pred = clf. predict( iris. data)
print("伯努利朴素贝叶斯,样本总数:%d,错误样本数: %d\n" % ( iris. data. shape[0],( iris. target ！ =
y_pred). sum( )))
```

```
scores = cross_val_score( clf, iris. data, iris. target, cv = 14)
print( " Accuracy:%. 3f\n" % scores. mean( ) )
```

【程序运行结果】

伯努利朴素贝叶斯,样本总数:150,错误样本数:140
Accuracy:0. 333

14.5.2　朴素贝叶斯分类新闻

【例 14.7】 MultinomialNB 应用于 20newsgroups 数据集

```
from sklearn. datasets import fetch_20newsgroups
from sklearn. model_selection import    train_test_split
from sklearn. feature_extraction. text import CountVectorizer
from sklearn. naive_bayes import MultinomialNB              #多项式朴素贝叶斯模型
from sklearn. metrics import classification_report
# 步骤 1. 数据获取
news = fetch_20newsgroups( subset ='all')
print('输出数据的条数:', len( news. data) )                  # 输出数据的条数:18846
#步骤 2. 数据预处理
#分割训练集和测试集,随机采样 25% 的数据样本作为测试集
X_train, X_test, y_train, y_test = train_test_split( news. data, news. target, test_size = 0. 25, random_state = 33)
#文本特征向量化
vec = CountVectorizer( )
X_train = vec. fit_transform( X_train)
X_test = vec. transform( X_test)
#步骤 3. 使用多项式朴素贝叶斯进行训练
mnb = MultinomialNB( )
mnb. fit( X_train, y_train)                                 # 利用训练数据对模型参数进行估计
y_predict = mnb. predict( X_test)                           # 对参数进行预测
#步骤 4. 获取结果报告
print('准确率:', mnb. score( X_test, y_test) )
print( classification_report( y_test, y_predict, target_names = news. target_names) )
```

【程序运行结果】

输出数据的条数:18846
准确率:0. 8397707979626485

	precision	recall	f1-score	support
alt. atheism	0.86	0.86	0.86	201
comp. graphics	0.59	0.86	0.70	250
comp. os. ms-windows. misc	0.89	0.14	0.17	248
comp. sys. ibm. pc. hardware	0.60	0.88	0.72	240
comp. sys. mac. hardware	0.93	0.78	0.85	242
comp. windows. x	0.82	0.84	0.83	263
misc. forsale	0.91	0.70	0.79	257
rec. autos	0.89	0.89	0.89	238
rec. motorcycles	0.98	0.92	0.95	276
rec. sport. baseball	0.98	0.91	0.95	251
rec. sport. hockey	0.93	0.99	0.96	233

sci. crypt	0.86	0.98	0.91	238
sci. electronics	0.85	0.88	0.86	249
sci. med	0.92	0.94	0.93	245
sci. space	0.89	0.96	0.92	221
soc. religion. christian	0.78	0.96	0.86	232
talk. politics. guns	0.88	0.96	0.92	251
talk. politics. mideast	0.90	0.98	0.94	231
talk. politics. misc	0.79	0.89	0.84	188
talk. religion. misc	0.93	0.44	0.60	158
accuracy			0.84	4712
macro avg	0.86	0.84	0.82	4712
weighted avg	0.86	0.84	0.82	4712

分析程序运行结果：

多项式朴素贝叶斯分类器对 4712 条新闻文本进行分类，准确性约为 83.977%，平均精确率、召回率以及 F1 指标分别为 0.86、0.84 和 0.82。

14.6　习题

一、编程题

1. 采用 Sklearn 的 make_blobs( ) 函数创建数据如下，采用 GaussianNB 分布进行分类。

```
X, y = datasets. make_blobs( 100, 2, centers = 2)
```

2. 针对如下数据，采用朴素贝叶斯的多项式模型预测 x[2:3] 的类别。

```
x = np. random. randint( 5, size = (6, 10))
y = np. array([1, 2, 3, 4, 5, 6])
```

二、问答题

1. 熟悉贝叶斯定理。

2. 高斯分布的特点是什么？

3. 多项式分布的特点是什么？

4. 伯努利分布的特点是什么？

第 15 章
决策树

本章首先介绍信息论的相关概念，如信息熵、信息增益和互信息等。机器学习中决策树表示对象属性和对象值之间的映射关系，树中的每一个节点表示对象属性的判断条件，其分支表示符合节点条件的对象。树的叶子节点表示对象所属的预测结果。本章介绍决策树的相关概念，ID3、C4.5 和 CART 等算法，重点介绍决策树在分类问题和回归问题的应用，以及如何调优 max_depth 参数，讲解随机森林和梯度提升决策树两种集成分类模型，最后介绍 graphviz 与 DOT 绘图工具。

15.1　初识决策树

通过一系列规则对数据进行分类，将在不同条件下得到不同的结果的决策过程绘制成图形，很像一棵倒立的树。这种从数据产生决策树的机器学习技术叫作决策树（Decision Trees，DT）。决策树属于经典数据挖掘算法之一，类似于流程图的树结构，采用 IF……THEN 的思路，是一种常见的分类和回归的监督学习方法，具有如下优势：

1）决策树列出了决策问题的全部可行方案，以及可行方法在各种不同状态下的期望值。

2）不要求对特征进行标准化，数值型和类别型可以直接应用在树模型中。

3）直观地显示决策问题在决策顺序不同阶段的决策过程。

4）在应用于复杂的多阶段决策时，阶段明显，层次清楚。

决策树的缺点如下：

1）决策树模型容易过拟合。

2）对于各类别样本数量不一致的数据，信息增益偏向于那些更多数值的特征。

3）忽略特征之间信息的相关性。

15.2　信息论

15.2.1　信息熵

信息泛指人类社会传播的一切内容，如音讯、消息、通信系统传输和处理的对象。信息可以通过"信息熵"被量化。1942 年，香农（Shannon）在《通信的数学原理》论文中指出："信息是用来消除随机不确定性的东西"。

信息熵是系统中信息含量的量化指标，越不确定的事物，其信息熵越大。信息熵公式如下：

$$H(X) = - \sum_{x \in X} P(x) \log_2 P(x)$$

其中，$P(x)$ 表示事件 x 出现的概率。

信息熵具有如下三条性质：

- 单调性：发生概率越高的事件，信息熵越低。例如，"太阳从东方升起"是确定事件，没有消除任何不确定性，所以不携带任何信息量。
- 非负性：信息熵不能为负。
- 累加性：多个事件发生的总的信息熵等于各个事件的信息熵之和。

【例 15.1】计算信息熵

```
import numpy as np
# 熵定义函数
def  entropy_func( data) :
    len_data = len( data)
    entropy = 0
    for ix in set( data) :
        p_value = data. count( ix)/len_data
        entropy -= p_value * np. log2( p_value)
    return entropy


#各自产生 20 个数据,一个具有 15 个分类,另一个具有 2 个分类
n_count = 20
b15_list = [ ]
a2_list = [ ]
for ix in range( n_count) :
    b15_list. append( np. random. randint( 15) )
    a2_list. append( np. random. randint( 2) )
#b15_list 代表 15 个类别
print( "15 个类别:", b15_list)
#a2_list 代表 2 个类别
print( "2 个类别:", a2_list)


#输出两组数据的信息熵
print( "15 类数据的信息熵 ", entropy_func( b15_list) )
print( "2 类数据的信息熵 ", entropy_func( a2_list) )
```

【程序运行结果】

```
15 个类别: [6, 4, 7, 3, 5, 6, 3, 9, 6, 0, 2, 7, 2, 1, 15, 15, 1, 2, 6, 6]
2 个类别: [0, 0, 0, 1, 1, 0, 1, 0, 1, 1, 0, 1, 1, 1, 1, 0, 0, 1, 1, 0]
15 类数据的信息熵  3. 1537016960573415
2 类数据的信息熵  0. 9927744539157150153
```

【例 15.2】赌马比赛

已知 4 匹马分别是 {a、b、c、d}，其获胜概率分别为 {1/2、1/4、1/8、1/8}。通过如下 3 个二元问题确定哪一匹马（x）赢得比赛。

问题 1：a 获胜了吗?

问题 2：b 获胜了吗?

问题 3：c 获胜了吗?

问答流程如下：

- 如果 x = a，需要提问 1 次（问题 1）。
- 如果 x = b，需要提问 2 次（问题 1，问题 2）。

- 如果 x = c，需要提问 3 次（问题 1，问题 2，问题 3）。
- 如果 x = d，需要提问 3 次（问题 1，问题 2，问题 3）。

因此，确定 x 取值的二元问题数量为：

$$E(N) = \frac{1}{2} \cdot 1 + \frac{1}{4} \cdot 2 + \frac{1}{8} \cdot 3 + \frac{1}{8} \cdot 3 = \frac{7}{4}$$

根据信息熵公式，可得：

$$H(X) = \frac{1}{2}\log(2) + \frac{1}{4}\log(4) + \frac{1}{8}\log(8) + \frac{1}{8}\log(8)$$

$$= \frac{1}{2} + \frac{1}{2} + \frac{3}{8} + \frac{3}{8} = \frac{7}{4} \text{ bit}$$

采用霍夫曼编码给 {a、b、c、d} 编码为 {0,10,110,111}，把最短的码 0 分配给发生概率最高的事件 a，以此类推，如图 15.1 所示。

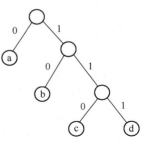

图 15.1　赌马比赛示意图

15.2.2　条件熵

条件熵的计算公式如下：

$$H(D \mid A) = \sum_{ik} P(A_i) H(D_k \mid A_i)$$

其中，$P(A_i)$ 表示 A 事件的第 i 种值对应的概率；$H(D_k \mid A_i)$ 为已知 A_i 的情况下，D 事件为 K 值的条件熵。决策树在生长的过程中，从根节点到叶子节点，信息熵是下降的过程，由根节点减少到各叶子节点的 0，每一步下降的量称为信息增益。

15.2.3　信息增益

信息熵的变化称为信息增益，信息增益大的特征具有较强的分类能力，因此选择信息增益最大的特征作为分裂节点创建决策树。

信息增益公式如下：

$$Gain_A(D) = H(D) - H(D \mid A)$$

事件 D 的信息增益就是事件 D 的信息熵与已知事件 A 下事件 D 的条件熵之差，事件 A 对事件 D 的影响越大，条件熵 $H(D \mid A)$ 就会越小，体现在信息增益上就是差值越大，说明事件 D 的信息熵下降得多。所以，在根节点或中间节点的变量选择过程中，挑选自变量下因变量的信息增益最大的节点。

15.2.4　互信息

互信息是对两个离散型变量 X 和 Y 相关程度的度量，互信息的韦恩图如图 15.2 所示。

左圆圈表示 X 的信息熵 $H(X)$，右圆圈表示 Y 的信息熵 $H(Y)$，并集是联合分布的信息熵 $H(X,Y)$，差集是条件熵 $H(X \mid Y)$ 或 $H(Y \mid X)$，交集为互信息 $I(X,Y)$。互信息越大，意味着两个变量关联更紧密。

当两个字的互信息值越大，其结合成词语的概率越大；互信息值越小，越不可能结合成词语。字 x 与字 y

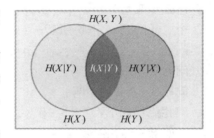

图 15.2　互信息的韦恩图

的互信息概率公式如下：

$$MI(x,y) = \log_2 \frac{P(x,y)}{P(x)P(y)}$$

$P(x,y)$表示字 x 与字 y 共同出现的概率；$P(x)$、$P(y)$分别表示字 x 和字 y 各自概率。

15.2.5　基尼系数

基尼系数是从概率的角度来衡量样本特征组合最佳性的"非纯度"，数据集 D 的基尼系数（$Gini(D)$）公式如下：

$$Gini(D) = 1 - \sum_{k=1}^{|y|} p_k^2$$

$Gini(D)$反映了从数据集 D 中随机抽取两个不一致类别样本的概率。与信息增益相反，$Gini(D)$越小，数据集 D 的纯度越高。

15.3　决策树算法

决策树创建过程分为以下几步：

步骤 1：计算每个特征划分数据集的信息熵。

步骤 2：选择信息增益最大的特征作为数据划分节点。

步骤 3：递归地处理被划分后的数据集，当满足信息增益的阈值时，结束递归。

决策树的典型算法有 ID3、C4.5、CART 等。

15.3.1　ID3 算法

ID3 算法（Iterative Dichotomiser 3，意为迭代二叉树 3 代）用于处理离散化的特征值，采用最大信息增益的特征分割数据集，进行分类。

ID3 算法流程图如图 15.3 所示。

ID3 算法具有构建速度快，实现简单等优点，也有如下缺点：

- 依赖于特征数目较多的特征。
- ID3 算法只处理离散属性。
- 不能处理缺失值数据。

实现 ID3 算法的步骤如下：

步骤 1：对当前样本集合，计算所有属性的信息增益。

步骤 2：选择信息增益最大的属性进行划分集合，把取值相同的样本划分为同一个子样本集。

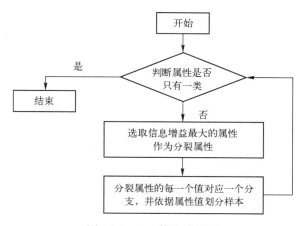

图 15.3　ID3 算法流程图

步骤 3：若子样本集中所有的样本属于同一类别，该子集作为叶子结点；否则对子样本集递归调用本算法。

15.3.2　C4.5 算法

ID3 算法以"最大信息熵增益"为原则进行特征划分，以此构成的决策树模型倾向于选择取值较多的特征，为了克服这个缺陷，使用信息增益率来衡量特征的重要程度，产生 C4.5 算法。

信息增益率=信息增益/条件熵

C4.5 算法在以下几个方面进行了改进：

- 解决偏向取值较多的数学的问题。
- 在树构造过程进行剪枝操作。
- 能够处理离散型和连续型的属性类型。
- 能够对不完整数据进行处理。

15.3.3 CART 算法

ID3 算法和 C4.5 算法生成的决策树规模较大。为了提高生成决策树的效率，出现了 CART（Classification And Regression Tree，分类回归树）算法。当叶子结点是连续型数据，该树为回归树；当叶子结点是离散型数据，该树为分类树。CART 根据"基尼系数"来选择测试属性。

ID3、C4.5 和 CART 各自优缺点如下：

- ID3 和 C4.5 算法均只适合在小规模数据集上使用。
- ID3 和 C4.5 算法都是单变量决策树。
- 当属性值较多，C4.5 算法效果较好，而 ID3 效果较差。
- 三者划分依据不同：ID3 为信息增益、C4.5 为信息增益率、CART 为基尼系数。
- CART 算法构建的一定是二叉树，ID3 和 C4.5 构建的不一定是二叉树。

ID3、C4.5 和 CART 三者各自优缺点如表 15.1 所示。

表 15.1 三种算法对比

算法	支持模型	树结构	特征选择	连续值处理	缺失值处理	剪枝	特征属性多次使用
ID3	分类	多叉树	信息增益	不支持	不支持	不支持	不支持
C4.5	分类	多叉树	信息增益率	支持	支持	支持	不支持
CART	分类、回归	二叉树	基尼系数、均方差	支持	支持	支持	支持

15.4 分类与回归

15.4.1 分类问题

Sklearn 提供 DecisionTreeClassifier( ) 函数用于分类变量，具体语法如下：

```
DecisionTreeClassifier( criterion, splitter, max_depth, min_samples_split)
```

参数解释如下：

- criterion：内置标准为 gini（基尼系数）或者 entropy（信息熵）。
- splitter：切割方法，如 splitter = 'best'。
- max_depth：决策树最大深度。
- min_samples_split：最少切割样本的数量。

15.4.2 回归问题

回归决策树在选择不同特征作为分裂节点的策略上，与分类决策树的相似。不同之处在于，回归决策树的叶子节点的数据类型不是离散型，而是连续型。回归树的叶子节点是具体的值，从预测值连续这个意义上严格地讲，回归树不能称为"回归算法"。因为回归树的叶子节点返回的是"一团"训练数据的均值，而不是具体的、连续的预测值。

Sklearn 提供 DecisionTreeRegressor( ) 函数用于连续变量，具体语法如下：

DecisionTreeRegressor (criterion = 'mse', max_depth = 3)

参数含义如下：

- criterion：使用"mse"（均方差）或者"mae"（平均绝对误差）。默认为"mse"。
- max_depth：决策树最大深度。

15.4.3　调优 max_depth 参数

决策树的最大深度（max_depth）取值不同，分类的效果差距较大。

【例 15.3】调优 max_depth 参数举例

```
import numpy as np
import matplotlib. pyplot as plt
from matplotlib. colors import ListedColormap
from sklearn import tree, datasets
from sklearn. model_selection import train_test_split

wine = datasets. load_wine( )
X = wine. data[ :,:2]
y = wine. target
X_train, X_test, y_train, y_test = train_test_split(X,y)

#clf = tree. DecisionTreeClassifier(max_depth = 1)
#clf = tree. DecisionTreeClassifier(max_depth = 3)
clf = tree. DecisionTreeClassifier(max_depth = 5)
clf. fit(X_train,y_train)

#print("max_depth = 1:\n",clf. score(X_test, y_test))
#print("max_depth = 3:\n",clf. score(X_test, y_test))
print("max_depth = 5:\n",clf. score(X_test, y_test))
#定义图像中分区的颜色和散点的颜色
cmap_light = ListedColormap(['#FFAAAA', '#AAFFAA', '#AAAAFF'])
cmap_bold = ListedColormap(['#FF0000', '#00FF00', '#0000FF'])
#分别用样本的两个特征值创建图像的横轴和纵轴
x_min, x_max = X_train[:, 0]. min( ) − 1, X_train[:, 0]. max( ) + 1
y_min, y_max = X_train[:, 1]. min( ) − 1, X_train[:, 1]. max( ) + 1
xx, yy = np. meshgrid(np. arange(x_min, x_max, .02), np. arange(y_min, y_max, .02))
Z = clf. predict(np. c_[xx. ravel( ), yy. ravel( )])
#给每个分类中的样本分配不同的颜色
Z = Z. reshape(xx. shape)
plt. figure( )
plt. pcolormesh(xx, yy, Z, cmap = cmap_light)
#用散点把样本表示出来
plt. scatter(X[:, 0], X[:, 1], c = y, cmap = cmap_bold, edgecolor = 'k', s = 20)
plt. xlim(xx. min( ), xx. max( ))
plt. ylim(yy. min( ), yy. max( ))
#plt. title("Classifier:(max_depth = 1)")
#plt. title("Classifier:(max_depth = 3)")
```

```
plt. title("Classifier:(max_depth = 5)")
plt. show()
```

【程序运行结果】

```
max_depth = 1:
  0.6666666666666666
```

程序运行结果如图 15.4 所示。

```
max_depth = 3:
  0.7777777777777715
```

程序运行结果如图 15.5 所示。

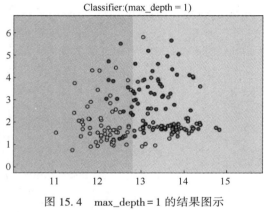

图 15.4　max_depth = 1 的结果图示

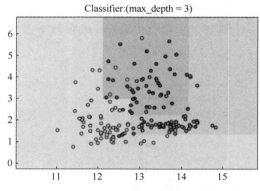

图 15.5　max_depth = 3 的结果图示

```
max_depth = 5:
0.8222222222222222
```

程序运行结果如图 15.6 所示。

解析程序运行结果：

当 max_depth = 1，决策树分了 2 类。当 max_depth = 3，决策树进行 3 类识别，大部分数据进入正确的分类。当 max_depth = 5，决策树将每一个数据进行正确分类。

```
    # 决策树可视化,保存成 dot 文件
with open("d:\out. dot", 'w') as f:
    f = tree. export_graphviz(clf, out_file = f, class_names = wine. target_names,
    feature_names = wine. feature_names[:2], impurity = False, filled = True)
```

程序运行的各种情况如图 15.7 所示。

解析程序运行结果：

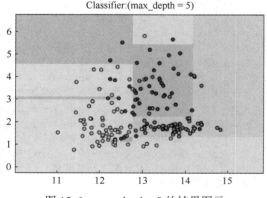

图 15.6　max_depth = 5 的结果图示

从决策树的根开始，第一个条件是 "alcohol <= 12.745"，samples = 133 是指根节点共有 133 个样本。Value = [43,54,36] 是指 43 个样本属于 class_0；54 个样本属于 class_1，36 个样本属于 class_2。下一层，判断条件为 "malic_acid"，判断为 class_1 的样本为 53 个，判断为 class_0 的样本为 80 个，如此下去。

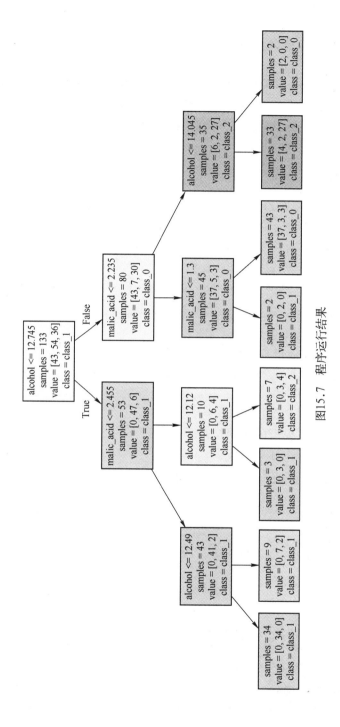

图15.7 程序运行结果

15.5　集成分类模型

集成分类模型通过综合多个分类器的预测结果做出决策，具有投票式和顺序式两种模型。

- 投票式是指平行训练多种机器学习模型，每个模型的输出进行投票的方式，以少数服从多数的原则做出最终的分类决策。代表模型是随机森林。
- 顺序式是按顺序搭建多个模型，模型之间存在依赖关系，最终整合模型。代表模型是梯度提升决策树。

15.5.1　随机森林

随机森林（Random Forest）用于解决决策树出现的过拟合现象。"森林"是指具有多棵 CART 决策子树，"随机"是指构成决策树的数据是随机生成的，生成的过程采用 bootstrap 抽样法。随机森林不但具有决策树的高效率，又降低了过拟合的风险，具有较高的预测准确度。

Sklearn. ensemble 模块提供 RandomForestClassifier( )函数实现随机森林，具体语法如下：

RandomForestClassifier（n_estimators, max_features, bootstrap, max_depth, random_state）

参数解释如下：

- n_estimators：控制随机森林中决策树的个数。
- max_features：控制所选择的特征数量的最大值。
- bootstrap：有放回的抽样。
- max_depth：树的最大深度。
- random_state：确定模型的相同与否。

【例 15.4】随机森林举例

```
from sklearn. ensemble import RandomForestClassifier
from sklearn import datasets
from sklearn. model_selection import train_test_split
import numpy as np
import matplotlib. pyplot as plt
from matplotlib. colors import ListedColormap


wine = datasets. load_wine( )
X = wine. data[ :,:2]
y = wine. target
X_train, X_test, y_train, y_test = train_test_split(X,y)
forest = RandomForestClassifier( n_estimators = 6, max_features = 'auto', bootstrap = True, random_state = 3)
forest. fit( X_train, y_train)


#定义图像中分区的颜色和散点的颜色
cmap_light = ListedColormap( [ '#FFAAAA', '#AAFFAA', '#AAAAFF'])
cmap_bold = ListedColormap( [ '#FF0000', '#00FF00', '#0000FF'])


#分别用样本的两个特征值创建图像的横轴和纵轴
x_min, x_max = X_train[ :, 0]. min( ) − 1, X_train[ :, 0]. max( ) + 1
y_min, y_max = X_train[ :, 1]. min( ) − 1, X_train[ :, 1]. max( ) + 1
```

```
xx, yy = np. meshgrid(np. arange(x_min, x_max, . 02), np. arange(y_min, y_max, . 02))
Z = forest. predict(np. c_[xx. ravel(), yy. ravel()])

#给每个分类中的样本分配不同的颜色
Z = Z. reshape(xx. shape)
plt. figure()
plt. pcolormesh(xx, yy, Z, cmap=cmap_light)

#用散点把样本表示出来
plt. scatter(X[:, 0], X[:, 1], c=y, cmap=cmap_bold, edgecolor='k', s=20)
plt. xlim(xx. min(), xx. max())
plt. ylim(yy. min(), yy. max())
plt. title("Classifier:RandomForest")
plt. show()
```

程序运行结果如图 15.8 所示。

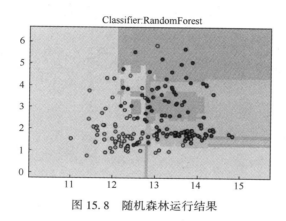

图 15.8　随机森林运行结果

15.5.2　梯度提升决策树

梯度提升决策树（Gradient Tree Boosting）是指按照一定次序搭建多个分类模型，模型之间相互依赖，构建出更强分类能力的模型。与随机森林不同，这里每一棵决策树在生成过程中都会尽可能降低整体集成模型在训练集上的拟合误差。

Sklearn 提供 GradientBoostingClassifier() 函数用于梯度提升决策树，具体语法如下：

```
GradientBoostingClassifier(max_features, n_estimators, random_state)
```

参数解释如下：

- n_estimators：控制个数
- max_features：控制所选择的特征数量的最大值
- random_state：确定模型的相同与否

【例 15.5】 梯度提升决策树举例

```
#导入数据集——泰坦尼克遇难者数据
import pandas as pd
titan = pd. read_csv("http://biostat. mc. vanderbilt. edu/wiki/pub/Main/DataSets/titanic. txt")
print(titan. head())
```

217

【程序运行结果】

	row. names	pclass	survived	\
0	1	1st	1	
1	2	1st	0	
2	3	1st	0	
3	4	1st	0	
4	5	1st	1	

	name	age	embarked \
0	Allen, Miss Elisabeth Walton	29. 0000	Southampton
1	Allison, Miss HelenLoraine	2. 0000	Southampton
2	Allison, Mr Hudson Joshua Creighton	30. 0000	Southampton
3	Allison, Mrs Hudson J. C. (Bessie Waldo Daniels)	25. 0000	Southampton
4	Allison, Master Hudson Trevor	0. 9167	Southampton

	home. dest	room	ticket	boat	sex
0	St Louis, MO	B-5	24160 L221	2	female
1	Montreal, PQ /Chesterville, ON	C26	NaN	NaN	female
2	Montreal, PQ /Chesterville, ON	C26	NaN	(135)	male
3	Montreal, PQ /Chesterville, ON	C26	NaN	NaN	female
4	Montreal, PQ /Chesterville, ON	C22	NaN	11	male

```
#数据预处理
#1. 选取特征
x = titan[['pclass','age',"sex"]]
y = titan['survived']
print(x. info())
```

【程序运行结果】

```
<class 'pandas. core. frame. DataFrame'>
RangeIndex：1313 entries, 0 to 1312
Data columns (total 3 columns)：
pclass      1313 non-null object
age         633 non-null float64
sex         1313 non-null object
dtypes: float64(1), object(2)
memory usage：30. 9+ KB
None
# 2. 缺失数据处理
x. fillna(x['age']. mean(), inplace=True)
print(x. info())
```

【程序运行结果】

```
<class 'pandas. core. frame. DataFrame'>
RangeIndex：1313 entries, 0 to 1312
Data columns (total 3 columns)：
pclass      1313 non-null object
age         1313 non-null float64
sex         1313 non-null object
dtypes：float64(1), object(2)
#3. 划分数据集
fromsklearn. model_selection import train_test_split
```

```
x_train,x_test,y_train,y_test = train_test_split(x,y,test_size=0.25,random_state=1)
print(x_train.shape,x_test.shape)
```

【程序运行结果】

```
(9154, 3) (329, 3)
# 4. 特征向量化
fromsklearn.feature_extraction import DictVectorizer
vec = DictVectorizer(sparse=False)
x_train =vec.fit_transform(x_train.to_dict(orient='record'))
x_test =vec.transform(x_test.to_dict(orient='record'))
print(vec.feature_names_)
```

【程序运行结果】

```
['age', 'pclass=1st', 'pclass=2nd', 'pclass=3rd', 'sex=female', 'sex=male']
#算法模型:随机森林
fromsklearn.ensemble import RandomForestClassifier
rfc = RandomForestClassifier()
rfc.fit(x_train,y_train)
RandomForestClassifier(bootstrap=True, class_weight=None, criterion='gini',
            max_depth=None, max_features='auto', max_leaf_nodes=None,
            min_impurity_decrease=0.0, min_impurity_split=None,
            min_samples_leaf=1, min_samples_split=2,
            min_weight_fraction_leaf=0.0, n_estimators=15, n_jobs=1,
            oob_score=False, random_state=None, verbose=0,
            warm_start=False)
print(rfc.score(x_test,y_test))
fromsklearn.metrics import classification_report
rfc_pre = rfc.predict(x_test)
print(classification_report(rfc_pre,y_test))
```

【程序运行结果】

```
0.1535156626139151763
              precision    recall    f1-score    support
         0       0.91       0.152      0.156        219
         1       0.70       0.154      0.76         115
  accuracy                             0.153        329
 macroavg        0.151      0.153     0.151        329
weightedavg      0.154      0.153     0.153        329
#算法模型:梯度提升决策树
fromsklearn.ensemble import GradientBoostingClassifier
gbc = GradientBoostingClassifier()
gbc.fit(x_train,y_train)
GradientBoostingClassifier(criterion='friedman_mse', init=None,
            learning_rate=0.1, loss='deviance', max_depth=3,
            max_features=None, max_leaf_nodes=None,
            min_impurity_decrease=0.0, min_impurity_split=None,
            min_samples_leaf=1, min_samples_split=2,
            min_weight_fraction_leaf=0.0, n_estimators=150,
            presort='auto', random_state=None, subsample=1.0, verbose=0,
            warm_start=False)
print(gbc.score(x_test,y_test))
```

```
fromsklearn. metrics import classification_report
print( classification_report( gbc. predict( x_test) ,y_test) )
```

【程序运行结果】

	precision	recall	f1-score	support
0. 1523701520661569301				
	precision	recall	f1-score	support
0	0. 92	0. 151	0. 156	224
1	0. 615	0. 155	0. 75	155
accuracy		0. 152	329	
macroavg	0. 150	0. 153	0. 151	329
weightedavg	0. 154	0. 152	0. 153	329

分析程序运行结果：

在相同的训练和测试数据条件下，仅仅使用各自模型的默认配置，预测性能依次为：梯度上升决策树最佳，其次是随机森林分类器，最后是决策树。

15.6　graphviz 与 DOT

15.6.1　graphviz

graphviz 是由 AT&T Research 和 Lucent Bell 实验室开发的开源可视化图形工具，用于绘制结构化的图形网络，将 Python 代码生成的 dot 脚本解析为树形图，支持多种格式输出。

graphviz 安装及配置步骤如下：

步骤 1：下载 graphviz 软件，单击网址 http://www. graphviz. org/，如图 15.9 所示。

下载 graphviz-2. 315. msi，运行安装到 c:\Graphviz2. 315 目录，如图 15. 10 所示。

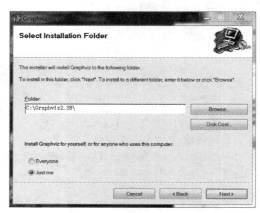

图 15.9　graphviz 网址主页　　　　　　图 15. 10　下载安装 graphviz

步骤 2：配置环境变量 PATH，将 bin 文件夹的路径加入，如图 15. 11 所示。

步骤 3：使用 pip 命令安装 graphviz，代码如下，如图 15. 12 所示。

```
pipinstall graphviz
```

图 15.11　配置 PATH

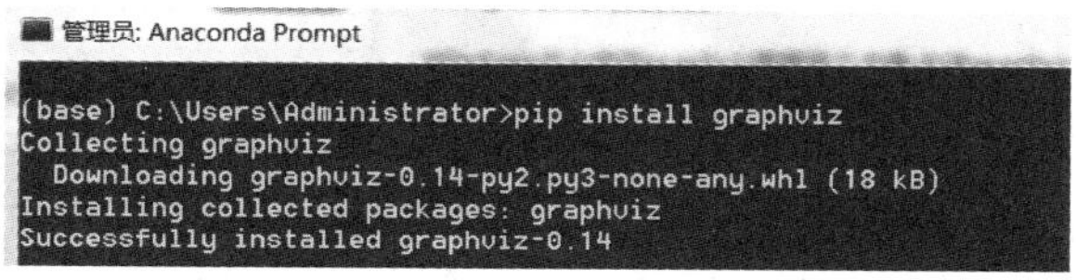

图 15.12　使用 pip 命令安装 graphviz

15.6.2　DOT 语言

DOT 是一种文本图形描述语言，用于描述图表的组成元素以及它们之间的关系，通常以 .gv 或 .dot 作为扩展名。

打开 cmd，进入 d:\out.dot 所在目录，运行如下命令，如图 15.13 所示。

```
dot out.dot -T pdf -o out.pdf
```

C:\Users\Administrator>d:

D:\>dot out.dot -T pdf -o out.pdf

图 15.13　使用 DOT 命令

在 d:\ 目录下会出现 out.pdf 文件，文件部分内容如图 15.14 所示。

15.7　案例

15.7.1　决策树决定是否赖床

【例 15.6】决策树进行分类问题

赖床数据具有"季节""时间已过 15 点""风力情况"特征，预测"要不要赖床"，将其存储为 CSV 文件，保存为 d:\ laichuang.csv，如表 15.2 所示。

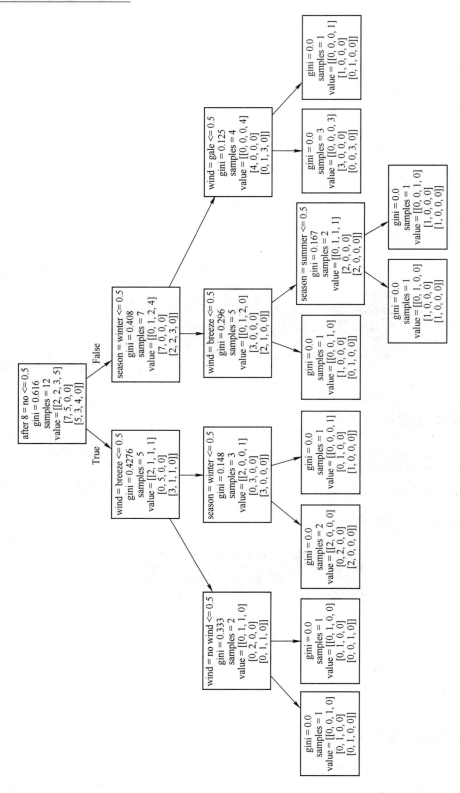

图15.14 决策树的分类过程

表 15.2 赖床数据

季 节	时间已过 15 点	风 力 情 况	要不要赖床
spring	no	breeze	yes
winter	no	no wind	yes
autumn	yes	breeze	yes
winter	no	no wind	yes
summer	no	breeze	yes
winter	yes	breeze	yes
winter	no	gale	yes
winter	no	no wind	yes
spring	yes	no wind	no
summer	yes	gale	no
summer	no	gale	no
autumn	yes	breeze	no

```
#特征向量化
import pandas as pd
from sklearn. feature_extraction import DictVectorizer
from sklearn import tree
from sklearn. model_selection import train_test_split

#Pandas 读取 csv 文件,header = None 表示不将首行作为列
data = pd. read_csv('D:/laichuang. csv',header = None)
#指定列
data. columns = ['season','after 15','wind','lay bed']
vec = DictVectorizer(sparse = False)    #对字典进行向量化。sparse = False,不产生稀疏矩阵
feature = data[['season','after 15','wind']]
X_train = vec. fit_transform(feature. to_dict(orient = 'record'))
#打印各个变量
print('show feature\n',feature)
print('show vector\n',X_train)
print('show vector name\n',vec. get_feature_names())
```

【程序运行结果】

```
show feature
      season    after 15    wind
0     spring    no          breeze
1     winter    no          no wind
2     autumn    yes         breeze
3     winter    no          no wind
4     summer    no          breeze
5     winter    yes         breeze
6     winter    no          gale
7     winter    no          no wind
15    spring    yes         no wind
9     summer    yes         gale
15    summer    no          gale
11    autumn    yes         breeze
show vector
[[1. 0. 0. 1. 0. 0. 1. 0. 0.]
 [1. 0. 0. 0. 0. 1. 0. 0. 1.]
 [0. 1. 1. 0. 0. 0. 1. 0. 0.]
```

```
[1. 0. 0. 0. 0. 1. 0. 0. 1. ]
[1. 0. 0. 0. 1. 0. 1. 0. 0. ]
[0. 1. 0. 0. 0. 1. 1. 0. 0. ]
[1. 0. 0. 0. 0. 1. 0. 1. 0. ]
[1. 0. 0. 0. 0. 1. 0. 0. 1. ]
[0. 1. 0. 1. 0. 0. 0. 0. 1. ]
[0. 1. 0. 0. 1. 0. 0. 1. 0. ]
[1. 0. 0. 0. 1. 0. 0. 0. 1. ]
[0. 1. 1. 0. 0. 0. 1. 0. 0. ]]
show vector name
['after 15 = no', 'after 15 = yes', 'season = autumn', 'season = spring', 'season = summer', 'season = winter', 'wind
= breeze', 'wind = gale', 'wind = no wind']
```

```
#模型训练 ,可以通过 get_feature_names() 函数查看属性值
#划分成数据集
train_x, test_x, train_y, test_y = train_test_split(X_train, feature, test_size = 0.3)
#训练决策树
clf = tree. DecisionTreeClassifier(criterion = 'gini')
clf. fit(X_train, feature)


#决策树可视化,保存成 dot 文件
with open("d:\out. dot", 'w') as f :
    f = tree. export_graphviz(clf, out_file = f, feature_names = vec. get_feature_names())
```

15.7.2　决策树预测波士顿房价

【例 15.7】 决策树预测波士顿房价

```
#数据采集
    from sklearn. datasets import load_boston
    from sklearn. model_selection import train_test_split
    from sklearn. preprocessing import StandardScaler
    from sklearn. tree import DecisionTreeRegressor
    from sklearn. metrics import r2_score, mean_squared_error, mean_absolute_error


    #读取波士顿地区房价信息
    boston = load_boston()
    #查看数据描述,共 506 条波士顿地区房价信息,每条 13 项数值特征描述和目标房价
    # print(boston. DESCR)
    #查看数据的差异情况
    # print("最大房价:", np. max(boston. target))      # 50
    # print("最小房价:", np. min(boston. target))       # 5
    # print("平均房价:", np. mean(boston. target))     # 22. 532806324110677
    x = boston. data
    y = boston. target
#数据集拆分,分割训练数据和测试数据,随机采样 25% 作为测试,75% 作为训练
    x_train, x_test, y_train, y_test = train_test_split(x, y, test_size = 0. 25, random_state = 33)
#特征预处理,训练数据和测试数据进行标准化处理
    ss_x = StandardScaler()
    x_train = ss_x. fit_transform(x_train)
    x_test = ss_x. transform(x_test)
    ss_y = StandardScaler()
    y_train = ss_y. fit_transform(y_train. reshape(-1, 1))
    y_test = ss_y. transform(y_test. reshape(-1, 1))


#使用回归树进行训练和预测,初始化 K 近邻回归模型,使用平均回归进行预测
```

```
dtr = DecisionTreeRegressor()
#训练
dtr.fit(x_train, y_train)
#预测,保存预测结果
dtr_y_predict = dtr.predict(x_test)

#模型评估
print("回归树的默认评估值为:", dtr.score(x_test, y_test))
print("平均回归树的 R_squared 值为:", r2_score(y_test, dtr_y_predict))
print("回归树的均方误差为:", mean_squared_error(ss_y.inverse_transform(y_test),
                    ss_y.inverse_transform(dtr_y_predict)))
print("回归树的平均绝对误差为:", mean_absolute_error(ss_y.inverse_transform(y_test),
                    ss_y.inverse_transform(dtr_y_predict)))
```

【程序运行结果】

回归树的默认评估值为: 0.7066505912533438
平均回归树的 R_squared 值为: 0.7066505912533438
回归树的均方误差为: 22.746692913385836
回归树的平均绝对误差为: 3.08740157480315

15.8 习题

一、编程题

1. 决策树分类 iris 数据集

2. 表 15.3 的数据有特征变量:天气(Outlook)、温度(Temp.)、湿度(Humidity)和有风(Windy),决定是否出游(Play)。采用 ID3 和 CART 计算决策树。

表 15.3 天气决定是否出游

Outlook	Temp.	Humidity	Windy	Play
sunny	hot	high	False	No
sunny	hot	high	true	No
overcast	hot	high	False	Yes
rainy	mild	high	False	Yes
rainy	cool	normal	False	Yes
rainy	cool	normal	True	No
overcast	cool	normal	True	Yes
sunny	mild	high	False	No
sunny	cool	normal	False	Yes
rainy	mild	normal	False	Yes
sunny	mild	normal	True	Yes
overcast	mild	high	True	Yes
overcast	hot	normal	False	Yes
rainy	mild	high	true	No

二、问答题

1. 决策树算法的思想是什么?

2. 理解信息熵、条件熵、信息增益、互信息等概念。

3. ID3 算法、C4.5 算法的优缺点各是什么?

4. CART 算法有什么特点?

5. 如何理解随机森林和梯度提升决策树的异同点?

第 16 章
K-Means 算法

K-Means 算法是指 K 均值聚类算法，本章重点介绍 K-Means 算法的思想、实现步骤，通过调整兰德系数和轮廓系数确定 K-Means 聚类簇数 K 值。最后，通过相关实例介绍 K-Means 算法的具体应用。

16.1 初识 K-Means

聚类是指将数据集划分为若干类，使得每个类内部数据相似，类与类之间数据相异。聚类分析属于无监督学习，用于没有任何先验知识的情况下预测类别。K 均值聚类算法（K-Means Clustering Algorithm）是一种聚类算法，由 Stuart Lloyd 于 1957 年提出，通过计算样本之间的距离把相似度高的样本聚成一簇，该算法具有简单、便于理解、运算速度快等特点，但是只能应用于连续型的数据，并且须在聚类前指定类别数。

K 均值聚类算法是一种迭代求解算法，算法思路如下：首先在样本数据集 D 中随机选定 K 个值作为初始聚类中心（又称为质心，是指簇中所有数据的均值），然后计算各个数据到质心的距离，将其归属到离它最近的质心所在的类；如此迭代，计算质心，如果相邻两次质心没有变化，说明聚类收敛。算法流程如图 16.1 所示。

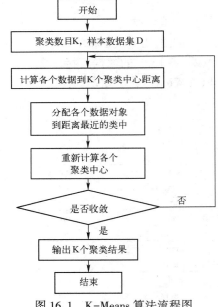

图 16.1 K-Means 算法流程图

K-Means 算法运行过程可视化如图 16.2 所示。

步骤 1：初始数据集如图 16.2a 所示，确定 K=2。

a)

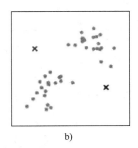
b)

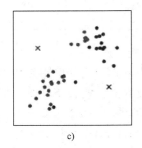
c)

图 16.2 K-Means 算法运行示意图

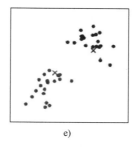

图 16.2　K-Means 算法运行示意图（续）

步骤 2：随机选择两个×号作为质心——红色质心和蓝色质心，如图 16.2b 所示。

步骤 3：计算所有数据样本与质心的距离，标记每个样本的类别，如图 16.2c 所示。

步骤 4：反复迭代，标记红色和蓝色各自新的质心，如图 16.2d、图 16.2e 所示。

步骤 5：质心不变，聚类收敛，聚为两个类别，如图 16.2f 所示。

16.2　实现 K-Means 聚类

16.2.1　理论实现 K-Means 聚类

【例 16.1】理论实现 K-Means 聚类举例

假设数据集为 {2,4,10,12,3,20,30,11,25}，现聚为两类，步骤如下。

步骤 1：初始时用前两个数值作为簇的质心，即：m1 = 2，m2 = 4。

步骤 2：计算每个数值与质心的距离，将其分配给最近距离的簇，得到 C1 = {2,3}，C2 = {4,10,12,20,30,11,25}。

步骤 3：计算新的质心（平均值），得到 m1 = (2+3)/2 = 2.5；m2 = (4+10+12+20+30+11+25)/7 = 16。

步骤 4：样本数据重新分配给最近距离的簇，得到 C1 = {2,3,4}，C2 = {10,12,20,30,11,25}。

步骤 5：进行步骤 3 和 4，直到质心不再变化，最终得到两个簇为 C1 = {2,3,4,10,12,11}，C2 = {20,30,25}。

16.2.2　Python 实现 K-Means 聚类

【例 16.2】Python 实现 K-Means 聚类举例

```python
import numpy as np
import matplotlib. pyplot as plt
import random
def get_distance(p1, p2):
    diff = [x-y for x, y in zip(p1, p2)]
    distance = np. sqrt(sum(map(lambda x: x ** 2, diff)))
    return distance
#计算多个点的中心
# cluster = [[1,2,3], [-2,1,2], [9, 0,4], [2,10,4]]
def calc_center_point(cluster):
    N = len(cluster)
```

```python
        m = np.matrix(cluster).transpose().tolist()
        center_point = [sum(x)/N for x in m]
        return center_point
#检查两个点是否有差别
def check_center_diff(center, new_center):
    n = len(center)
    for c, nc in zip(center, new_center):
        if c != nc:
            return False
    return True


# K-Means 算法的实现
def K_means(points, center_points):
    N = len(points)                          #样本个数
    n = len(points[0])                       #单个样本的维度
    k = len(center_points)                   #K 值大小
    tot = 0
    while True:                              #迭代
        temp_center_points = []              #记录中心点
        clusters = []                        #记录聚类的结果
        for c in range(0, k):
            clusters.append([])              #初始化
        #针对每个点,寻找距离其最近的中心点(寻找组织)
        for i, data in enumerate(points):
            distances = []
            for center_point in center_points:
                distances.append(get_distance(data, center_point))
            index = distances.index(min(distances))    #找到最小距离的那个中心点的索引
            clusters[index].append(data)               #中心点代表的簇,里面增加一个样本
        tot += 1
        print(tot, '次迭代', clusters)
        k = len(clusters)
        colors = ['r.', 'g.', 'b.', 'k.', 'y.']    #颜色和点的样式
        for i, cluster in enumerate(clusters):
            data = np.array(cluster)
            data_x = [x[0] for x in data]
            data_y = [x[1] for x in data]
            plt.subplot(2, 3, tot)
            plt.plot(data_x, data_y, colors[i])
            plt.axis([0, 1000, 0, 1000])

        #重新计算中心点
        for cluster in clusters:
            temp_center_points.append(calc_center_point(cluster))

        #在计算中心点的时候,需要将原来的中心点算进去
        for j in range(0, k):
            if len(clusters[j]) == 0:
                temp_center_points[j] = center_points[j]

        #判断中心点是否发生变化
        for c, nc in zip(center_points, temp_center_points):
            if not check_center_diff(c, nc):
                center_points = temp_center_points[:]    #复制一份
```

```
                break
        else:                               #如果没有变化,退出迭代,聚类结束
            break
    plt. show( )
    return clusters                         #返回聚类的结果

#随机获取一个样本集,用于测试 K-Means 算法
def get_test_data( ):
    N = 1000
    # 产生点的区域
    area_1 = [0, N / 4, N / 4, N / 2]
    area_2 = [N / 2, 3 * N / 4, 0, N / 4]
    area_3 = [N / 4, N / 2, N / 2, 3 * N / 4]
    area_4 = [3 * N / 4, N, 3 * N / 4, N]
    area_5 = [3 * N / 4, N, N / 4, N / 2]
      areas = [area_1, area_2, area_3, area_4, area_5]
      k = len(areas)
      # 在各个区域内,随机产生一些点
      points = [ ]
      for area in areas:
            rnd_num_of_points = random. randint(50, 200)
            for r in range(0, rnd_num_of_points):
                rnd_add = random. randint(0, 100)
                rnd_x = random. randint(area[0] + rnd_add, area[1] - rnd_add)
                rnd_y = random. randint(area[2], area[3] - rnd_add)
                points. append([rnd_x, rnd_y])
    # 自定义中心点,目标聚类个数为5,因此选定 5 个中心点
    center_points = [[0, 250], [500, 500], [500, 250], [500, 250], [500, 750]]
    return points, center_points
if __name__ == '__main__':
    points, center_points = get_test_data( )
    clusters = K_means(points, center_points)
    #print('#######最终结果#########')
    #for i, cluster in enumerate(clusters):
        #print('cluster ', i, ' ', cluster)
```

程序运行结果如图 16.3 所示。

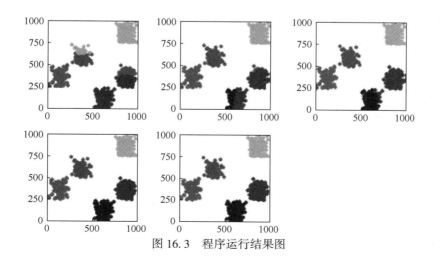

图 16.3　程序运行结果图

16.2.3 Sklearn 实现 K-Means 聚类

Sklearn 的 sklearn. cluster 模块提供了 KMeans( ) 函数用于实现 K-Means 算法。

```
sklearn. cluster. KMeans( n_clusters,random_state)
```

参数解释如下：

- n_clusters：生成的聚类数，即产生的质心数。
- random_state：表示随机数生成器的种子。

【例 16.3】 Sklearn 实现 K-Means 聚类举例

```
from sklearn. cluster import KMeans
import numpy as np
x = np. array([[1,2],[1,4],[1,0],[4,2],[4,4],[4,0]])
kmeans = KMeans(n_clusters=2,random_state=0). fit(x)
print('每个样本点对应的类别：',kmeans. labels_)

print(kmeans. predict([[0,0],[4,4]]))      #预测每个样本所属的类别
print(kmeans. cluster_centers_)            #获取聚类的质心
print(kmeans. inertia_)                    #获取每个点到其簇的质心的距离的平方和
```

【程序运行结果】

```
每个样本点对应的类别： [0 0 0 1 1 1]
[0 1]
[[1. 2.]
 [4. 2.]]
16.0
```

16.3　K-Means 评估指标

如何确定簇数 K 值是 K-Means 算法的关键。Sklearn 提供调整兰德系数和轮廓系数的方法选择 K 值。

16.3.1　调整兰德系数

当数据带有所属的类别信息，采用调整兰德系数（Adjusted Rand Index，ARI）指标来评价 K-Means 的性能，与分类问题中计算准确性的方法类似。ARI 取值范围为 [-1, 1]，值越大意味着聚类结果与真实情况越吻合。

Sklearn 提供了 adjusted_rand_score 函数计算 ARI。

```
adjusted_rand_score ( y_test,y_pred)
```

参数解释如下：

- y_true：真实值。
- y_pred：预测值。

【例 16.4】 ARI 举例

```
from sklearn. metrics import adjusted_rand_score
y_true = [3, -0.5, 2, 7]
y_pred = [2.5, 0.0, 2, 8]
print(adjusted_rand_score ( y_true, y_pred))
```

【程序运行结果】

```
1.0
```

16.3.2　轮廓系数

当数据没有所属类别，使用轮廓系数（Silhouette Coefficient）来度量聚类的效果。轮廓系数兼顾了聚类的凝聚度和分离度，取值范围在$[-1,1]$内，数值越大，聚类效果越好。

对于任意点i的轮廓系数，数学表达公式如下：

$$S(i) = \frac{b(i) - a(i)}{\max\{a(i), b(i)\}}$$

其中：

- $a(i)$用于量化簇内的凝聚度，是指点i到所有簇内其他点的距离的平均值。
- $b(i)$用于量化簇之间的分离度，是指点i到与相邻最近的簇内的所有点的平均距离的最小值。

由轮廓系数的计算公式可知，如果$S(i)$小于0，说明簇类效果不好；如果$a(i)$趋于0，或者$b(i)$足够大，$S(i)$趋于1，说明聚类效果比较好。

轮廓系数计算步骤如下：

步骤1：对于已聚类数据中的第i个样本$X(i)$，计算$X(i)$与其同一个类簇中的所有其他样本距离的平均值，记作$a(i)$。

步骤2：计算$X(i)$与簇b中所有样本的平均距离，遍历所有其他簇，找到最近的这个平均距离，记作$b(i)$。

步骤3：对于样本$X(i)$，计算轮廓系数$S(i)$。

Sklearn 提供了 silhouette_score( ) 计算所有点的平均轮廓系数，而 silhouette_samples( ) 返回每个点的轮廓系数。

silhouette_score(X, labels)

参数解释如下：

- X：特征值。
- labels：被聚类标记的目标值。

silhouette_samples(X, labels)

参数说明如下：

- X：特征值。
- labels：被聚类标记的目标值。

【例 16.5】轮廓系数举例

```
#生成数据模块
from sklearn. datasets import make_blobs
#K-Means 模块
from sklearn. cluster import KMeans
#评估指标——轮廓系数,前者为所有点的平均轮廓系数,后者返回每个点的轮廓系数
from sklearn. metrics import silhouette_score, silhouette_samples
import numpy as np
import matplotlib. pyplot as plt
#生成数据
x_true, y_true = make_blobs( n_samples = 600, n_features = 2, centers = 4, random_state = 1)
```

231

```
#绘制出所生成的数据
plt. figure(figsize= (6, 6))
plt. scatter(x_true[ :, 0], x_true[ :, 1], c= y_true, s= 10)
plt. title("Origin data")
plt. show()

#根据不同的 n_centers 进行聚类
n_clusters = [x for x in range(3, 6)]
for i in range(len(n_clusters)):
    #实例化 K-Means 分类器
    clf = KMeans(n_clusters= n_clusters[i])
    y_predict =clf. fit_predict(x_true)

    #绘制分类结果
    plt. figure(figsize= (6, 6))
    plt. scatter(x_true[ :, 0], x_true[ :, 1], c= y_predict, s= 10)
    plt. title("n_clusters= {}". format(n_clusters[i]))
    ex = 0. 5
    step = 0. 01
    xx, yy = np. meshgrid (np. arange(x_true[ :, 0]. min() − ex, x_true[ :, 0]. max() + ex, step),
                          np. arange(x_true[ :, 1]. min() − ex, x_true[ :, 1]. max() + ex, step))
    zz =clf. predict(np. c_[xx. ravel(), yy. ravel()])
    zz. shape = xx. shape

    plt. contourf(xx, yy, zz, alpha= 0. 1)
    plt. show()

    #打印平均轮廓系数
    s = silhouette_score(x_true, y_predict)
    print("When cluster= {} \nThe silhouette_score= {}". format(n_clusters[i], s))

    #利用 silhouette_samples 计算轮廓系数为正的点的个数
    n_s_bigger_than_zero = (silhouette_samples(x_true, y_predict) > 0). sum()
    print("{}/{}\n". format(n_s_bigger_than_zero, x_true. shape[0]))
```

程序运行结果如图 16.4~图 16.7 所示。

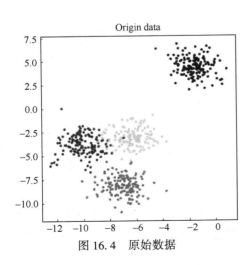

图 16.4　原始数据

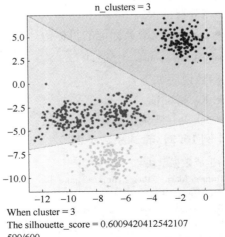

When cluster = 3
The silhouette_score = 0.6009420412542107
590/600

图 16.5　K=3 的聚类效果

分析运行结果：

K=4 时其平均轮廓系数最高，所以分 4 簇是最优的，与生成数据集的 centers 相匹配。

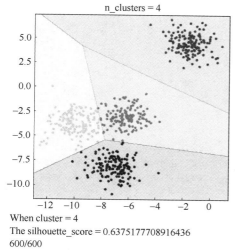

When cluster = 4
The silhouette_score = 0.6375177708916436
600/600

图 16.6　K=4 的聚类效果

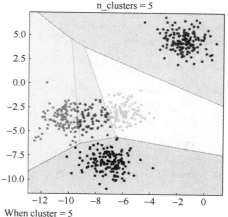

When cluster = 5
The silhouette_score = 0.5452421979798163
590/600

图 16.7　K=5 的聚类效果

16.4　案例

16.4.1　K-Means 聚类鸢尾花

【例 16.6】聚类鸢尾花

```
from sklearn. datasets import load_iris
from sklearn. cluster import KMeans
import matplotlib. pyplot as plt
import numpy as np
from sklearn. cross_validation import train_test_split
import matplotlib
matplotlib. rcParams['font. family'] ='Kaiti'

'''  构建 K-Means 模型  '''
''  加载数据  ''
iris = load_iris()
data = iris['data']            #提取数据集中的数据
target = iris['target']        #提取数据集中的标签
x= data[:,[0,2]]
y= iris. target

label =np. array(y)
index_0 = np. where(label ==0)
plt. scatter(x[index_0,0],x[index_0,1],marker='o',color='',edgecolors ='k',label ='0')
index_1= np. where(label == 1)
plt. scatter(x[index_1,0],x[index_1,1],marker=' * ',color='k',label ='1')
index_2= np. where(label ==2)
plt. scatter(x[index_2,0],x[index_2,1],marker='o',color='k',label ='2')

plt. xlabel('花萼长度',fontsize=15)
plt. ylabel('花萼宽度',fontsize=15)

plt. legend(loc ='lower right')
plt. show()                    #显示图片
```

```
x_train,x_test,y_train,y_test = train_test_split(x,y,random_state = 1)
kmeans = KMeans(n_clusters = 3)
kmeans.fit(x_train)

label_pred = kmeans.labels_

x0 = x_train[label_pred == 0]
x1 = x_train[label_pred == 1]
x2 = x_train[label_pred == 2]

plt.scatter(x0[:,0],x0[:,1],c='',marker='o',edgecolors ='k',label ='label0')
plt.scatter(x1[:,0],x1[:,1],c='',marker='*',edgecolors ='k',label ='label1')
plt.scatter(x2[:,0],x2[:,1],c='',marker='p',edgecolors ='k',label ='label2')

plt.xlabel('花萼长度',fontsize=15)
plt.ylabel('花萼宽度',fontsize=15)

plt.legend(loc=2)
plt.show()                        #显示图片
```

程序运行结果如图 16.8 ~ 图 16.9 所示。

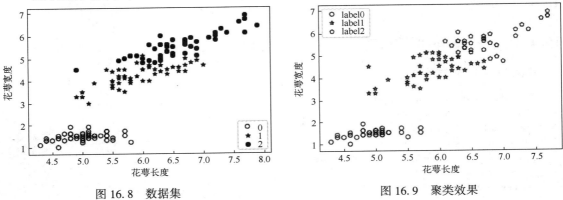

图 16.8　数据集　　　　　　　　　　　　　　图 16.9　聚类效果

16.4.2　K-Means 标记质心

【例 16.7】标记质心

```
from sklearn.datasets import make_blobs
import matplotlib.pyplot as plt
X, y = make_blobs(n_samples = 500,        # 500 个样本
                  n_features = 2,         #每个样本 2 个特征
                  centers = 4,            #4 个中心
                  random_state = 1        #控制随机性
                  )
color = ['red', 'pink','orange','gray']
fig,ax1 = plt.subplots(1)
for i in range(4):
    ax1.scatter(X[y==i, 0], X[y==i,1],marker='o', s=8,c=color[i])
plt.show()

from sklearn.cluster import KMeans
#步骤 1:预估器
n_clusters = 3
cluster = KMeans(n_clusters = n_clusters)
```

```
cluster. fit( X)

centroid = cluster. cluster_centers_
print('质心 \n',centroid)                         # 查看质心

#每个簇内到其质心的距离相加,叫作 inertia。各个簇的 inertia 相加的和越小,即簇内越相似
inertia = cluster. inertia_
print( "每个簇内到其质心的距离相加 \n" ,inertia)

color = ['red','pink','orange','gray']
fig,axi1 = plt. subplots( 1 )
for i in range( n_clusters) :
    #步骤 2:模型评估
    y_pred = cluster. predict( X)
    axi1. scatter( X[ y_pred = =i, 0], X[ y_pred = =i, 1],marker ='o',s =8,c =color[ i] )
    axi1. scatter( centroid[ :,0],centroid[ :,1],marker ='x',s =100,c ='black')
```

程序运行结果如图 16. 10、图 16. 11 所示。

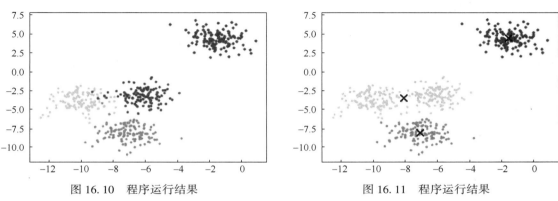

图 16. 10　程序运行结果　　　　　　图 16. 11　程序运行结果

【程序运行结果】

质心
[[-1. 54234022　4. 43517599]
 [-8. 0862351　 -3. 5179868]
 [-7. 09306648 -8. 10994454]]
每个簇内到其质心的距离相加
 1903. 4503741659241

16. 5　习题

一、编程题

1. 使用 make_blobs 生成数据,共 1000 个样本,每个样本 2 个特征,4 个簇中心在[-1,-1],[0,0],[1,1],[2,2],簇方差分别为[0. 4, 0. 2, 0. 2,0. 2],采用 K-Means 聚为 4 类。

2. 采用 K-Means 对 np. array([[1, 2],[1, 4],[1, 0],[10, 2],[10, 4],[10, 0]])聚为 2 类。

二、问答题

1. K-Means 算法的原理是什么?

2. 对于 K-Means 算法,ARI 和轮廓系数方法如何确定簇数 K 值?

第17章
文本分析示例

本章介绍文本分析的相关知识，利用正则表达式提取文本的相关信息；通过 LDA 算法、余弦相似度和编辑距离等进行文本的相似度比较；使用 simhash 算法反映文本内容的差异，snownlp 库进行电影影评的情感分析。

17.1 正则表达式

正则表达式，又称规则表达式、常规表示法（Regular Expression，简写为 regex、regexp 或 RE），是指通过事先定义好的特定字符（"元字符"）组成的"规则字符串"，对字符串进行逻辑过滤，选取与规则字符串"匹配"的字符串。

17.1.1 基本语法

正则表达式中的元字符如表 17.1 所示。

表 17.1　元字符

元字符	含　义	输　入	输　出
.	匹配任意字符	a. c	Abc
^	匹配开始位置	^abc	Abc
$	匹配结束位置	abc $	Abc
*	匹配前一个元字符 0 到多次	abc *	ab；abccc
+	匹配前一个元字符 1 到多次	abc+	abc；abccc
?	匹配前一个元字符 0 到 1 次	abc?	ab；abc
{}	{m,n}匹配前一个字符 m 至 n 次，若省略 n，则匹配 m 至无限次	ab{1,2}c	abc 或 abbc
[]	字符集中任意字符，可以逐个列出，也可以给出范围	a[bcd]e	abe 或 ace 或 ade
|	逻辑表达式"或"	abc|def	abc 或 def
()	匹配括号中任意表达式	a(123|456)c	a456c
\A	匹配字符串开始位置	\Aabc	Abc
\Z	只在字符串结尾进行匹配	abc\Z	Abc
\b	匹配位于单词开始或结束位置的空字符串	\babc\b	空格 abc 空格
\B	匹配不位于单词开始或结束位置的空字符串	a\Bbc	Abc
\d	匹配一个数字，相当于 [0-9]	a\dc	a1c
\D	匹配非数字，相当于 [^0-9]	a\Dc	Abc
\w	匹配数字、字母、下画线中任意一个字符，相当于 [a-z A-Z 0-9]	a\wc	Abc
\W	匹配非数字、字母、下画线中的任意字符，相当于 [^a-z A-Z 0-9]	a\Wc	a c

17.1.2　re 模块

Python 的 re 模块提供 compile、findall、search、match、split、replace 和 sub 等函数用于实现正则表达式相关功能，如表 17.2 所示。

表 17.2　re 模块的函数

函　数	描　述
compile( )	根据包含正则表达式的字符串创建模式对象
findall( )	搜索字符串，以列表类型返回全部能匹配的子串
search( )	在一个字符串中搜索匹配正则表达式的第一个位置，返回 match 对象
match( )	从一个字符串的开始位置起匹配正则表达式，返回 match 对象
split( )	将一个字符串按照正则表达式匹配结果进行分割，返回列表类型
replace( )	用于执行查找并替换的操作，将正则表达式匹配到的子串，用字符串替换
Sub( )	在一个字符串中替换所有匹配正则表达式的子串，返回替换后的字符串

（1）compile( ) 函数

功能：编译一个正则表达式语句，并返回编译后的正则表达式对象。

compile( ) 函数格式如下：

```
re. compile(string[ ,flags ])
```

参数解释如下：

● string：要匹配的字符串。

● flags：标志位，用于控制正则表达式的匹配方式，如是否区分大小写、多行匹配等。

【例 17.1】 compile 举例

```
>>>import re
>>> s = "this is a python test"
>>> p = re. compile('\w+')      #编译正则表达式,获得其对象
>>> res = p. findall(s)         #用正则表达式对象去匹配内容
>>> print(res)
['this', 'is', 'a', 'python', 'test']
```

（2）findall( ) 函数

功能：用于匹配所有符合规律的内容，返回包含结果的列表。

findall( ) 函数格式如下：

```
re. findall(pattern, string[ , flags ])
```

参数解释如下：

● pattern：匹配的正则表达式。

【例 17.2】 findall 举例

```
>>>import re
>>>p = re. compile(r'\d+')
>>>print(p. findall('o1n2m3k4'))
['1', '2', '3', '4']
```

（3）search( ) 函数

功能：用于匹配并提取第一个符合规则的内容，返回一个正则表达式对象。

search( ) 函数格式如下：

```
re. search(pattern, string[ , flags ])
```

【例 17. 3】 search 举例

```
>>>import re
>>>a = "123abc456"
>>> print(re. search("([0-9] * )([a-z] * )([0-9] * )",a). group(0))
123abc456
>>>print(re. search("([0-9] * )([a-z] * )([0-9] * )",a). group(1))
123
>>>print(re. search("([0-9] * )([a-z] * )([0-9] * )",a). group(2))
abc
>>>print(re. search("([0-9] * )([a-z] * )([0-9] * )",a). group(3))
456
```

【解析】 group( )函数返回整体匹配的字符串，多个组号对应组号匹配的字符串。group(1)列出第一个括号匹配部分，group(2)列出第二个括号匹配部分，group(3)列出第三个括号匹配部分。

（4） match( )函数

功能：从字符串的开头开始匹配一个模式，如果成功，返回成功的对象，否则返回 None。
match( )函数格式如下：

```
re. match(pattern, string[ , flags])
```

【例 17. 4】 match( )举例

```
>>>import re
>>>print(re. match('www', 'www. runoob. com'). span( ))      # 在起始位置匹配
(0,3)
>>>print(re. match('com', 'www. runoob. com'))               #不在起始位置匹配
None
```

（5） split( )函数

功能：用于分割字符串，用给定的正则表达式进行分割，分割后返回结果列表。
split( )函数格式如下：

```
re. split(pattern, string[ ,maxsplit, flags])
```

参数解释如下：

● maxsplit：分隔次数，默认为 0 （即不限次数）。

【例 17. 5】 split 举例

1） 只传一个参数，默认分割整个字符串。

```
>>>str ="a,b,c,d,e"
>>>str. split(',')
["a", "b", "c", "d", "e"]
```

2） 传入两个参数，返回限定长度的字符串。

```
>>>str ="a,b,c,d,e"
>>>str. split(',',3)
["a", "b", "c"]
```

3） 使用正则表达式匹配，返回分割的字符串。

```
>>>str = "aa44bb55cc66dd"
>>>print(re. split('\d+',str) )
["aa","bb","cc","dd"]
```

（6）replace( )函数

功能：用于执行查找并替换的操作，将正则表达式匹配到的子串，用字符串替换。

replace( )函数格式如下：

str. replace(regexp, replacement)

参数解释如下：

● regexp：字符串或正则表达式。

● replacement：替换后的字符串或函数。

【例 17. 6】replace( )举例

```
>>> str = "javascript";
>>>str. replace('javascript','JavaScript');     # 将字符串 javascript 替换为 JavaScript
'JavaScript'
>>>str. replace('a', 'b');                       #将所有的字母 a 替换为字母 b,返回 jbvbscript
Jbvbscript
```

（7）sub( )函数

功能：使用 re 替换字符串中每一个匹配的子串后返回替换后的字符串。

sub( )函数格式如下：

re. sub(regexp, string)

【例 17. 7】sub 举例

```
>>>import re
>>>s ='123abcssfasdfas123'
>>>a = re. sub('123( . * ?)123','1239123',s)
>>>print( a)
1239123
```

17. 1. 3 提取电影信息

【例 17. 8】爬取豆瓣电影，提取"电影名"信息

打开网址 url = https://movie. douban. com/cinema/nowplaying/shanghai/，如图 17.1 所示。

图 17.1 豆瓣电影中上海热映的电影

```
#用于获取豆瓣热映电影信息：
import requests        # 爬虫库
import re              #正则表达式

def getHTMLText(url)：
    try：
        headers = {'User-Agent'：'Mozilla/5.0（Windows NT 6.3；Win64；x64）AppleWebKit/537.36
（KHTML，like Gecko）Chrome/77.0.3865.120 Safari/537.36 chrome-extension'}
        r = requests.get(url,headers=headers)
        r.raise_for_status()
        r.encoding = r.apparent_encoding
        return r.text
    except：
        print("Erro_get")

#用于提取所需要的电影信息：
def parsePage(ilt,html)：
    tlt = re.findall(r'data-title\=\".*?\"',html)
    for i in range(len(tlt))：
        plt = eval(tlt[i].split('=')[1])
        ifplt in ilt：
            pass
        else：
            ilt.append(plt)

#用于输出电影列表：
def printInfo(ilt)：
    print("上 海 热 映")
    for i inilt：
        print(i)
#主函数
def main()：
    url = 'https://movie.douban.com/cinema/nowplaying/shanghai/'
    list = []
    html =getHTMLText(url)
    parsePage(list,html)
    printInfo(list)
main()
```

【程序运行结果】

```
上 海 热 映
送你一朵小红花
心灵奇旅
温暖的抱抱
拆弹专家2
沐浴之王
崖上的波妞
神奇女侠1984
除暴
紧急救援
明天你是否依然爱我
疯狂原始人2
许愿神龙
棒！少年
隐形人
```

17.2　LDA

17.2.1　LDA 原理

LDA（Latent Dirichlet Allocation，译为潜在狄利克雷分配模型或隐狄利克雷分配模型），又称为 LDA 主题模型。LDA 作为概率生成模型的典型代表，在文本主题识别、文本分类以及文本相似度计算方面应用广泛。生成模型是指"词语以一定概率选择文章主题，主题也以一定概率选择某些词语"的过程。不同词汇的概率分布反映不同的主题，如出现"林丹"的文章，较大概率属于体育主题，但也有小概率属于娱乐主题。

LDA 生成一篇文章的过程如下：

步骤 1：确定主题和词汇的分布。

步骤 2：确定文章和主题的分布。

步骤 3：随机确定该文章的词汇个数 N。

步骤 4：如果当前生成的词汇个数小于 N，执行步骤 5，否则执行步骤 6。

步骤 5：由文档和主题分布随机生成一个主题，由主题和词汇分布随机生成的一个词，继续执行步骤 4。

步骤 6：文章生成结束。

17.2.2　Gensim 库

Gensim（Generate similarity）用于抽取文档的语义主题的开源的 Python 工具包，支持包括 TF-IDF、word2vec、潜在语义分析，潜在狄利克雷分布等主题模型算法，提供诸如相似度计算、信息检索等任务的 API 接口。

Gensim 安装使用命令 pip install gensim，如图 17.2 所示。

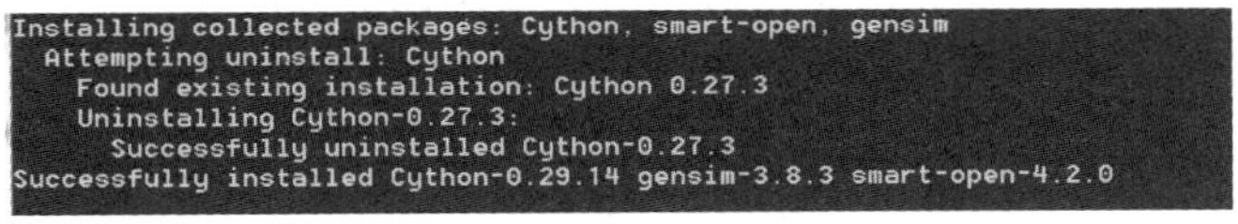

图 17.2　安装 Gensim

Gensim 是通过词组（如整句或文档）挖掘文章语义的工具，具有文集（语料）、向量和模型三大核心概念。

- 语料（Corpus）：一组原始文本的集合，从文本中推断出主题等，输出可迭代对象。
- 向量（Vector）：一段文本表达，向量中的每一个元素是(key, value)的元组。
- 模型（Model）：一个抽象术语，定义两个向量空间的变换。

（1）语料

```
from gensim import corpora
import jieba
documents = ['工业互联网平台的核心技术是什么', '工业现场生产过程优化场景有哪些']
def word_cut(doc):
    seg = [jieba.lcut(w) for w in doc]
    return seg

texts = word_cut(documents)
##为语料库中出现的所有单词分配了一个唯一的整数 id
dictionary = corpora.Dictionary(texts)
print(dictionary.token2id)
```

【程序运行结果】

{'互联网': 0, '什么': 1, '工业': 2, '平台': 3, '是': 4, '核心技术': 5, '的': 6, '优化': 7, '哪些': 8, '场景': 9, '有': 10, '现场': 11, '生产': 12, '过程': 13}

（2）向量

```
bow_corpus = [dictionary. doc2bow(text) for text in texts]
print(bow_corpus)
```

【程序运行结果】

[[(0, 1), (1, 1), (2, 1), (3, 1), (4, 1), (5, 1), (6, 1)], [(2, 1), (7, 1), (8, 1), (9, 1), (10, 1), (11, 1), (12, 1), (13, 1)]]

##函数 doc2bow()只计算单词的出现次数,将单词转换为整数单词 id,并将结果作为稀疏向量返回,每个元组的第一项对应词典中符号的 ID,第二项对应该符号出现的次数

（3）模型

```
from gensim import models
#训练模型
tfidf = models. TfidfModel(bow_corpus)
print(tfidf)
```

【程序运行结果】

TfidfModel(num_docs=2, num_nnz=15)

【**例 17.9**】 Gensim 实现 LDA 举例

```
from gensim import corpora, models
import jieba. posseg as jp, jieba
#文本集
texts = [
    '美国女排没输给中国女排,是输给了郎平',
    '为什么越来越多的人买 MPV,而放弃 SUV?跑一趟长途就知道了',
    '美国排球无缘世锦赛决赛,听听主教练的评价',
    '中国女排晋级世锦赛决赛,全面解析主教练郎平的执教艺术',
    '跑了长途才知道,SUV 和轿车之间的差距',
    '家用的轿车买什么好']
print("文本内容:")
print(texts)

flags = ('n', 'nr', 'ns', 'nt', 'eng', 'v', 'd')    #词性
stopwords = ('没', '就', '知道', '是', '才', '听听', '坦言', '全面', '越来越', '评价', '放弃', '人')
words_ls = []
for text in texts:
    words = [word. word for word in jp. cut(text) if word. flag in flags and word. word not in stopwords]
    words_ls. append(words)

#分词过程,然后每句话/每段话构成一个单词的列表
print("分词结果:")
print(words_ls)
#去重,存到字典
dictionary = corpora. Dictionary(words_ls)
# print(dictionary)
corpus = [dictionary. doc2bow(words) for words in words_ls]

#按照词 ID:词频构成 corpus
print("语料为词 ID:词频")
```

```
print(corpus)

#设置了 num_topics = 2 两个主题,第一个是汽车相关主题,第二个是体育相关主题
print("两个主题:汽车和体育")
lda = models.ldamodel.LdaModel(corpus=corpus, id2word=dictionary, num_topics=2)
#for topic inlda.print_topics(num_words=4):
#     print(topic)

print(lda.inference(corpus))
text5 = '中国女排向三连冠发起冲击'
bow = dictionary.doc2bow([word.word for word in jp.cut(text5) if word.flag in flags and word.word not in
stopwords])
ndarray = lda.inference([bow])[0]
print(text5)
for e, value in enumerate(ndarray[0]):
    print('\t 主题%d 推断值%.2f' % (e, value))
```

【程序运行结果】

文本内容:
['美国女排没输给中国女排,是输给了郎平', '为什么越来越多的人买 MPV,而放弃 SUV？跑一趟长途就知道了', '美国排球无缘世锦赛决赛,听听主教练的评价', '中国女排晋级世锦赛决赛,全面解析主教练郎平的执教艺术', '跑了长途才知道,SUV 和轿车之间的差距', '家用的轿车买什么好']
分词结果:
[['美国', '女排', '输给', '中国女排', '输给', '郎平'], ['买', 'MPV', 'SUV', '跑', '长途'], ['美国', '排球', '无缘', '世锦赛', '决赛', '主教练'], ['中国女排', '晋级', '世锦赛', '决赛', '主教练', '郎平', '执教', '艺术'], ['跑', '长途', 'SUV', '轿车', '差距'], ['家用', '轿车', '买']]
语料为词 ID:词频
[[(0, 1), (1, 1), (2, 1), (3, 2), (4, 1)], [(5, 1), (6, 1), (7, 1), (8, 1), (9, 1)], [(2, 1), (10, 1), (11, 1), (12, 1), (13, 1), (14, 1)], [(0, 1), (4, 1), (10, 1), (11, 1), (12, 1), (17, 1), (16, 1), (17, 1)], [(6, 1), (8, 1), (9, 1), (18, 1), (19, 1)], [(7, 1), (19, 1), (20, 1)]]
两个主题:汽车和体育
(array([[6.4499283, 0.55005926], [0.55364376, 5.446342　], [0.67411083, 6.325868　],
　　[7.8076534, 1.1923145], [0.5491263, 5.45086　],
　　[0.5770352, 3.4229548]], dtype=float32), None)
中国女排向三连冠发起冲击
　　　　主题 0 推断值 1.45
　　　　主题 1 推断值 0.55

17.3　距离算法

17.3.1　余弦相似度

通过余弦相似度判别文本的相似度，具体步骤如下：

步骤 1：找出两篇文章的关键词。

步骤 2：将两篇文章的关键词合并成一个集合，计算每篇文章在集合中的词频。

步骤 3：生成两篇文章各自的词频向量。

步骤 4：计算两个向量的余弦相似度，值越大就表示越相似。

【例 17.10】计算句子 A 和句子 B 两句话的相似程度

句子 A：这只皮靴号码大了。那只号码合适。

句子 B：这只皮靴号码不小,那只更合适。

利用余弦相似度计算文本相似度的大致流程如下：

步骤1：分词。

句子A：这只/皮靴/号码/大了。那只/号码/合适。

句子B：这只/皮靴/号码/不/小，那只/更/合适。

步骤2：将所有的词组成一个词典。

Dic = {1:这只,2:皮靴,3:号码,4:大了,5:那只,6:合适,7:不,8:小,9:很}

步骤3：计算词频。

句子A：这只1，皮靴1，号码2，大了1。那只1，合适1，不0，小0，更0

句子B：这只1，皮靴1，号码1，大了0。那只1，合适1，不1，小1，更1

步骤4：得到词频向量。

句子A：(1, 1, 2, 1, 1, 1, 0, 0, 0)

句子B：(1, 1, 1, 0, 1, 1, 1, 1, 1)

步骤5：计算夹角余弦。

通过余弦计算公式计算句子向量。

$$\cos(\theta) = \frac{1\times1+1\times1+2\times1+1\times0+1\times1+1\times1+0\times1+0\times1}{\sqrt{1^2+1^2+2^2+1^2+1^2+1^2+0^2+0^2+0^2}\times\sqrt{1^2+1^2+1^2+0^2+1^2+1^2+1^2+1^2+1^2}}$$

$$= \frac{6}{\sqrt{7}\times\sqrt{8}}$$

$$= 0.81$$

计算结果的夹角余弦值为0.81，非常接近于1，说明句子A和句子B基本相似。

【Python 代码实现】

```python
import numpy as np
#余弦相似度
def cos_sim(vector_a, vector_b):
    """
    计算两个向量之间的余弦相似度
    :param vector_a: 向量 a
    :param vector_b: 向量 b
    :return: sim
    """
    vector_a = np.mat(vector_a)
    vector_b = np.mat(vector_b)
    num = float(vector_a * vector_b.T)
    denom = np.linalg.norm(vector_a) * np.linalg.norm(vector_b)
    cos = num / denom
    sim = 0.5 + 0.5 * cos
    return sim

A = np.array([1,1,2,1,1,1,0,0,0])
B = np.array([1,1,1,0,1,1,1,1,1])
cosine_dis = cos_sim(A,B)
print(cosine_dis)
```

【程序运行结果】

0.8535533905932737

17.3.2　编辑距离

编辑距离又称 Levenshtein 距离（莱文斯坦距离），是指两个字符串之间由一个转成另一个所需的最少编辑操作次数。

编辑操作是指如下几种操作：

- 一个字符替换成另一个字符。
- 插入一个字符。
- 删除一个字符。

编辑距离具有如下几个性质：

1）两个字符串的最小编辑距离是两个字符串的长度差。

2）两个字符串的最大编辑距离是两个字符串中较长字符串的长度。

3）只有两个相等的字符串的编辑距离才会为 0。

【例 17.11】字符串 kitten 转成 sitting 的编辑距离

字符串 kitten 转成 sitting，其莱文斯坦距离是 3，处理方式经历如下步骤：

步骤 1：将 k 改为 s，得到 sitten。

步骤 2：将 e 改为 i，得到 sittin。

步骤 3：最后加入 g，得到 sitting。

因此，编辑距离是 3。

Python 的 Levenshtein 模块不仅可以计算编辑距离，还能计算 hamming（汉明）距离。在 Anaconda Prompt 下运行如下命令进行安装：pip install Levenshtein，如图 17.3 所示。

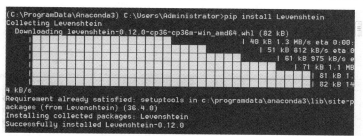

图 17.3　安装 Levenshtein

（1）计算汉明距离

Levenshtein. hamming(str1 , str2)

要求 str1 和 str2 必须长度一致，描述两个等长字符串之间对应位置上不同字符的个数。

```
>>>import Levenshtein
>>>Levenshtein. hamming( 'hello' , 'world' )
4
```

（2）计算编辑距离

Levenshtein. distance(str1 , str2)

描述由一个字符串转化成另一个字符串最少的操作次数，操作包括插入、删除、替换。

```
>>>import Levenshtein
>>>Levenshtein. distance( 'hello' , 'world' )
4
```

17.4 SimHash 算法

17.4.1 算法思想

simhash 算法是指将原始文本映射为 64 位的二进制数字符串（称为 hash 指纹或 hash 签名），通过比较文章 hash 指纹的汉明距离来确定文章的近似度。

simHash 算法分为如下 5 个步骤：分词、哈希、加权、合并和降维。

步骤 1：分词。对原始文档进行中文分词得到特征及其权重，使用 TF-IDF 方法获取文中权重最高的前 n 词特征（feature）和权重（weight），使用 Jieba 分词库的 analyse. extract_tags()函数实现。

步骤 2：哈希。对词语特征进行哈希（hash）操作，得到长度 n 位的（hash：weight）集合。

步骤 3：加权。根据对应的权重值进行加权（W = hash * weight），hash 为 1，与 weight 正相乘；hash 为 0，与 weight 负相乘。例如某词语经过哈希后得到(010111：5)经过加权得到列表[-5,5,-5,5,5,5]。

步骤 4：合并。将各个向量的加权结果进行求和，变成序列串。如[-5,5,-5,5,5,5]、[-3,-3,-3,3,-3,3]、[1,-1,-1,1,1,1]进行列向累加得到[-7,1,-9,9,3,9]。

步骤 5：降维。对列表的每个值进行判断，大于 0 置为 1，否则置为 0，得到 simhash 值。例如，[-7,1,-9,9,3,9]得到 010111。

17.4.2 实现步骤

Python 提供了 simHash 库实现 simHash 算法，在 Anaconda Prompt 下运行如下命令：pip install simhash，如图 17.4 所示。

```
(C:\ProgramData\Anaconda3) C:\Users\Administrator>pip install simhash
Collecting simhash
  Downloading simhash-2.0.0-py3-none-any.whl (4.6 kB)
Requirement already satisfied: numpy in c:\programdata\anaconda3\lib\site-packag
es (from simhash) (1.14.0)
Installing collected packages: simhash
Successfully installed simhash-2.0.0
```

图 17.4 安装 simHash

文本 A、B 的编辑距离为 EditDis(A,B)，计算相似度 similar(A,B)公式如下：

$$Similar(A,B) = 1 - EditDis(A,B) / max(length(A), length(B))$$

【例 17.12】simHash 举例

```
from simhash import Simhash
def simhash_demo(text_a, text_b):
    a_simhash = Simhash(text_a)
    b_simhash = Simhash(text_b)
    max_hashbit = max(len(bin(a_simhash. value)), len(bin(b_simhash. value)))
    distince = a_simhash. distance(b_simhash)
    print("%s 与 %s 的 距离%d" %(text_a,text_b,distince))
    similar = 1 -distince / max_hashbit
    return similar
```

```
if __name__ == '__main__':
    text1 = "傲游 AI 专注于游戏领域，多年的 AI 技术积淀，一站式提供文本、图片、音/视频内容审核，
游戏 AI 以及数据平台服务"
    text2 = "傲游 AI 专注于游戏领域，多年的 AI 技术积淀，二站式提供文本、图片、音 视频内容审核，
游戏 AI 以及数据平台服务"
    text3 ='"傲游 AI 专注于游戏领域，多年的 AI 技术积淀，三站式提供文本、图片、音视频内容审核，
游戏 AI 以及数据平台服务"'
    similar = simhash_demo（text1，text2）
    similar2 = simhash_demo（text1，text3）
    similar3 = simhash_demo（text2，text3）
    print("（text1，text2）相似度%f"%similar）
    print("（text1，text3）相似度%f"%similar2）
    print("（text2，text3）相似度%f"%similar3）
```

【程序运行结果】

傲游 AI 专注于游戏领域，多年的 AI 技术积淀，一站式提供文本、图片、音/视频内容审核，游戏 AI 以及
数据平台服务 与 傲游 AI 专注于游戏领域，多年的 AI 技术积淀，二站式提供文本、图片、音 视频内容审
核，游戏 AI 以及数据平台服务的 距离 9
傲游 AI 专注于游戏领域，多年的 AI 技术积淀，一站式提供文本、图片、音/视频内容审核，游戏 AI 以及
数据平台服务 与 "傲游 AI 专注于游戏领域，多年的 AI 技术积淀，三站式提供文本、图片、音视频内容
审核，游戏 AI 以及数据平台服务"的 距离 6
傲游 AI 专注于游戏领域，多年的 AI 技术积淀，二站式提供文本、图片、音 视频内容审核，游戏 AI 以及
数据平台服务 与 "傲游 AI 专注于游戏领域，多年的 AI 技术积淀，三站式提供文本、图片、音视频内容
审核，游戏 AI 以及数据平台服务"的 距离 7
（text1，text2）相似度 0. 861738
（text1，text3）相似度 0. 906250
（text2，text3）相似度 0. 892308

17. 5　文本情感分析

17. 5. 1　情感分析

2000 年以来，情感分析（Sentiment Analysis）成为自然语言处理中最活跃的研究领域之一。情感分析又称为意见挖掘、倾向性分析等，是对带有情感色彩的主观性文本进行分析、处理、归纳和推理的过程，生成情感（喜、怒、哀、乐和批评、赞扬等）倾向性的评论摘要、抽取情感标签或者聚类观点等。

情感评论的文本往往具有以下特点。

1）文本短，很多评论就是一句话。

2）情感倾向明显，如"好""可以""漂亮"。

3）语言不规范，会出现一些网络用词、符号、数字，如"666""神器"等。

4）重复性大，一句话出现多次词语重复，如"很好，很好，很好"。

情感分析的研究方法主要包括有监督学习和无监督学习等方法。早期的有监督学习是指通过支持向量机、最大熵、朴素贝叶斯等模型实现，而无监督学习是指基于词典、语义分析等方法实现。近年来，深度学习使得情感分析在分类回归任务中可以取得较好结果，特别是神经网络在情感分析的应用成为研究的热点。

17.5.2 SnowNLP

SnowNLP 是处理中文的情感分析库，安装命令为 pip install snownlp，如图 17.5 所示。

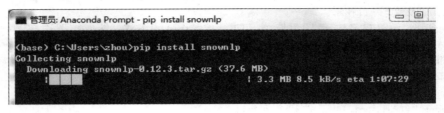

图 17.5 安装 SnowNLP

引入 SnowNLP，命令如下：

```
from snownlp import SnowNLP
```

SnowNLP 主要功能如表 17.3 所示。

表 17.3 SnowNLP 主要功能

方 法 名	功 能	方 法 名	功 能
words	分词	han	繁体转简体
sentences	断句	keywords	提取文本关键词
tags	词性标注	summary	提取摘要
sentiments	情感判断	sim	文本相似
pinyin	拼音		

（1）分词

SnowNLP 提供 words 方法给出每句文本的分词序列。

【例 17.13】 words 举例

```
from snownlp import SnowNLP
text = '我来到北京清华大学'
s = SnowNLP(text)
print(s.words)
```

【程序运行结果】

```
['我', '来到', '北京', '清华大学']
```

（2）词性标注

SnowNLP 提供 tags 方法给出每个词的词性。

【例 17.14】 tags 举例

```
from snownlp import SnowNLP
s = SnowNLP(u'这个东西真心很赞')    #引号前面的字母 u,表示文本是 Unicode 编码格式
tags = [x for x in s.tags]
print(tags)
```

【程序运行结果】

```
[('这个', 'r'), ('东西', 'n'), ('真心', 'd'), ('很', 'd'), ('赞', 'Vg')]
```

（3）断句

SnowNLP 提供 sentences 方法给出篇章的断句。

【例 17.15】 sentences 举例

```
from snownlp import SnowNLP

text = u'''
自然语言处理是计算机科学领域与人工智能领域中的一个重要方向。
它研究能实现人与计算机之间用自然语言进行有效通信的各种理论和方法。
自然语言处理是一门融语言学、计算机科学、数学于一体的科学。
因此,这一领域的研究将涉及自然语言,即人们日常使用的语言,
所以它与语言学的研究有着密切的联系,但又有重要的区别。
自然语言处理并不是一般地研究自然语言,
而在于研制能有效地实现自然语言通信的计算机系统,
特别是其中的软件系统。因而它是计算机科学的一部分。
'''
s = SnowNLP(text)
print(s.sentences)
```

【程序运行结果】

```
['自然语言处理是计算机科学领域与人工智能领域中的一个重要方向', '它研究能实现人与计算机之间用自然语言进行有效通信的各种理论和方法', '自然语言处理是一门融语言学、计算机科学、数学于一体的科学', '因此', '这一领域的研究将涉及自然语言', '即人们日常使用的语言', '所以它与语言学的研究有着密切的联系', '但又有重要的区别', '自然语言处理并不是一般地研究自然语言', '而在于研制能有效地实现自然语言通信的计算机系统', '特别是其中的软件系统', '因而它是计算机科学的一部分']
```

（4）情绪判断

SnowNLP 提供 sentiments 方法给出每句话的情绪判断,其返回值为正面情绪的概率,越接近 1 表示正面情绪,越接近 0 表示负面情绪。

【例 17.16】 sentiments 举例

```
from snownlp import SnowNLP
text1 = '这部电影真心棒,全程无尿点'
text2 = '这部电影简直太差了'
s1 = SnowNLP(text1)
s2 = SnowNLP(text2)
print(text1, s1.sentiments)
print(text2, s2.sentiments)
```

【程序运行结果】

```
这部电影真心棒,全程无尿点 0.9842572323704297
这部电影简直太差了 0.0566960891729531
```

17.6　案例——电影影评情感分析

【例 17.17】 电影影评情感分析

采用 SnowNLP 对豆瓣电影《天气之子》评论进行情感分析,具体步骤如下:

步骤 1:采用 requests 对豆瓣的天气之子的评论进行爬取。

步骤 2:采用 Jieba 进行分词,消除停用词 stopwords 的影响。

步骤 3:使用 SnowNLP 对电影评论进行逐个情感分析评分。

步骤 4：使用 Matplotlib 将情感分析评分以直方图的形式进行数据可视化。

代码如下：

```
import codecs
import jieba. posseg as pseg

import matplotlib. pyplot as plt
import numpy as np
from snownlp import SnowNLP
import requests                    #爬虫库
from lxml import etree

#构建停用词表
stop_words = 'd:\\stopwords. txt'
stopwords = codecs. open(stop_words,'r',encoding='utf8'). readlines()
stopwords = [w. strip() for w in stopwords]
#Jieba 分词后的停用词性 [标点符号、连词、助词、副词、介词、时语素、'的'、数词、方位词、代词]
stop_flag = ['x', 'c', 'u','d', 'p', 't', 'uj', 'm', 'f', 'r', 'ul']

class File_Review:
    #进行中文分词、去停用词
    def cut_words(self, filename):
        result = []
        with open(filename, 'r', encoding='UTF-8') as f:
            text = f. read()
            words =pseg. cut(text)
        for word, flag in words:
            if word not in stopwords and len(word) > 1:
                result. append(word)
        return result          #返回数组
#       return ' '. join(result)       #返回字符串

    #统计词频
    def all_list(self,arr):
        result = {}
        for i in set(arr):
            result[i] =arr. count(i)
        return result

    #情感分析
    def sentiments_analyze(self):
        f = open('d:\\comments. txt', 'r', encoding='UTF-8')
        connects = f. readlines()
        sentimentslist = []

        sum = 0
        for i in connects:
            s =SnowNLP(i)
            # print s. sentiments
            sentimentslist. append(s. sentiments)
            if s. sentiments > 0. 5:
                sum+= 1
        print("好评数据为%d"%sum)
        print("评价总数为%d"%len(sentimentslist))
```

```
            plt. hist( sentimentslist, bins = np. arange( 0, 1, 0. 01) , facecolor = 'g')
            plt. xlabel( 'Sentiments Probability')
            plt. ylabel( 'Quantity')
            plt. title( 'Analysis of Sentiments')
            plt. show( )
if __name__ == '__main__':
    for i in range( 0,10) :
        # 爬取豆瓣电影《天气之子》短评的网址
        url = 'https://movie. douban. com/subject/30402296/comments? start = { } &limit = 20&sort = new_
score&status = P'. format( i * 20)
        headers = { 'User-Agent': 'Mozilla/5. 0 ( Windows NT 6. 3; Win64; x64) AppleWebKit/537. 36
( KHTML, like Gecko) Chrome/77. 0. 3865. 120 Safari/537. 36 chrome-extension'}
        r = requests. get( url,headers = headers)
        html = etree. HTML( r. text)
        #对评论进行提取
        pinglun = html. xpath( '// * [ @ id = " comments" ]/div/div[ 2]/p/span/text( )')
        #保存评论数据到 d://comments. txt 文档
        for i in pinglun:
            with open( 'd://comments. txt','a',encoding = 'utf-8') as fp:
                fp. write( i+'\n')
    # File_Review 类实例化
    file_review = File_Review( )
    #对电影评论数据进行分词
    result = file_review. cut_words( 'd:\\comments. txt')
    #统计词频
    word_count = file_review. all_list( result)
    #筛选出词频大于 2 的数据
    word_count = { k:v for k,v in word_count. items( )    if v >= 2}
    #情感分析
    file_review. sentiments_analyze( )
```

【程序运行结果】

好评数据为 745
评价总数为 889

　　程序运行结果如图 17.6 所示，图中大部分数据靠近 1，说明评论偏向于积极方面，《天气之子》广受好评。

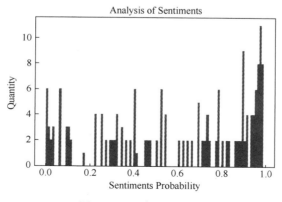

图 17.6　程序运行结果

17.7　习题

一、编程题

1. 写出判断手机号码、身份证号的正则表达式。

2. 莫泊桑的著名小说《我的叔叔于勒》有非常明显的情绪变化，主人公一家起先对叔叔于勒持有积极态度，但后来转变为厌恶。利用 SnowNLP 对小说进行逐段分析。

二、问答题

1. 正则表达式是什么？

2. LDA 是什么？

3. 如何理解编辑距离？

4. SimHash 算法的思想是什么？

5. 如何理解情感分析？

附录

附录 A　课程教学大纲

课程名称：Python 数据分析与机器学习
适用专业：计算机科学与技术、智能科学与技术及相关专业
先修课程：高等数学、线性代数、概率论与数理统计、Python 程序设计语言
总学时：66 学时　　　　　　　　　　　**授课学时**：34 学时
实验（上机）学时：32 学时

一、课程简介

本课程可作为计算机科学与技术、智能科学与技术及相关专业的必修课，也可作为其他本科专业的选修课，或者其他专业低年级研究生的选修课。

数据分析与机器学习是一门多领域交叉学科，涉及概率论、统计学、逼近论、算法复杂度理论等多门学科，研究如何从数据中获得信息，通过学习人类识别事物的基本规律，让"机器"能够自动进行模式识别的原理和方法。

二、课程内容及要求

第 1 章　Python 与数据分析（2 学时）
主要内容：

1. Python 特点
2. 数据分析流程
3. 数据分析库
4. Python 编辑器

基本要求：了解数据分析的基本概念；了解数据分析流程、数据分析库、python 编辑器的安装和使用。

重点：掌握数据分析流程，数据分析库，Anaconda 的安装、配置方法。

难点：掌握数据分析流程、数据分析库、Python 编辑器。

第 2 章　NumPy-数据分析基础工具（4 学时）
主要内容：

1. ndarray 对象
2. 创建 ndarray 对象
3. 数组变换
4. 索引和切片

5. 线性代数

基本要求：掌握 NumPy 数值计算方法，主要包括数组和矩阵运算。

重点：掌握 ndarray 对象、创建数组变换、索引和切片。

难点：创建数组变换、索引和切片、线性代数。

第 3 章　**Matplotlib–数据可视化工具**（4 学时）

主要内容：

1. 绘图步骤

2. 子图基本操作

3. 各类图

4. 概率分布

基本要求：掌握 Matplotlib 数据可视化绘图基础、参数设置及常用绘图。

重点：掌握绘图步骤、子图基本操作、各类图的画法。

难点：掌握子图基本操作、各类图的画法、概率分布。

第 4 章　**Pandas–数据处理工具**（4 学时）

主要内容：

1. Series

2. DataFrame

3. Index

4. 可视化

5. 数据转换

基本要求：掌握 Pandas 中的数据结构、数据查询与编辑、分组汇总及绘图。

重点：掌握 Series、DataFrame、Index。

难点：掌握可视化和数据转换。

第 5 章　**Scipy–数据统计工具**（4 学时）

主要内容：

1. 稀疏矩阵

2. 线性代数

3. 数据优化

4. 数据分布

5. 统计量

6. 图像处理

基本要求：掌握稀疏矩阵、线性代数、数据优化、数据分布、统计量和图像处理。

重点：掌握稀疏矩阵、线性代数、数据优化、数据分布。

难点：掌握数据优化、数据分布、统计量和图像处理。

第 6 章　**Seaborn–数据可视化工具**（4 学时）

主要内容：

1. 风格设置

2. 绘图

基本要求：掌握 Seaborn 绘图特点、风格设置、绘图步骤。

重点：掌握风格设置。

难点：掌握绘图步骤。

第 7 章　Sklearn-机器学习工具（4 学时）

主要内容：

1. Sklearn 六大功能模块

2. 数据集

3. 机器学习流程

基本要求： 了解 Sklearn 六大功能模块、掌握数据集、机器学习流程。

重点： 掌握数据集。

难点： 掌握机器学习流程。

第 8 章　数据处理（4 学时）

主要内容：

1. 数据预处理的目的和意义

2. 对数据进行清理

3. 数据预处理方法

4. missingno

5. 词云

基本要求： 了解数据清洗，掌握缺失值、异常值和重复值的处理方法；了解特征预处理，掌握规范化和标准化的处理方法。

重点： 数据清洗。

难点： 特征预处理的标准化。

第 9 章　特征工程（4 学时）

主要内容：

1. 独热编码

2. 字典特征提取

3. 文本特征提取

4. 中文分词

5. 中文特征提取

基本要求： 了解 TF-IDF 模型、独热编码，掌握字典特征提取和文本特征提取。

重点： TF-IDF 模型、独热编码。

难点： 字典特征提取和文本特征提取、中文分词。

第 10 章　评价指标（4 学时）

主要内容：

1. 欠拟合和过拟合

2. 曲线拟合

3. 分类评估标准

4. 回归评估

基本要求： 了解混淆矩阵、准确率、精确率与召回率、F1 Score、ROC 曲线、AUC 面积和分类评估报告、回归评估方法。

重点： 混淆矩阵和分类评估报告。

难点： 精确率与召回率、ROC 曲线、AUC 面积。

第 11 章　线性模型（4 学时）

主要内容：

1. 线性回归简介

2. 逻辑回归简介

3. 最小二乘法（正规方程）

4. 梯度下降

5. 岭回归

基本要求： 了解线性回归、逻辑回归，掌握优化方法——最小二乘法和梯度下降，掌握岭回归。

重点： 线性回归模型，梯度下降法。

难点： 最小二乘法求解线性回归模型，岭回归算法。

第 12 章　支持向量机（4 学时）

主要内容：

1. 支持向量机

2. 核函数

3. 分类

4. 回归

5. 参数调优

基本要求： 了解支持向量机原理，掌握线性核函数、多项式核函数和高斯核函数。调优参数 gamma 和惩罚系数 C，掌握支持向量机在分类和回归中的使用。

重点： 线性核函数、多项式核函数和高斯核函数。

难点： 参数调优、支持向量机在分类和回归中的使用。

第 13 章　K 近邻算法（4 学时）

主要内容：

1. K 近邻算法概述

2. 分类问题

3. 回归问题

基本要求： 了解 K 近邻算法的基本原理，掌握 KNN 算法在分类问题和回归问题的应用。

重点： KNN 算法在分类问题和回归问题的应用。

难点： KNN 算法三要素、分类问题和回归问题的应用。

第 14 章　朴素贝叶斯（4 学时）

主要内容：

1. 贝叶斯定理

2. 朴素贝叶斯分类

基本要求： 了解贝叶斯定理、掌握朴素贝叶斯分类。

重点： 贝叶斯定理。

难点： 朴素贝叶斯分类。

第 15 章　决策树（4 学时）

主要内容：

1. 决策树算法

2. 分类与回归

3. 集成分类模型

4. graphviz 与 DOT

基本要求：了解决策树算法，掌握 ID3 算法、C4.5 算法和 CART 算法。

重点：ID3 算法、graphviz 与 DOT。

难点：CART 算法、随机森林。

第 16 章　K-Means 算法（4 学时）

主要内容：

1. K-Means 算法步骤

2. K-Means 适用范围

3. K-Means 算法流程

4. K-Means 评估指标

基本要求：掌握 K-Means 算法步骤，掌握 K-Means 算法流程，掌握轮廓系数。

重点：聚类算法与分类算法、K-Means 算法步骤。

难点：K-Means 算法流程、轮廓系数。

第 17 章　文本分析示例（4 学时）

主要内容：

1. 正则表达式

2. LDA

3. 距离算法

4. simHash 算法

5. 文本情感分析

基本要求：掌握正则表达式、LDA、距离算法、simHash 算法和文本情感分析。

重点：正则表达式、LDA、距离算法。

难点：正则表达式、simHash 算法和文本情感分析。

三、教学安排及学时分配

主要内容	教学环节及学时	学 时 分 配			
		讲课	习题课	实验	小计
Python 与数据分析		2			2
NumPy-数据分析基础工具		2		2	4
Matplotlib-数据可视化工具		2		2	4
Pandas-数据处理工具		2		2	4
Scipy-数据统计工具		2		2	4
Seaborn-数据可视化工具		2		2	4
Sklearn-机器学习工具		2		2	4
数据处理		2		2	4
特征工程		2		2	4
评价指标		2		2	4
线性模型		2		2	4
支持向量机		2		2	4
K 近邻算法		2		2	4
朴素贝叶斯		2		2	4

（续）

主要内容	教学环节及学时	学 时 分 配		
		讲课	习题课	实验	小计
决策树		2		2	4
K-Means 算法		2		2	4
文本分析示例		2		2	4
合计		34		32	66

四、考核方式

考试形式为闭卷笔试，包括以下内容：

课堂考勤、作业：10%。主要考核对每堂课点名情况，缺课、迟到、早退情况，平时练习情况。

实验成绩：30%。考核学生是否能应用课堂所学知识解决具体应用问题。

考试成绩：60%。主要考核学生运用所学知识解决简单应用问题和复杂应用问题的能力。

五、建议教材及参考资料

建议教材：

周元哲．Python 数据分析与机器学习［M］．北京：机械工业出版社，2022

参考资料：

【1】段小手．深入浅出 Python 机器学习［M］．北京：清华大学出版社，2016

【2】周元哲．机器学习入门：基于 Sklearn［M］．北京：清华大学出版社，2022.

【3】周元哲．Python 自然语言处理［M］．北京：清华大学出版社，2021.

附录 B　部分课后习题答案

第 2 章　NumPy-数据分析基础工具

一、编程题

1. 求解线性代数

$$\begin{cases} x+2y+4z=7 \\ 4x+3y-7z=89 \\ 8x+4y+2z=23 \end{cases}$$

代码如下：

```
import numpy as np
#多元线性方程组
a= np.array([[1,2,4],[4,3,-7],[8,4,2]])
b= np.array([7,89,23])
x= np.linalg.solve(a,b)
print(x)
```

【程序运行结果】

[-5.61904762 20.54761905 -7.11904762]

2. 实现如下矩阵的转置和求逆

$$\begin{pmatrix} 3 & 6 & 7 \\ 2 & 5 & 4 \\ 1 & 8 & 9 \end{pmatrix}$$

代码如下：

```
import numpy as np
import numpy.linalg as lg          #求矩阵的逆需要先导入 numpy.linalg
a1 = np.array([[3,6,7],[2,5,4],[1,8,9]])

print(a1.transpose())              #转置等价于 print(a1.T)
print(lg.inv(a1))                  #用 linalg 的 inv()函数来求逆
```

【程序运行结果】

```
[[3 2 1]
 [6 5 8]
 [7 4 9]]
[[0.40625    0.0625    -0.34375]
 [-0.4375     0.625      0.0625]
 [0.34375   -0.5625     0.09375]]
```

第3章　Matplotlib-数据可视化工具

一、编程题

某年国家及其 GDP 如表 3.7 所示，请用 Matplotlib 绘制饼图。

表 3.7　某年国家及其 GDP

国　　家	GDP	国　　家	GDP
USA	15094025	Germany	3099080
China	11299967	Russia	2383402
India	4457784	Brazil	2293954
Japan	4440376	UK	2260803

代码如下：

```
import matplotlib.pyplot as plt
labels = ['USA', 'China', 'India', 'Japan', 'Germany', 'Russia', 'Brazil', 'UK']
data = [15094025,11299967,4457784,4440376,3099080,2383402,2293954,2260803]
plt.pie(data, labels=labels, autopct='%1.1f%%')
plt.axis('equal')
plt.legend()
plt.show()
```

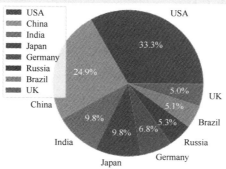

第4章 Pandas-数据处理工具

一、编程题

某数据如表4.8所示，请用Pandas进行缺失值处理。

表 4.8 数据

	One	two	three
a	0.077	NaN	0.966
b	NaN	NaN	NaN
c	−0.395	−0.551	−2.303
d	NaN	0.67	NaN
e	14	14	NaN

代码如下：

```
from numpy import nan as NaN
import pandas as pd
df=pd.DataFrame([[0.077,NaN,0.966],[NaN,NaN,NaN],[-0.395,-0.551,-2.303],[NaN,0.67,
NaN],[14,14,NaN]])
#缺失观测的检测
print('数据集中是否存在缺失值:\n',any(df.isnull()))
print("df:\n{}\n".format(df))
df2=df.dropna()
print("df2:\n{}\n".format(df2))
```

【程序运行结果】

```
数据集中是否存在缺失值:
True
df:
        0       1       2
0   0.077     NaN   0.966
1     NaN     NaN     NaN
2  -0.395  -0.551  -2.303
3     NaN   0.670     NaN
4  14.000  14.000     NaN

df2:
        0       1       2
2  -0.395  -0.551  -2.303
```

第5章 Scipy-数据统计工具

一、编程题

1. 求非解线性代数

$$\begin{cases} x_0 * \cos(x_1) = 4 \\ x_1 x_0 - x_1 = 5 \end{cases}$$

代码如下：

```
import numpy as np
from scipy.optimize import fsolve
```

```
#定义方程组,方程组要写成 f(x)= 0 的形式,所以原方程 4 和 5 都要移项到左边
from scipy. optimize import fsolve
from math import cos
def func(x):
    x0, x1 = x. tolist()
    return[x0 * cos(x1) - 4, x1 * x0 - x1 - 5]

# f 计算方程组的误差,[1,1]是未知数的初始值
result = fsolve(func, [1,1])
print(result)
print(func(result))
```

【程序运行结果】

```
[6. 50409711 0. 90841421]
[3. 732125719579926e-12, 1. 617017630906048e-11]
```

2. 求如下矩阵的平均值、中位数、众数等统计量

Data = [10,20,40,80,160,320,640,1280]

代码如下:

```
import numpy as np
from scipy. stats import mode
x = np. array( [10,20,40,80,160,320,640,1280])
print(x. mean())

mode = mode(x)
print(mode)

median = np. median(x)
print(median)
```

【程序运行结果】

```
318. 75
ModeResult(mode=array([10]), count=array([1]))
120. 0
```

第6章　Seaborn-数据可视化工具

一、编程题

1. 随机生成 random. rand(3,3)数据，绘制其热力图。

代码如下:

```
import matplotlib. pyplot as plt
import numpy as np
np. random. seed(0)
import seaborn as sns
#初始化参数
sns. set()
uniform_data = np. random. rand(3, 3)
heatmap = sns. heatmap(uniform_data)
plt. show()
```

【程序运行结果】

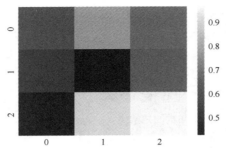

2. 下载 https://raw. githubusercontent. com/selva86/datasets/master/mpg_ggplot2. csv 数据集为 d://test. csv，使用 Seaborn 将其可视化。

代码如下：

```
#导入 Pandas 库
import pandas as pd
#导入 Matplotlib 库
import matplotlib. pyplot as plt
#导入 Seaborn 库
import seaborn as sns
#("https://raw. githubusercontent. com/selva86/datasets/master/mpg_ggplot2. csv")

large = 22; med = 16; small = 12
params = {'axes. titlesize': large,            # 设置子图上的标题字体
          'legend. fontsize': med,             #设置图例的字体
          'figure. figsize': (16, 10),          #设置图像的画布
          'axes. labelsize': med,              #设置标签的字体
          'xtick. labelsize': med,             #设置 x 轴上的标尺的字体
          'ytick. labelsize': med,
          'figure. titlesize': large}           #设置整个画布的标题字体
plt. rcParams. update(params)                  #更新默认属性
plt. style. use('seaborn-whitegrid')           #设定整体风格
sns. set_style("white")                         #设定整体背景风格

df = pd. read_csv("d://test. csv")
df_select = df. loc[df. cyl. isin([4, 8]), :]   #选择 cyl 为 4,8 的数据集
#设定风格
sns. set_style('white')
gridobj = sns. lmplot(x='displ', y='hwy', data=df_select)

gridobj. set(xlim=(0. 5, 7. 5), ylim=(0, 50))  #横纵坐标范围
#设置标题
plt. title("Scatterplot with line of best fit grouped by number of cylinders", fontsize=20)
plt. show()                                      #显示图像
```

【程序运行结果】

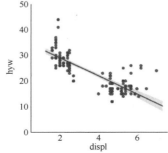

Scatterplot with line of best fit grouped by number of cylinders

第7章 Sklearn–机器学习工具

一、编程题

1. 请显示波士顿房价数据集的特征数据。

代码如下：

```
from sklearn. datasets import load_boston
boston = load_boston( )
n_samples, n_features = boston. data. shape
print( boston. data. shape)
print( boston. target. shape)
print( "特征值的名字:\n", boston. feature_names)    #特征名称
print( "数据集描述:\n", boston['DESCR'])           #数据描述
```

【程序运行结果】

```
(506, 13)
(506,)
特征值的名字:
['CRIM' 'ZN' 'INDUS' 'CHAS' 'NOX' 'RM' 'AGE' 'DIS' 'RAD' 'TAX' 'PTRATIO'
'B' 'LSTAT']
数据集描述:
Boston House Prices dataset
```

2. 输出葡萄酒数据集的特征数据。

代码如下：

```
from sklearn. datasets import load_wine
wine = load_wine( )
n_samples, n_features = wine. data. shape
print( wine. data. shape)
print( wine. target. shape)
print( "特征值的名字:\n", wine. feature_names)    #特征名称
print( "数据集描述:\n", wine['DESCR'])           #数据描述
```

【程序运行结果】

```
(178, 13)
(178,)
特征值的名字:
['alcohol', 'malic_acid', 'ash', 'alcalinity_of_ash', 'magnesium', 'total_phenols', 'flavanoids', 'nonflavanoid_
phenols', 'proanthocyanins', 'color_intensity', 'hue', 'od280/od315_of_diluted_wines', 'proline']
数据集描述:
Wine Data Database
```

第8章 数据处理

一、编程题

1. 对 data = [[-1, 2], [-0.5, 6], [0, 10], [1, 18]] 进行归一化处理

代码如下：

```
import numpy as np
X = np. array([[-1, 2], [-0.5, 6], [0, 10], [1, 18]])
X_nor = (X - X. min( axis=0)) / (X. max( axis=0) - X. min( axis=0))
print( X_nor)
```

【程序运行结果】

```
[[0.   0.  ]
 [0.25 0.25]
 [0.5  0.5 ]
 [1.   1.  ]]
```

2. 采用 Sklearn 的 StandardScaler 对 x = [[1. ,−1. ,2.],[2. ,0. ,0.],[0. ,1. ,−1.]]进行标准化处理，求数据的均值、方差以及标准化数据。

代码如下：

```
from sklearn. preprocessing import StandardScaler
import numpy as np
X = np. array([[1. ,−1. ,2. ],[2. ,0. ,0. ],[0. ,1. ,−1. ]])
scaler=StandardScaler(). fit(X)        #声明类,并用 fit()函数计算后续标准化的 mean 与 std
print('\n 均值:',scaler. mean_)         #类属性:均值
print('方差:',scaler. var_)            #类属性:方差
X_scale=scaler. transform(X)           #转换 X
print('\n 标准化数据:\n',X_scale)
```

【程序运行结果】

```
均值: [1.          0.          0. 33333333]
方差: [0. 66666667 0. 66666667 1. 55555556]
标准化数据:
[[0.          −1. 22474487   1. 33630621]
 [1. 22474487   0.          −0. 26726124]
 [−1. 22474487   1. 22474487 −1. 06904497]]
```

第9章　特征工程

一、编程题

1. 数据集含有无序特征（颜色）、有序特征（型号）和数值型特征（价格），如表9.3所示。

表 9.3　衣服规格数据

	标志	颜色	价格	型号
0	Class1	Green	10. 1	M
1	Class2	Red	13. 5	L
2	Class1	blue	15. 3	XL

进行独热编码。

代码如下：

```
from pandas importDataFrame
data = {'color':['green','red','blue'],
        'size':['M','L','XL'],
        'price':['10. 1','13. 5','15. 3'],
        'classlabel':['class1','class2','class1']}

df = DataFrame(data)
print(df)

from sklearn. preprocessing import LabelEncoder
class_le =LabelEncoder()
y = class_le. fit_transform(df['classlabel']. values)
```

```
X = df[['color','size','price']].values
color_le = LabelEncoder()
X[:, 0] = color_le.fit_transform(X[:, 0])
X[:, 1] = color_le.fit_transform(X[:, 1])
from sklearn.preprocessing import OneHotEncoder
one = OneHotEncoder(categorical_features=[0])
print(one.fit_transform(X).toarray())
```

【程序运行结果】

```
   classlabel   color   price   size
0    class1     green   10.1    M
1    class2     red     13.5    L
2    class1     blue    15.3    XL
[[0.   1.   0.   1.   10.1]
 [0.   0.   1.   0.   13.5]
 [1.   0.   0.   2.   15.3]]
```

2. 对 tag_list = ['青年 吃货 唱歌 少年 游戏 叛逆 少年 吃货 足球'] 进行 CountVectorizer 和 TfidfVectorizer 操作。

代码如下：

```
from sklearn.feature_extraction.text import CountVectorizer

tag_list = ['青年 吃货 唱歌 少年 游戏 叛逆 少年 吃货 足球']
countVectorizer = CountVectorizer()                              #若要过滤停用词,可在初始化模型时设置
doc_term_matrix = countVectorizer.fit_transform(tag_list)        #doc_term_matrix 是稀疏矩阵
vocabulary = countVectorizer.vocabulary_                         #得到词汇表
print(vocabulary)

from sklearn.feature_extraction.text import TfidfVectorizer
CV = TfidfVectorizer()
cv_fit = CV.fit_transform(tag_list)
print(CV.vocabulary_)
print(cv_fit)
print(cv_fit.toarray())
```

【程序运行结果】

```
{'青年': 6, '吃货': 1, '唱歌': 2, '少年': 3, '游戏': 4, '叛逆': 0, '足球': 5}
{'青年': 6, '吃货': 1, '唱歌': 2, '少年': 3, '游戏': 4, '叛逆': 0, '足球': 5}
  (0, 6)        0.2773500981126146
  (0, 1)        0.5547001962252291
  (0, 2)        0.2773500981126146
  (0, 3)        0.5547001962252291
  (0, 4)        0.2773500981126146
  (0, 0)        0.2773500981126146
  (0, 5)        0.2773500981126146
[[0.2773501 0.5547002 0.2773501 0.5547002 0.2773501 0.2773501 0.2773501]]
```

第10章　评价指标

一、编程题

1. 已知坐标 x = [1,2,3,4,5,6]，y = [2.5,3.51,4.45,5.52,6.47,7.51]，现进行线性拟合和二次多项式拟合。

线性拟合:

```
import numpy as np
X=[1,2,3,4,5,6]
Y=[2.5,3.51,4.45,5.52,6.47,7.51]
z1 = np.polyfit(X, Y, 1)   #一次多项式拟合,相当于线性拟合
p1 = np.poly1d(z1)
print(z1)
print(p1)
```

【程序运行结果】

```
[1.              1.49333333]
1 x + 1.493
```

二次多项式拟合:

```
import numpy
def polyfit(x, y, degree):
    results = {}
    coeffs = numpy.polyfit(x, y, degree)
    results['polynomial'] =coeffs.tolist()

    # r-squared
    p =numpy.poly1d(coeffs)
    # fit values, and mean
    yhat = p(x)                          # or [p(z) for z in x]
    ybar = numpy.sum(y)/len(y)           #or sum(y)/len(y)
    ssreg = numpy.sum((yhat-ybar)**2)    #or sum([(yihat - ybar)**2 for yihat in yhat])
    sstot = numpy.sum((y - ybar)**2)     #or sum([(yi - ybar)**2 for yi in y])
    results['determination'] =ssreg / sstot    #准确率
    return results

x=[1,2,3,4,5,6]
y=[2.5,3.51,4.45,5.52,6.47,7.51]
z1 =polyfit(x, y, 2)
print(z1)
```

【程序运行结果】

```
{'polynomial': [0.003392857142857241, 0.9762499999999996, 1.5249999999999997], 'determination':
0.9998112647533156}
```

2. 使用 linspace 生成[100,200]区间内 80 个数据，在[5,20]之间随机增幅，使用 polyfit 进行抛物线拟合。

代码如下:

```
import numpy as np
from matplotlib import pyplot as plt

x=np.linspace(100,200,80)
y= x +np.random.random_integers(5,20,80)
p1 = np.polyfit(x,y,deg=2)
q1 = np.polyval(p1,x)
plt.plot(x,y,'o')
plt.plot(x,q1,'k')
plt.show()
```

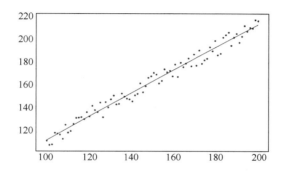

二、计算题

计算准确率、精确率、召回率、F1 Score。已知猫、猪、狗的混淆矩阵如表 10.4 所示。

表 10.4 混淆矩阵

		真实值		
		猫	狗	猪
预测值	猫	10	1	2
	狗	3	15	4
	猪	5	6	20

（1）准确率

在总共 66 个动物中，预测对 10＋15＋20＝45 个样本，所以准确率（Accuracy）＝45/66 ＝68.2%。

以猫为例，对表 10.4 合并为二分问题，如下表所示。

混淆矩阵		真实值	
		猫	不是猫
预测值	猫	10	3
	不是猫	8	45

（2）精确率

以猫为例，66 只动物里有 13 只是猫，但是其实这 13 只猫只有 10 只预测正确。模型认为是猫的 13 只动物里，有 1 只狗，2 只猪。所以，Precision（猫）＝10/13＝76.9%。

（3）召回率

以猫为例，在总共 18 只真猫中，模型认为里面只有 10 只是猫，剩下的 3 只是狗，5 只是猪。所以，Recall（猫）＝10/18＝55.6%。

（4）F1 Score

以猫为例，通过公式计算，F1 Score＝（2 * 0.769 * 0.556）/（0.769＋0.556）＝64.54%。

第 11 章 线性模型

一、编程题

1. 最小二乘法预测波士顿房价。

代码如下：

```
from sklearn import datasets                          #从 Sklearn 中导入数据集
import numpy as np
import matplotlib. pyplot as plt

boston = datasets. load_boston( )                    #波士顿房价数据集
#print boston. DESCR                                  #查看 Sklearn 数据集属性
X = boston. data                                     #数据有 506 条,每条数据有十三个特征和一个真实值
Y = boston. target
sampleRatio = 0. 5                                   #划分训练集和测试集各一半
m = len( X )
sampleBoundary = int( m * sampleRatio)
myshuffle = list( range( m ) )                       #range( )返回序列
np. random. shuffle( myshuffle)                      #shuffle( )将序列内的元素全部随机排序
#分别取出训练集和测试集的数据
train_fea = X[ myshuffle[ sampleBoundary: ] ]        #前一半数据集作为训练集
train_tar = Y[ myshuffle[ sampleBoundary: ] ]
test_fea = X[ myshuffle[ :sampleBoundary ] ]         #后一半数据作为测试集
test_tar = Y[ myshuffle[ :sampleBoundary ] ]

from sklearn import linear_model                     #使用最小二乘线性回归进行拟合
lr = linear_model. LinearRegression( )               #最小二乘线性
lr. fit( train_fea, train_tar)                       #拟合
y = lr. predict( test_fea)                           #得到预测值集合 y
plt. scatter( y, test_tar)                           #画出散点图, 横轴是预测值,纵轴是真实值
                                                     #将实际房价数据与预测数据作出对比,接近中间直线的数据表示预测准确
plt. plot( [ y. min( ), y. max( ) ], [ y. min( ), y. max( ) ], 'b', lw = 5)
                                                     #直线的起点为(y. min( ),y. min( )),终点是(y. max( ),y. max( ))
plt. show( )
coef = lr. coef_                                     #获得该方程的回归系数与截距
intercept = lr. intercept_
print( "预测方程回归系数:", coef)
print( "预测方程截距:", intercept)
score = lr. score( test_fea, test_tar)              #对得到的模型打分
print( "对该模型的评分是:%. 5f" %score)
```

程序运行结果如下图所示。

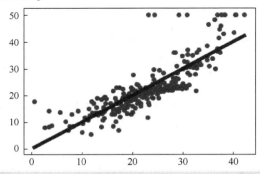

预测方程回归系数: [−6. 31761285e−02   3. 87857704e−02 −1. 01108116118e−02 −1. 57060628e−01
−1. 121011112e+01   2. 113454116e+00 −8. 55252733e−04 −1. 3031111610e+00
   2. 771411586e−01 −1. 37861100e−02 −1. 011116703e+00   1. 1782115115e−02
−5. 835111626e−01]
预测方程截距: 41. 5102578116201113
对该模型的评分是:0. 611581

分析程序运行结果：

上图反映的是预测值与真实值之间的关系，在直线上的点预测准确，直线上方是预测值偏低、直线下方是预测值偏高。

2. 岭回归预测波士顿房价。

代码如下：

```
from sklearn. datasets import load_boston
from sklearn. model_selection import train_test_split
from sklearn. preprocessing import StandardScaler
from sklearn. linear_model import Ridge
from sklearn. metrics import mean_squared_error
def    linear3():
    #1). 从读取房价数据存储在变量 boston 中
    boston = load_boston()
    #2). 随机采样25%的数据构建测试样本,其余作为训练样本
    X_train,X_test,y_train,y_test = train_test_split(boston. data,boston. target, random_state = 33, test_
size = 0.25)
    #3). 从 sklearn. preprocessing 导入数据标准化模块
    transfer = StandardScaler()
    #分别对训练和测试数据的特征以及目标值进行标准化处理
    X_train = transfer. fit_transform(X_train)
    X_test = transfer. transform(X_test)

    #4). 预估器,从 sklearn. linear_model 导入 Ridge
    estimator = Ridge()
    estimator. fit(X_train, y_train)
    #得出模型,回归系数(斜率)和偏置
    print("岭回归——权重系数为:\n",estimator. coef_)
    print("岭回归—— 偏置为:\n",estimator. intercept_)

    y_predict = estimator. predict(X_test)
    error = mean_squared_error(y_test,y_predict)
    print("岭回归 均方误差为:\n",error)
    return None
if __name__ == "__main__":
    linear3()
```

【程序运行结果】

```
岭回归——权重系数为:
[-1.05387385  1.111367057  0.08001032  0.843111134 -1.62306117  2.1161114486
-0.161120436 -3.056511715  2.40621263 -1.1140521165 -1.88212576  0.51087512
-3.76111665 ]
岭回归—— 偏置为:
22.112374670184701
岭回归 均方误差为:
25.1271156848570854
```

3. 逻辑回归识别鸢尾花。

代码如下：

```
from sklearn. decomposition import PCA
from sklearn. datasets import load_iris
from sklearn. linear_model import LogisticRegression
```

```python
import matplotlib. pyplot as plt
import numpy as np
plt. rcParams['font. sans-serif'] = ['SimHei']
plt. rcParams['font. family'] = 'sans-serif'
plt. rcParams['axes. unicode_minus'] = False

iris = load_iris()
iris_data = iris. data
iris_target = iris. target
print(iris_data. shape)

pca = PCA(n_components = 2)              #特征降维
X = pca. fit_transform(iris_data)
print(X. shape)

f = plt. figure()
ax = f. add_subplot(111)
ax. plot(X[:,0][iris_target == 0], X[:,1][iris_target == 0], 'bo')
ax. scatter(X[:,0][iris_target == 1], X[:,1][iris_target == 1], c = 'r')
ax. scatter(X[:,0][iris_target == 2], X[:,1][iris_target == 2], c = 'y')
ax. set_title('数据分布图')
plt. show()

clf = LogisticRegression(multi_class = 'ovr', solver = 'lbfgs', class_weight = {0:1,1:1,2:1})
clf. fit(X, iris_target)
score = clf. score(X, iris_target)

x0min, x0max = X[:,0]. min(), X[:,0]. max()
x1min, x1max = X[:,1]. min(), X[:,1]. max()
h = 0. 05
xx, yy = np. meshgrid(np. arange(x0min-1, x0max+1, h), np. arange(x1min-1, x1max+1, h))
x_ = xx. reshape([xx. shape[0] * xx. shape[1], 1])
y_ = yy. reshape([yy. shape[0] * yy. shape[1], 1])
test_x = np. c_[x_, y_]

test_predict = clf. predict(test_x)
z = test_predict. reshape(xx. shape)
plt. contourf(xx, yy, z, cmap = plt. cm. Paired)
plt. axis('tight')
colors = 'bry'
for i, color in zip(clf. classes_, colors):
    idx = np. where(iris_target == i)
    plt. scatter(X[idx,0], X[idx,1], c = color, cmap = plt. cm. Paired)

xmin, xmax = plt. xlim()
coef = clf. coef_
intercept = clf. intercept_
def line(c, x0):
    return (-coef[c,0] * x0-intercept[c])/coef[c,1]
for i, color in zip(clf. classes_, colors):
    plt. plot([xmin, xmax], [line(i, xmin), line(i, xmax)], color = color, linestyle = '--')
plt. title("score:{0}". format(score))
```

【程序运行结果】

```
(150, 4)
(150, 2)
```

程序运行结果如下图所示。

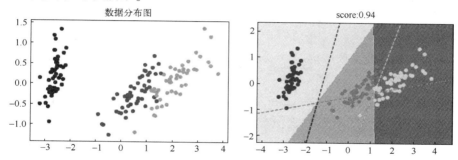

第 12 章 支持向量机

一、编程题

1. 已知训练样本 X = np. array([[-1,-1],[-2,-1],[1,1],[2,1]])；目标值数组 y = np. array([1,1,2,2])。采用线性核函数的支持向量机预测[[-0.5,-0.8]]))所属类别。

代码如下：

```
import numpy as np
X = np. array([[-1, -1], [-2, -1], [1, 1], [2, 1]])
y = np. array([1, 1, 2, 2])

from sklearn. svm import SVC
SVCClf = SVC(kernel = 'linear')
SVCClf. fit(X, y)

print(SVCClf. predict([[-0.5,-0.8]]))
```

【程序运行结果】

```
[1]
```

2. 针对 Sklearn 中糖尿病数据集，采用 LinearSVR 进行预测。

代码如下：

```
from sklearn import datasets, svm
diabetes = datasets. load_diabetes()
train_x = diabetes. data[:342,:]
train_y = diabetes. target[:342]
test_x = diabetes. data[342:,:]
test_y = diabetes. target[342:]

regre = svm. LinearSVR()
regre. fit(train_x,train_y)
print(regre. score(test_x,test_y))
print(regre. coef_)
print(regre. n_iter_)
```

【程序运行结果】

```
-0. 3856565090263335
[2. 35660337   0. 16563009   6. 17360762   4. 96217084   2. 56625623   2. 54160764
  -5. 07310242   5. 40649459   6. 40831002   3. 65787009]
8
```

第 13 章　K 近邻算法

一、编程题

1. KNN 算法预测波士顿房价。

代码如下：

```
#导入数据集
from sklearn. datasets import load_boston
import numpy as np
boston = load_boston( )                                          #波士顿房价数据集
print( boston. data. shape)
X = boston. data
y = boston. target
from sklearn. feature_selection import SelectKBest, f_regression
#筛选和标签最相关的 k = 5 个特征
selector = SelectKBest( f_regression, k = 5)
X_new = selector. fit_transform( X, y)
print( X_new. shape)
print( "最相关的 5 列是：\n", selector. get_support( indices = True). tolist( ))  #查看最相关的是 5 列
from sklearn. model_selection import train_test_split
#划分数据集
X_train, X_test, y_train, y_test = train_test_split( X_new, y, test_size = 0. 3, random_state = 666)
#print( X_train. shape, y_train. shape)

from sklearn. preprocessing import StandardScaler
#均值方差归一化
standardscaler = StandardScaler( )
standardscaler. fit( X_train)
X_train_std = standardscaler. transform( X_train)
X_test_std = standardscaler. transform( X_test)

from sklearn. neighbors import KNeighborsRegressor                #KNN 处理回归问题
#训练
kNN_reg = KNeighborsRegressor( )
kNN_reg. fit( X_train_std, y_train)
#预测
y_pred = kNN_reg. predict( X_test_std)
from sklearn. metrics import mean_squared_error
from sklearn. metrics import r2_score
print( np. sqrt( mean_squared_error( y_test, y_pred)))            #计算均方差根判断效果
print( r2_score( y_test, y_pred))             #计算均方误差回归损失, 越接近于 1, 拟合效果越好
import numpy as np
import matplotlib. pyplot as plt

#绘图展示预测效果
y_pred. sort( )
y_test. sort( )
x = np. arange( 1, 153)
Pplot = plt. scatter( x, y_pred)
Tplot = plt. scatter( x, y_test)
plt. legend( handles = [ Pplot, Tplot], labels = [ 'y_pred', 'y_test'])
plt. show( )
```

【程序运行结果】

(506, 13)
(506, 5)
最相关的 5 列是：
[2, 5, 9, 10, 12]
4. 28159211380213628
0. 7430431315779586

程序运行结果如下图所示。

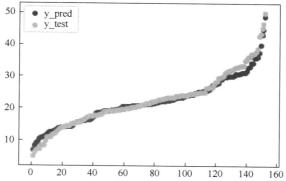

2. 请使用 KNN 算法进行糖尿病人的预测。

数据集可从网址：https://pan. baidu. com/s/1qjWByd5gZ3PBj1382Kv3Mkg 下载，提取码：orfr。

代码如下：

```
import pandas as pd
data = pd. read_csv('d:/diabetes. csv')
print('dataset shape {}'. format( data. shape) )
data. info( )

" " "
dataset shape (1368, 9)
<class 'pandas. core. frame. DataFrame'>
RangeIndex：1368 entries, 0 to 13613
Data columns (total 9 columns) :
Pregnancies                 1368 non−null int64
Glucose                     1368 non−null int64
BloodPressure               1368 non−null int64
SkinThickness               1368 non−null int64
Insulin                     1368 non−null int64
BMI                         1368 non−null float64
DiabetesPedigreeFunction    1368 non−null float64
Age                         1368 non−null int64
Outcome                     1368 non−null int64
dtypes: float64(2), int64(13)
memory usage：54. 1 KB
" " "
```

分析程序运行结果：

印第安人的糖尿病数据集总共有 1368 个样本、8 个特征，其中 Outcome 为标签，0 表示没有糖尿病，1 表示有糖尿病。这 8 个特征分别为：

- Pregnancies：怀孕次数。
- Glucose：血浆葡萄糖浓度，采用 2 小时口服葡萄糖耐量实验测得。
- BloodPressure：舒张压（毫米汞柱）。
- SkinThickness：肱三头肌皮肤褶皱厚度（毫米）。
- Insulin：2 小时血清胰岛素。
- BMI：身体质量指数，体重除以身高的二次方。
- Diabetes Pedigree Function：糖尿病血统指数，糖尿病和家庭遗传相关。
- Age：年龄。

```
print(data.head())

   Pregnancies  Glucose  BloodPressure  SkinThickness  Insulin  BMI     \
0            6      148            132             35        0  33.6
1            1       85             66             29        0  26.6
2            8      183             64              0        0  23.3
3            1       89             66             23       94  28.1
4            0     1313             40             35      168  43.1

   Diabetes PedigreeFunction  Age  Outcome
0                     0.6213   50        1
1                     0.351    31        0
2                     0.6132   32        1
3                     0.1613   21        0
4                     2.288    33        1

print(data.groupby('Outcome').size())
"""

Outcome
0    500
1    268
dtype: int64
"""
```

分析程序运行结果：

数据集中阴性样本 500 例，阳性样本 268 例。

```
X = data.iloc[:, 0:8]      #训练集
Y = data.iloc[:, 8]        #测试集
print('shape of X {}, shape of Y {}'.format(X.shape, Y.shape))
from sklearn.model_selection import train_test_split
X_train, X_test, Y_train, Y_test = train_test_split(X, Y, test_size=0.2)

#shape of X (1368, 8), shape of Y (1368, )
#构建 3 个模型：普通的 KNN 算法、带权重的 KNN 以及指定半径的 KNN 算法分别对数据集进行拟合并计算评分

from sklearn.neighbors import KNeighborsClassifier, RadiusNeighborsClassifier
models = []
#普通的 KNN 算法
models.append(('KNN', KNeighborsClassifier(n_neighbors=2)))
#带权重的 KNN 算法
models.append(('KNN with weights', KNeighborsClassifier(n_neighbors=2, weights='distance')))
```

```
#指定半径的 KNN 算法
models. append(('Radius Neighbors', RadiusNeighborsClassifier(n_neighbors=2, radius=500.0)))

#分别训练 3 个模型,并计算得分
results = []
for name, model in models:
    model. fit(X_train, Y_train)
    results. append((name, model. score(X_test, Y_test)))
for i in range(len(results)):
    print('name: {}; score: {}'. format(results[i][0], results[i][1]))

"""
name: KNN; score: 0.662331366233136623
name: KNN with weights; score: 0.6493506493506493
name: Radius Neighbors; score: 0.6038961038961039
"""
```

分析程序运行结果:

从输出可以看出,普通的 KNN 算法最好。但是,由于训练集和测试集是随机分配的,不同的训练样本和测试样本组合可能导致算法准确性有差异,从而导致判断不准确。采用多次随机分配训练集和交叉验证集,对求模型评分的平均值的方法进行优化。Scikit-learn 提供了 KFold 和 cross_val_score() 函数来处理这种问题。

```
from sklearn. model_selection import KFold
from sklearn. model_selection import cross_val_score
results = []
for name, model in models:
    kfold = KFold(n_splits=10)
    cv_result = cross_val_score(model, X, Y, cv=kfold)
    results. append((name, cv_result))

for i in range(len(results)):
    print('name: {}; cross_val_score: {}'. format(results[i][0], results[i][1]. mean()))
"""
name: KNN; cross_val_score: 0.131413641831852358
name: KNN with weights; cross_val_score: 0.6131305058099139495
name: Radius Neighbors; cross_val_score: 0.649132658920021335
"""
```

分析程序运行结果:

通过 KFold 把数据集分成 10 份,其中 1 份作为交叉验证集来计算模型准确性,剩余 9 份作为训练集。cross_val_score() 总共计算出 10 次不同训练集和交叉验证集组合得到的模型评分,最后求平均值。

```
#使用普通的 KNN 算法模型,查看对训练样本的拟合情况以及对测试样本的预测准确性情况
knn = KNeighborsClassifier(n_neighbors=2)
knn. fit(X_train, Y_train)
train_score =knn. score(X_train, Y_train)
test_score =knn. score(X_test, Y_test)
print('train score: {}; test score : {}'. format(train_score, test_score))

"""
train score: 0.84853420195439134; test score : 0.662331366233136623
"""
```

分析程序运行结果:

1) 对训练样本的拟合评分略高于 0.84, 说明算法模型较为简单, 无法很好拟合训练样本。

2) 对测试样本的预测准确性不好, 得分略高于 0.66。

```
from sklearn. model_selection import learning_curve
import numpy as np
def plot_learning_curve( plt, estimator, title, X, y, ylim = None, cv = None,
                          n_jobs = 1, train_sizes = np. linspace( . 1, 1. 0, 5) ) :
     plt. title( title)
     ifylim is not None:
          plt. ylim( * ylim)
     plt. xlabel( "Training examples")
     plt. ylabel( "Score")
     train_sizes, train_scores, test_scores = learning_curve(
          estimator, X, y, cv = cv, n_jobs = n_jobs, train_sizes = train_sizes)
     train_scores_mean = np. mean( train_scores, axis = 1)
     train_scores_std = np. std( train_scores, axis = 1)
     test_scores_mean = np. mean( test_scores, axis = 1)
     test_scores_std = np. std( test_scores, axis = 1)
     plt. grid( )

     plt. fill_between( train_sizes, train_scores_mean − train_scores_std,
                         train_scores_mean + train_scores_std, alpha = 0. 1,
                         color = "r")
     plt. fill_between( train_sizes, test_scores_mean − test_scores_std,
                         test_scores_mean + test_scores_std, alpha = 0. 1, color = "g")
     plt. plot( train_sizes, train_scores_mean, 'o--', color = "r",
              label = "Training score")
     plt. plot( train_sizes, test_scores_mean, 'o-', color = "g",
              label = "Cross-validation score")

     plt. legend( loc = "best")
     returnplt
from sklearn. model_selection import ShuffleSplit
import matplotlib. pyplot as plt
knn = KNeighborsClassifier( n_neighbors = 2)
cv = ShuffleSplit( n_splits = 10, test_size = 0. 2, random_state = 0)
plt. figure( figsize = ( 6,4), dpi = 200)
plot_learning_curve( plt, knn, 'Learn Curve for KNN Diabetes', X, Y, ylim = ( 0. 0, 1. 01), cv = cv)
```

程序运行结果如下图所示。

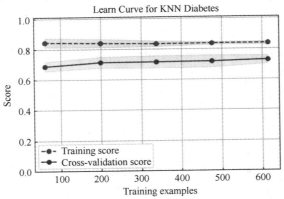

分析程序运行结果:

训练样本评分较低,且测试样本与训练样本距离较大,属于欠拟合。

第14章 朴素贝叶斯

一、编程题

1. 采用 Sklearn 的 make_blobs( )函数创建数据如下,采用 GaussianNB 分布进行分类。

X, y = datasets. make_blobs(100, 2, centers=2)

代码如下:

```
from sklearn import datasets
import numpy as np
from sklearn import model_selection as ms
import matplotlib. pyplot as plt
from sklearn import naive_bayes

X, y = datasets. make_blobs(100, 2, centers=2, random_state=1701, cluster_std=2)
plt. style. use('ggplot')
plt. figure(figsize=(10, 6))
plt. scatter(X[:, 0], X[:, 1], c=y, s=50)
X_train, X_test, y_train, y_test = ms. train_test_split(
    X. astype(np. float32), y, test_size=0. 1
)
model_naive = naive_bayes. GaussianNB()
model_naive. fit(X_train, y_train)
model_naive. score(X_test, y_test)
yprob = model_naive. predict_proba(X_test)
yprob. round(2)
def plot_proba(model, X_test, y_test):
    # create a mesh to plot in
    h = 0. 02   # step size in mesh
    x_min, x_max = X_test[:, 0]. min() - 1, X_test[:, 0]. max() + 1
    y_min, y_max = X_test[:, 1]. min() - 1, X_test[:, 1]. max() + 1
    xx, yy = np. meshgrid(np. arange(x_min, x_max, h), np. arange(y_min, y_max, h))
    X_hypo = np. column_stack((xx. ravel(). astype(np. float32),
                               yy. ravel(). astype(np. float32)))
    ifhasattr(model, 'predictProb'):
        _, _, y_proba = model. predictProb(X_hypo)
    else:
        y_proba = model. predict_proba(X_hypo)

    zz = y_proba[:, 1] - y_proba[:, 0]
    zz = zz. reshape(xx. shape)

    plt. contourf(xx, yy, zz, cmap=plt. cm. coolwarm, alpha=0. 8)
    plt. scatter(X_test[:, 0], X_test[:, 1], c=y_test, s=200)
plt. figure(figsize=(10, 6))
plot_proba(model_naive, X, y)
```

2. 针对如下数据,采用朴素贝叶斯的多项式模型预测 x[2:3]的类别。

```
x = np. random. randint(5, size=(6, 10))
y = np. array([1, 2, 3, 4, 5, 6])
```

代码如下：

```
import numpy as np
x = np. random. randint(5, size=(6, 10))
y = np. array([1, 2, 3, 4, 5, 6])
from sklearn. naive_bayes import MultinomialNB
mnb = MultinomialNB( );
mub_model = mnb. fit(x, y)
print(mub_model. predict(x[2:3]))
```

【程序运行结果】

[3]

第 15 章　决策树

一、编程题

1. 决策树分类 iris 数据集。

代码如下：

```
from sklearn. datasets import load_iris
from sklearn import tree
iris = load_iris( )
clf = tree. DecisionTreeClassifier( )
clf = clf. fit(iris. data, iris. target)

# export the tree inGraphviz format using the export_graphviz exporter
with open("d:\iris. dot", 'w') as f:
    f = tree. export_graphviz(clf, out_file=f)

# predict the class of samples
print(clf. predict(iris. data[:1, :]))
# the probability of each class
print(clf. predict_proba(iris. data[:1, :]))
```

2. 表 15.4 的数据有特征变量：天气（outlook）、温度（temp.）、湿度（humidity）和有风（windy），决定是否出游（play）。采用 ID3 和 CART 计算决策树。

表 15.4　天气决定是否出游

Outlook	Temp.	Humidity	Windy	Play
sunny	hot	high	False	No
sunny	hot	high	true	No
Overcast	hot	high	False	yes
rainy	Mild	high	False	yes
Rainy	cool	normal	False	yes
Rainy	cool	normal	True	No
overcast	cool	normal	True	Yes
sunny	Mild	High	False	No
sunny	Cool	normal	False	yes
Rainy	mild	normal	False	yes
sunny	mild	normal	True	yes
overcast	mild	High	True	yes
overcast	Hot	Normal	False	yes
Rainy	mild	high	true	No

使用 ID3 方法：

在 ID3 方法中，计算每个特征变量的熵，以 windy 举例：

首先，计算 play（yes 或者 no）的总熵：

在 14 行数据中，有 9 行数据 play 显示为 yes，另外 5 行 play 显示为 no。

$$E(yes) = -(9/14) * \ln(9/14) = 0.41$$
$$E(no) = -(5/14) * \ln(5/14) = 0.53$$
$$H(S) = E(yes) + E(no) = 0.41 + 0.53 = 0.94$$

当 windy 是 false 时，有 6 行数据的 play 为 yes，还有 2 行数据的 play 为 no。

当 windy 是 true 时，有 3 行数据的 play 为 yes，还有 3 行数据的 play 为 no。

$$E(windy = false) = -6/8 * \log(6/8) - 2/8 * \log(2/8) = 0.811$$
$$E(windy = true) = -3/6 * \log(3/6) - 3/6 * \log(3/6) = 1$$

总共有 14 行数据，当选择 windy 的时候，熵的平均值使用加权平均数得到：

$$I(windy) = 8/14 * 0.811 + 6/14 * 1 = 0.892$$
$$Gain(windy) = H(S) - I(windy) = 0.94 - 0.892 = 0.048$$

计算所有特征变量的信息增益，选取信息增益最大的特征变量为根节点。

最后的决策树如下图所示：

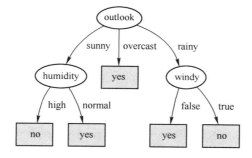

使用 CART 方法：

当 windy 是 false 时，有 6 行数据的 play 为 yes，2 行数据的 play 为 no。

$$p(windy\text{-}false, play\text{-}yes) = 6/8$$
$$p(windy\text{-}false, play\text{-}no) = 2/8$$
$$Gini(windy\text{-}false) = 1 - p(windy\text{-}false, play\text{-}yes)^2 - p(windy\text{-}false, play\text{-}no)^2$$
$$= 1 - (6/8)^2 - (2/8)^2 = 3/5$$

当 windy 是 true 时，有 3 行数据的 play 为 yes，3 行数据的 play 为 no。

$$p(windy\text{-}true, play\text{-}yes) = 3/6$$
$$p(windy\text{-}true, play\text{-}no) = 3/6$$
$$Gini(windy\text{-}true) = 1 - p(windy\text{-}true, play\text{-}yes)^2 - p(windy\text{-}true, play\text{-}no)^2$$
$$= 1 - (3/6)^2 - (3/6)^2 = 1/2$$

当选择 windy 时，平均 Gini 值为：$Gini(windy) = 8/14 * 3/5 + 6/14 * 1/2 = 0.557$。

第 16 章　K-Means 算法

一、编程题

1. 使用 make_blobs 生成数据，共 1000 个样本，每个样本 2 个特征，4 个簇中心在[-1，-1]，[0,0]，[1,1]，[2,2]，簇方差分别为[0.4，0.2，0.2,0.2]，采用 K-Means 聚为

4 类。

代码如下：

```
from sklearn. datasets import make_blobs
import matplotlib. pyplot as plt
x, y = make_blobs(n_samples = 1000, n_features = 2, centers = [[-1, -1], [0, 0], [1, 1], [2, 2]],
                  cluster_std = [0.4, 0.2, 0.2, 0.2], random_state = 1)
plt. scatter(x[:,0],x[:,1])
    plt. show()
```

【程序运行结果】

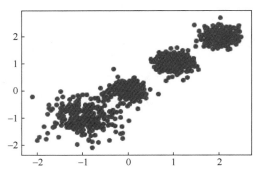

2. 采用 K-Means 对 np. array([[1,2],[1,4],[1,0],[10,2],[10,4],[10,0]]) 聚为 2 类。

代码如下：

```
from sklearn. cluster import KMeans
import numpy as np
X = np. array([[1, 2], [1, 4], [1, 0],[10, 2], [10, 4], [10, 0]])
kmeans = KMeans(n_clusters = 2, random_state = 0). fit(X)
print(kmeans. labels_)

#labels_表示样本集中所有样本所属类别(x = 1->No. 1;x = 2->No. 1;x = 3->No. 1;x = 4->No. 0)
print(kmeans. predict([[0, 0], [12, 3]]))

#以二维数组格式[x,y]输入 predict,可输出判断类别结果
print(kmeans. cluster_centers_)
```

第 17 章　文本分析示例

一、编程题

1. 写出判断手机号码、身份证号的正则表达式。

解答：

```
//手机号正则
varmPattern = /^((13[0-9])|(14[5|7])|(15([0-3]|[5-9]))|(18[0,5-9]))\d{8} $/;
console. log(mPattern. test("18600000000"));

//身份证号(18 位)正则
var cP =
/^[1-9]\d{5}(18|19|([23]\d))\d{2}((0[1-9])|(10|11|12))(([0-2][1-9])|10|20|30|31)\d
{3}[0-9Xx] $/;
console. log(cP. test("11010519880605371X"));
```

2. 莫泊桑的著名小说《我的叔叔于勒》有非常明显的情绪变化，主人公一家起先对叔叔于勒持有积极态度，但后来转变为厌恶。利用 SnowNLP 对小说进行逐段分析。

解答：

步骤1：使用 SnowNLP 对小说逐段进行情感分析评分。

步骤2：使用 Matplotlib 将情感分析评分以散点图的形式进行数据可视化。

```python
from snownlp import SnowNLP
source = open("d:\\data.txt","r", encoding='utf-8')        #《我的叔叔于勒》保存在 data.txt 中
line = source.readlines()

#对文中的每一段进行情感倾向分析
senti = []
for i in line:
    s = SnowNLP(i)
    #print(s.sentiments)
    senti.append(s.sentiments)                              #输出每段文字的情绪

#取横坐标为段落编号,纵坐标为分值,画成散点图
import matplotlib.pyplot as plt
import numpy as np
x = np.array(range(len(senti)))
y = np.array(senti)
plt.scatter(x,y)
plt.show()
```

【程序运行结果】

程序运行结果如下图所示。

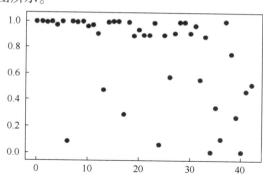

分析程序运行结果：

散点图的横坐标为段落编号，纵坐标为分值。随着小说情节的展开，最初的大部分数据靠近1，说明主人公对叔叔于勒持有积极态度，其后数据远离1，说明态度转变为厌恶。

参 考 文 献

[1] 周元哲．Python 程序设计习题解析［M］．北京：清华大学出版社，2017.

[2] 周元哲．Python 3.X 程序设计基础［M］．北京：清华大学出版社，2019.

[3] 周元哲．数据结构与算法：Python 版［M］．北京：机械工业出版社，2019.

[4] 周元哲．Python 自然语言处理［M］．北京：清华大学出版社，2021.

[5] 周元哲．机器学习入门：基于 Sklearn［M］．北京：清华大学出版社，2022.

[6] 周志华．机器学习［M］．北京：清华大学出版社，2016.

[7] 范淼，李超．Python 机器学习及实践：从零开始通往 Kaggle 竞赛之路［M］．北京：清华大学出版社，2016.

[8] HARRINGTON．机器学习实战［M］．李锐，李鹏，曲亚东，译．北京：人民邮电出版社，2013.

[9] 柯博文．Python 机器学习（微课视频版）：手把手教你掌握150 个精彩案例［M］．北京：清华大学出版社，2020.

[10] 张良均，王路，谭立云，等．Python 数据分析与挖掘实战［M］．北京：机械工业出版社，2015.

[11] 李航．统计学习方法［M］．北京：清华大学出版社，2012.

[12] 段小手．深入浅出 Python 机器学习［M］．北京：清华大学出版社，2016.

[13] 吕云翔，马连韬，等．机器学习基础［M］．北京：清华大学出版社，2018.

[14] 肖云鹏，卢星宇，等．机器学习经典算法实践［M］．北京：清华大学出版社，2018.

[15] 唐聃，等．自然语言处理理论与实战［M］．北京：电子工业出版社，2018.

[16] 白宁超，唐聃，文俊．Python 数据预处理技术与实践［M］．北京：清华大学出版社，2019.

[17] 何晗．自然语言处理入门［M］．北京：人民邮电出版社，2019.

[18] MCKINNEY．利用 Python 进行数据分析［M］．徐敬一，译．北京：机械工业出版社，2018.